U0475195

作者：许超
手绘：袁韵雨、伍洋和子（居祥美术工作室）
部分图片提供：东方IC

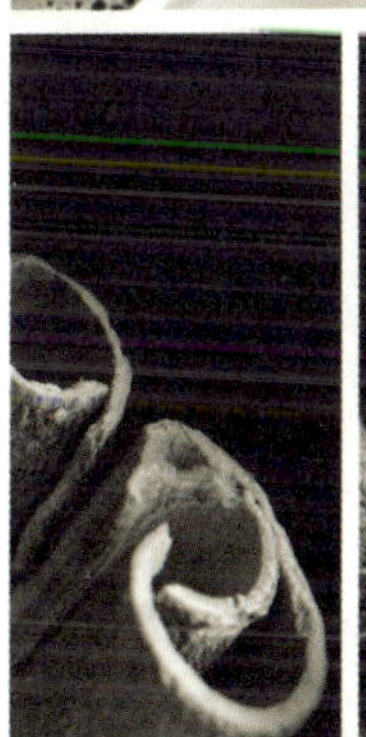

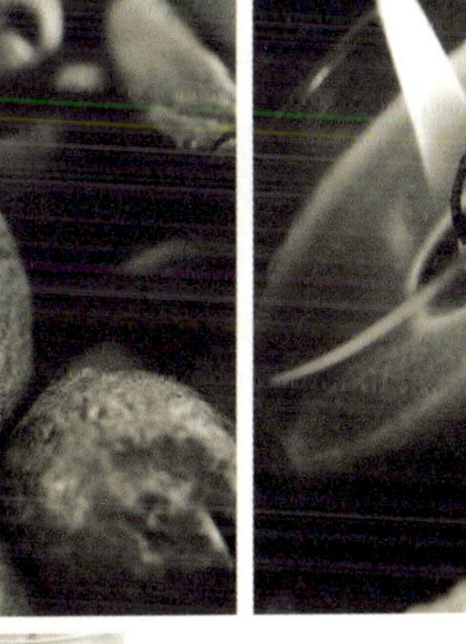

What Happened in a Café

咖啡馆之歌

山东美术出版社

图书在版编目(CIP)数据

咖啡馆之歌 / 许超著. — 济南 : 山东美术出版社，2010.12

（人文城市系列）

ISBN 978-7-5330-3305-7

I. ①咖… II. ①许… III. ①咖啡馆—简介—世界 IV. ①F719.3

中国版本图书馆CIP数据核字(2010)第221788号

项目统筹：张 芸

责任编辑：陈 琦

装帧设计：沈思綮

排版制作：木木设计工作室

出版发行：山东美术出版社

济南市胜利大街39号（邮编：250001）

http://www.sdmspub.com

E-mail:sdmscbs@163.com

电话：（0531）82098268

传真：（0531）82066185

山东美术出版社发行部

济南市胜利大街39号（邮编：250001）

电话：（0531）86193019 传真：（0531）86193028

制版印刷：山东临沂新华印刷物流集团有限责任公司

开 本：165×210毫米 16开 20印张

版 次：2010年12月第1版 2010年12月第1次印刷

定 价：58.00元

在那些逝去的年岁中，咖啡馆里谈笑有鸿儒。

目录 Contents

City Culture

What Happened in a Café

咖啡馆里应有尽有的

是真实的表达

是奔放的想象

是自由的驰骋

是对束缚的突破

是对常规的打破

是不同凡响

是灵动的文思和巧妙的笔触

是激进的豪言与灿烂的理想

序言
一本咖啡经

品茶之人，需懂得一些茶道，或深或浅。贵如龙井普洱，贱若茶枝叶梗，都能说得头头是道；至于那双窨大叶、瓜片沱茶、君山岩茶，更是能滔滔不绝地讲出好大一本茶经，听得旁人两腋之下习习生风。自古以来，国人尚茶，“人无贵贱，谁都有份，上焉者细啜品种，下焉者牛饮茶汤，甚至路边埂畔还有人奉茶……路上相逢，辄问讯‘喝茶未？’茶是开门七件事之一，乃人生必需品。”（梁实秋语）。

若说茶是国人的人生必需品，咖啡便是西方人生活中必不可少的一部分。据说意大利人平均每天要喝上二十杯咖啡，男女老少起床之第一要事就是煮一杯咖啡，三两口饮尽，方才心满意足地出门。嗜茶如英国男人，却也难抵咖啡诱惑，酗之如命，为此还曾遭到妻子们的强烈抵制。法国的咖啡馆不仅开在马路旁、广场边，也开在树荫下、河岸上、游船里，甚至高居埃菲尔铁塔上；法国人在此上演着日常的生活，互相欣赏。在维也纳，蓝色的多瑙河波轻柔地奏响华尔兹曲，舞步飞旋，摇漾着醉人的咖啡沉香；有人说维也纳是“五步一咖啡”，此言不虚。至于生活在中北欧一带的人们，他们将自己的性格与咖啡作了恰如其分的融合，使之理智温和；在近几年世界咖啡饮用量的榜单上，北欧四国位居前四，其钟爱非同一般：“这么美妙的咖啡，比一千次香吻更甜美，比陈年佳酿更醉人！”

在西方人眼里，咖啡的醉人之味，甚于香吻和佳酿。然而芳醇如它，却是不折不扣的东方血统：从埃塞俄比亚到阿拉伯，再到土耳其，后经由威尼斯人，咖啡来到欧洲；此后伴随着欧洲殖民者的开拓而走向世界。如若循着这一缕芳香，自东而西漫溢至欧陆、亚洲、美洲，乃至世界上的各个角落，就会发现：咖啡这一路的长途旅程竟与世界近现代文明发生和发展的轨迹一一印上，堪称一段芳香传奇！这段传奇诉说着关于咖啡的神话和它的传播历史，以回忆录的方式娓娓道出。

历史行至现代，人们的生活方式与价值观念都随着科技的进步而发生了改变。这个时代，效率至上，步调飞快：出门有飞机地铁，只发短信不写情书，大卖场挤走小卖部，连咖啡也从过去要慢烘慢磨变成了如今的即冲即溶、立等可喝。星巴克忽如一夜春风来地开遍世界，旧金山、北京、伦敦、威尼斯……这些连锁的咖啡厅长着一模一样的脸，它们在大都会的机场和商业中心不断地被复制——一如这个时代的艺术品。生活在现代的人们，坐在门脸酷似的咖啡馆里，点上一杯咖啡，它可能是加了牛奶的卡布奇诺，也许是滴入爱尔兰威士忌的爱尔兰咖啡，或者是点燃了白兰地的皇家咖啡，在温热里追忆似水年华。

在那些逝去的年岁中，咖啡馆里谈笑有鸿儒。学富五车的才子、思维敏捷的艺术家、敢为天下先的政治斗士都聚集在咖啡馆中交流思想，读书写作，密谋造反。他们中有以咖啡馆为家者，在此收发信件、接待访友，俨然自家客厅；他们中也有以咖啡馆为谋生之地者，在此为客人画像挣得微薄钱资，转身换取一杯咖啡；他们中还有以咖啡馆为阵地者，在此安营扎寨、商议起事、起草文书、动员民众……咖啡馆里应有尽有的是真实的表达，是奔放的想象，是自由的驰骋，是对束缚的突破，是对常规的打破，是不同凡响；这里有灵动的文思和巧妙的笔触，也有激进的豪言与灿烂的理想。西方的现代文明灿若星辰，可以说，正是这些气质各异的咖啡馆培育了欧洲灿烂的文化。如果要问一句，这是谁家的咖啡馆？答曰，这是才子们的咖啡馆，是艺术家的咖啡馆，也是思想家的咖啡馆，更是城市大众的咖啡馆——正是这深嵌于人们日常里的咖啡习惯，才培育了一个城市的气质，才得以诞生民主的讨论、自由的思想和不竭的灵感。

如今的我们时常轻念着巴黎的花神、双偶，威尼斯的佛洛里安和罗马的希腊人，意大利的哈维卡、苏黎世的欧笛翁，等等。这些咖啡馆曾是智者思虑的地方，是画家描摹的地方，它们与先贤大哲、文人墨客、艺术大师的名字连在一起：歌德、济慈、雪莱、叔本华、门德尔松、王尔德、莫扎特、施特劳斯、毕加索、凡•高、萨特、波伏娃……那深锁之眉和握笔之姿，那笑语和争执，皆被写入历史，历久弥香。

也许，生活尽是难以料理的繁杂，人性有着难以捉摸的深微，价值存在难以弥合的分歧——然而，咖啡却能穿越这一切繁杂、深微和分歧，在历史的浩瀚中留下一种可能性。本书也便是描绘了这样一种可能。与此同时，它也有一个良善的愿望，那就是：当你在轻旋咖啡杯中的小匙时，不经意间就能在脑海里浮起一幕幕关于咖啡和咖啡馆的画面，深浅分明……

第一章 芳香传奇

梦回蓝山

夜影沉落，晚秋时节的塞纳河静静流淌着，无声安然；此刻的巴黎城，正酣卧在她轻晃的微波摇篮里。深秋夜晚的寒风穿行在河左岸空寂的大街上，穿过一个裹紧大衣逆它而行的夜归人，也带落几片金黄的梧桐叶，触地时发出一阵沙沙的干燥声响。

街边拐角处那家总挨到最后才打烊的小铺，此时也终于熄了灯、阖了门，将白天的笑语欢声、咖啡的温热气息、窗边桌椅的月下剪影，还有我，一起留下，在这个小小空间里，等待天明。

此刻，我躺在桌上一个透明的大玻璃罐里，和其他咖啡豆彼此紧挨。我的视线透过这一层玻璃，再透过店铺落地窗户的透明玻璃，望出去，望向很远的天边。早已习惯了在夜深人静时一边细听这座城市均匀的呼吸，一边凝神遥望天际闪烁的星盏，我看着它，直到它的光晕慢慢变大模糊，而我一脚滑落，跌进梦里，回到蓝山。

故乡蓝山山脉地处加勒比海域，宛如长龙般绵延于牙买加东部。从牙买加首都金斯敦出发，驱车往东北方向，沿蜿蜒的山路行驶而上便能到达。此地的山峰海拔大多超过一千八百米。在山峰脚下，荡漾飞溅的是加勒比海的碧波碎玉，与蔚蓝纯净的天空相映。每当太阳升起，阳光照临，如镜的海面折射明媚光线，群山便笼上一层淡幽的蓝氛，缥缈空灵，颇具神秘。如仙如幻的景色令第一批踏上这座美丽岛屿的英国士兵们沉醉不已，他们惊叹直呼道：“看啊，蓝色的山！”故乡是以得此美名。从有记忆起，我就长在这片景色怡人的山区，生而尊贵——这里是介于南北回归线之间的地区，亦即所谓的“咖啡带”，故日照充足、降水充沛；这里有肥沃的新火山土壤，故能种植出健康的咖啡树；这里山峰高峻、地势陡峭，在午后总会云遮雾罩，故能为树遮阳并带来丰沛水汽。如此独特优渥的生长环境，自然令我们将酸、苦、甘、醇等味道完美融合，形成强烈诱人的优雅气息，也令我们得享“咖啡美人”的盛誉。喜爱我

一望无际的蓝山山脉，宛如巨龙般延绵。

们的人由衷地夸赞：“蓝山咖啡集了所有好咖啡的优点于一身，这是其他咖啡望尘莫及的。”

我还记得雨季过后的蓝山，一路上微微燥热醇厚，路边的花却正密密地开着，馥郁香浓；树皆结果，每一颗里都包孕着一对可爱的果实。这是两个生命，两个无限的完美正亲密而安静地等待着。我们这些浆果在经历了一个长而温热的雨季滋润后，适时地成熟了：红色的果皮和玲珑的形状像极了一颗颗鲜艳欲滴的红樱桃，在舒张的绿叶后面隐藏了一个个甜蜜的、小小的圆满。这一刻真的好美，美到令采摘人屏息停手，不忍掠夺。而我们这些娇小成熟的“咖啡美人”却似乎很能理解采摘人的危险艰辛，也似乎为将芳醇永驻，纷纷把樱红的身影闪现于叶间。是的，采摘蓝山咖啡的工作非牙买加当地熟练的女工不能胜任。携一只藤篮，系一条长绳，带上一个护腰的垫子——这就是采摘人的全部保护。而咖啡树却长在崎岖陡峭的山坡上，采摘人小心忐忑的心，大概半是因为要摘取的浆果太过美丽，半是由于惧怕失足跌落悬崖的危险。除此以外，采摘人还要挑选恰到好处的咖啡豆，只有那些增之一分则太熟，减之一分则过生的咖啡美人，才能离开枝头，落入藤篮——我被选中了！带着其他红色浆果的羡慕眼光，带着祖辈的记忆，带着关于我们的神话，我被一只温柔的手轻轻撷取、放入篮中。此刻，我静待未来。

说起我的祖先，它们并非一开始就生长于此地，而是被人带到这里。早在1725年，一位叫尼古拉斯·劳斯(*Nincholas Lawes*)的爵士带着祖先们从马提尼克岛到此，并将它们种植下来。从此以后，祖先们凭借蓝山山脉得天独厚的地理和气候条件，在此繁衍生息，才有了父辈和我们。漫长的仲夏夜晚，是听祖奶奶讲故事的时间。晚风缓缓漫步，经过咖啡树林时总能听到沙沙耳语。这些被复述了无数遍的故事，这些关于祖辈们和人类相遇的记忆，它们经年累世地流传，虽早已模糊不清，但动听依然。

第一个故事的主角是一个年轻快乐的牧羊人。这个小伙子名叫卡尔迪(*Kaldi*)，生活在很久很久以前的非洲埃塞俄比亚西南部——咖法(*Keffa*)地区。他日日同羊群生活在一起；他晨闻鸟鸣，夜听虫唱；他对美好的大自然充满热爱；他有一颗善良又好奇的心。有一天，卡尔迪想要带羊群去更远的地方，因为那里有丰盛的草和充足的水源，而要去往那里就得先穿过一片树林。这一片树林里密密麻麻地生长着一些灌木，从它们的枝头上沉甸甸地挂下一些红色的果实。这些红颜色的果实吸引了卡尔迪的羊群。山羊们停下脚步，纷纷啃食这些鲜艳的红果实。卡尔迪觉得奇怪极了。而更令他感到惊讶的是，山羊们在吃下这些红果子以后，居然都变得异常兴奋，连平时最安静无力的一头老山羊此时也奔跑跳跃得如同小羊羔一样欢快！惊讶好奇的卡尔迪很想知道，这神奇的红色果子到底是什么。于是他忍不住上前去采了一颗放进嘴里。一通咀嚼之后，卡尔迪终于体会到了羊群们的雀跃，忍不住手舞足蹈起来。他把红色果实带到村庄里，更多的人知道了祖先们的存在。渐渐地，祖先们的神奇功效被外省人知道了，他们用“咖法”这个地名称呼、谈论着我的祖先；再后来，“咖法”就在人们的口耳相传中演变成了“咖啡”——我们现在的名字。人类真要感谢山羊，否则他们永远无从知晓在祖先们红色外衣的包裹之下，居然还隐藏着如此神秘的快乐能量。

这个关于祖先和人类的相遇故事，其另外一个版本是发生在13世纪的也门。有一个名叫西库·奥玛尔(*Sheikh Omar*)的伊斯兰修道者，他忠于信仰，善良热心，但却因为蒙受不白之冤，要被定罪流放到欧撒巴。从也门的摩加到流放地，一路上都是荒寂无烟的山。奥玛尔一个人艰难地在山中寸步而行，虚弱不堪。此时，目的地尚在前方、遥遥无期，更不能转身回去，他绝望极了。就在这时，他看到一只彩色的鸟在树枝间，活泼轻快地跳跃着，清脆悦耳地歌唱着，好像比自己在平日里听到的鸟叫要动听许多。奥玛尔深以为奇，他走上前去看个究竟。原来，这只小鸟在唱歌之余，还不时啄取藏在树叶间的红颜色果实。每吃下一颗果实，鸟儿扑扇着翅膀，跳得更加欢快了。濒临绝境的奥玛尔不禁喜出望外，虚弱至极的他断定，这种果子人也一定可以吃。于是，他试着从树上摘下一些果子，又找来水，把果子放进水里煮起来。就在水沸腾的时候，奇妙的事情发生了：一阵美妙的香味慢慢地浮起，捕获了奥玛尔的嗅觉。一时间，他搜遍记忆，想要寻出这阵异香，却是闻所未闻。他开心极了，连忙把它喝下，如饮天赐琼液。果然，他感到仿佛真有一股神奇的力量在自己身上起了作用，之前所有的疲劳和不适感觉全都跑得不见踪影，在他身上，又重新恢复了活力，甚至比之前活力百倍。于是，奥玛尔仔细研究起长在树上的这些红色小果子。从外表

新鲜的咖啡豆果实

上看，这些圆而饱满的果子并无特别之处，但是它的作用却异常惊人。他采摘了许多红色小果，继续前行。奥玛尔终于到达欧撒巴，他凭着自己的善心和经验成为一名医生，用这种红色果子煮汤作药，让那些体质衰弱的病人喝下。病人们喝了他的药，竟奇迹般地恢复了。奥玛尔被当地的人们尊为圣人。不久后，他罪得获释，重返故乡。于是这些红色的小果实也跟着他一道回到摩加，继续发挥着救死扶伤的功效。

故事讲完之后，祖奶奶看着意犹未尽的我们，总会再加上一句：善良之人，总有好报。时至今日，我依然能清晰地记起她的神情语气，记得那些在蓝山度过的清澈如水的仲夏之夜，记得那些被不厌其烦地诉说给我们的陈年故事，以及那些曾藏在叶间悄悄编织的甜蜜美梦。这所有的一切已随时间远逝，而我在怀想。

我也时常设想，假如一开始我不是生长在蓝山山脉海拔两千一百米以上的“珍珠豆”，假如我不是咖啡浆果精品中的精品，那么我的生活将会是怎样一番景象？也许有无数的可能。然而，现在，我注定只能选择这一种。

被放入藤篮后我并没有等待多久，趁着身上还有的一股新鲜劲儿，当天我就被去了壳儿。接着是漫长的发酵时间，十二到十八小时。在这段时间里，我半梦半醒，昏沉沉地不知所措。人们用一套十分考究的工艺和极为严格的执行标准来制作顶级咖啡豆。发酵之后，要对咖啡豆进行清洗、筛选和晾晒；必须要在水泥地或者厚毯子上晾晒，等到咖啡豆的湿度降至百分之十二至十四；最后，他们把咖啡豆放置在专门的仓垛里储存，直到需要时才拿出来焙炒、磨成粉末……很久之后，我才把这一道又一道复杂的工序和他们的皇后身上那一件又一件华美的衣饰相联系。我恍然发现它们竟如出一辙，都有着某种过度的繁琐，以示尊贵。

但我毕竟是蓝山咖啡，正如斯特拉迪瓦里的小提琴一样，蓝山山脉赋予我咖啡中的贵族血统。牙买加政府深谙物以稀为贵的道理，并不因此不顾质量地进行大量生产，他们格外珍惜品质与口碑。当世界上最大的咖啡生产国巴西每年生产三千万袋咖啡的时候，牙买加每年仅出产四万余袋。身为最顶级的蓝山咖啡豆，我们中的绝大部分被皇室和富豪预订了；余下的近百分之九十来到日本，剩下的则进入欧美——这就是某一个深秋夜晚，我何以能静静躺在塞纳河左岸的一家咖啡小铺里，遥望天边寒星，做着怀乡梦的原因。

寻根之旅

多年以后，当我的祖先们被装进标准木桶，堆在也门港口等待装船运往威尼斯时，准会想起当年第一次离开非洲埃塞俄比亚南部、来到阿拉伯半岛的那个遥远的下午。它们看见鳞次栉比的房屋，看见清澈的河水里布满光滑的石头，与非洲的景色大不相同——这片天地对它们来说是如此之新，以至于许多东西都还叫不上名来。

那一年，是公元525年。埃塞俄比亚人终于动用彪悍的军队，越过红海，占领阿拉伯半岛的南端，开始了对也门的统治。时间长达半个世纪之久。彼时，祖先们在埃塞俄比亚已经是妇孺皆知，被人广为食用，但在阿拉伯半岛上却鲜觅其踪。随着埃塞俄比亚人的入侵，北非和阿拉伯之间的奴隶贩运也渐渐兴盛，一批又一批的奴隶如同

香醇的咖啡豆

货物一般，用船装运，被贩卖到阿拉伯的各个地区，其中，尤以苏丹黑奴为多。这些苏丹黑奴往往会随身携带咖啡豆，用作漫长旅途的充饥之物。就这样，我的祖先们跟随黑奴离开非洲大陆，渡过红海，到达阿拉伯半岛。在未来的很长一段时间，他们依旧是茫茫大洋上的亲密旅伴。从本质上而言，黑奴和咖啡皆为商品，并无二样。

在阿拉伯半岛，人们渐渐接受并喜欢上了这种新奇的作物，但中间也经历了一段比较漫长的过程。最开始，人们将咖啡连肉带核地进行嚼食，也就是说，他们把咖啡豆和咖啡种子一起嚼碎了吞下去。干吃咖啡，味道的确不是那么美妙，后来，有人想到把咖啡放在水里煮着喝。此举得到多数人的认可，渐渐被推广开来。然而，不是所有居民都能享用到这一新潮的饮料，只有那些尊贵的宗教人士在特定的时刻才有机会一品咖啡的甘醇，比如诵经默祷的时候，咖啡就是补充精力、提神醒脑的佳品。从此以后，肃穆的伊斯兰清真寺里多了些许咖啡的浓郁气息。如果伊斯兰教徒因诵经而喝咖啡可被称作“神饮”的话，那么病人因祛病而喝咖啡则可被称为“药饮”。生活在公元10世纪的阿拉伯哲学家、医生、天文学家拉杰斯(*Rhazes*)是历史学界公认的、第一位将咖啡的药用效果记录于文献的人。他的笔记详细记录了这些果子的分布之地：它们乃土生土长于高原之上，还长在安哥拉、刚果、萨伊盆地、喀麦隆、利比亚以及象牙海岸等地。同时，他也把咖啡如何作药予以记述，即：将野生咖啡果实内的黄褐色果核取出，熬煮成汁，让患者服下。神饮也好，药饮也罢，总之，咖啡在当时还是一种带有神秘色彩的果实，通过它们，可以接近真神，远离死亡。直到15世纪，咖啡才真正进入寻常百姓家，成为普通人的饮料，其制作方法也日趋完善。也正是在此时，有了确切可考的人工栽培咖啡树的记录——15世纪，也门地区出现了大面积的咖啡种植园。然而历史学家认为，咖啡在也门地区的实际种植时间还要更早一些。不论如何，我的祖先们已经走出非洲，来到阿拉伯，也从天然的植物变成人工培植的经济作物。它们的身影将随着殖民者的舰船遍布世界，它们担负着的使命是自己未曾预料到的。

1505年，阿拉伯帝国日渐式微。强大的奥斯曼土耳其帝国此时正居于北方，虎视眈眈，欲伺机而动。当奥斯曼大军的铁骑长驱直入踏上半岛，而阿拉伯军队节节溃败时，胜利让土耳其人品尝到喜悦，也让他们品尝到了帝国所没有的咖啡之独特香醇。几年后，咖啡到达北非的埃及城市——开罗；1517年，土耳其国王沙林一世再凭强势，征服埃及，也顺便把咖啡带回伊斯坦布尔。从此，在奥斯曼土耳其帝国，喝咖啡之风气蔚然。

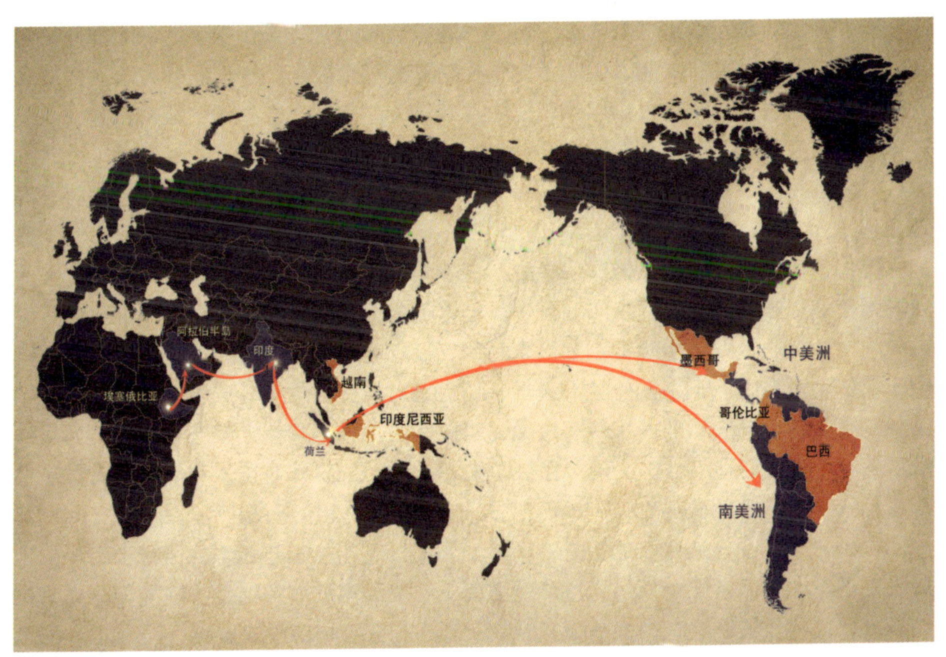

咖啡传播之路

至今，阿拉伯半岛上还依然流传着一个神话：曾经，一群有着七彩羽翼的大鸟飞越红海，它们口衔咖啡果实，把果实丢落在也门，从此，咖啡就在也门生长起来。在阿拉伯人的眼里，神话中的大鸟犹如真神的使者，为他们送来神果；咖啡豆也像是自古以来就生长在也门，而其他地方从不曾有过似的。的确，阿拉伯人自品尝到这奇妙的果子，就被其引诱，欲罢不能：他们不仅以神话篡改历史，更奢望将它们据为己有，为此，他们还专门制定法律，禁止咖啡出口。那些允许被出口的咖啡豆，都是被剥掉了外壳不能发芽的咖啡豆。但是，总会有漏网之鱼的——巴巴·布丹(*Baba Budan*)就是其中的一个。17世纪的某一天，在麦加朝圣结束打算归家的巴巴·布丹把七粒能发芽的咖啡豆紧贴在肚皮上，就这样聪明地躲过了检查，安全地把咖啡种子带到印度西南部的家乡。从此，我的祖先们在南亚落地生根了。这一次的冒险在当时只觉得勇敢又有趣，而很久之后回想，它更具有重大的意义：祖先们的足迹离开红海沿岸，踏上印度洋海域，这里又是另外一个世界。

即便阿拉伯人的防线固若金汤，荷兰人也有足够的耐心和办法突破防线，将咖啡这个好东西带出阿拉伯半岛。因为17世纪的荷兰是世界上其他任何国家都不能小觑的，他们拥有庞大的商船、坚实的战舰，垄断着世界贸易的许多航线，堪称最强大的殖民国家。在当时，荷兰的东印度公司是世界上最大的殖民贸易公司，他们以商人敏锐的嗅觉捕捉到了咖啡所能带来的极高利润，设想能够拥有自己的咖啡生产基地，打造自己的咖啡帝国。于是，荷兰人通过一切方法对阿拉伯的王公贵族们进行游说，企图找到可能的机会。然而固执的阿拉伯人对此坚决拒绝。荷兰人锲而不舍的努力虽一次次落空，但仍心存不甘。终于，在1616年的时候，一株咖啡苗木和一些咖啡种子在周密的安排下被运出了戒备森严的摩卡港。荷兰人在船上欢呼了！

如此来之不易，这令我的祖先在荷兰受到了极高的礼遇：咖啡独苗被小心翼翼地栽培在温室中，温室完全模仿阿拉伯的环境、温度和湿度。在精心的呵护下，咖啡树苗长大了。伴随着世界范围的开疆拓土，荷兰人把咖啡树苗种遍世界：1699年，印度尼西亚；18世纪20年代，中美洲和南美洲。

如果要找一条寻根之路，那么这条路可以这样被描绘出来：以非洲的埃塞俄比亚为起点，穿越红海到达阿拉伯半岛，前往南亚的印度，再经荷兰人之手到达美洲——我的祖先们被播种到了几大洲，在气候适宜的咖啡带生存了下来。三到五年的时间里，它们从咖啡种子长成幼苗，幼苗经过移栽后成长为咖啡成木，然后开出密集又香气馥郁的花朵。等到花期结束，便会生出果实，一开始是暗绿色，然后逐渐变成黄色、红色，最后变成深红色形似樱桃的成熟浆果，这个时候就可以采摘了。从开花到采摘的整个过程，又需要整整一年时间。被采摘下来的咖啡果实内有一对种子，就是咖啡豆。最后，当然还要经过烘焙、研磨、水煮，才能成为饮料。

迄今为止，地理位置居于咖啡带即南北回归线之间的国家，如巴西、哥伦比亚、越南、印尼和墨西哥，已经成为世界五大咖啡生产国。然而这些国家本身并不能消费数量如此巨大的咖啡，所以，我们在咖啡带被种植、生产，但最后终要漂洋过海，来到欧洲和北美，成为他们的杯中热饮。

黑色糖蜜

在15世纪的阿拉伯半岛，尽管人们已经开始尝试大面积的种植咖啡树，但咖啡依旧被视为珍品，只在诵经祈祷和治病救人时才可以饮用。但是，生活中总是存在着某些机缘，令看似无关的事物联系，令旧有的轨迹改变，令崭新的方式流行——就在不久之后，这些被小心翼翼珍藏起来的咖啡果实也能被普通人轻易获得了。此中的微妙，可一直追溯至遥远的东方明朝帝国。那儿的皇帝在某日午后闲来无事时，忽而萌生出一个“耀我国威”的强烈念头。终于在1405年，即永乐十九年，明成祖颁发下西洋敕书，郑和的船队扬帆起航了。

此去经年。天朝子民踏临异邦国土，只觉得一切新异：此地炎热干燥，市卖无茶，多有烧酒，只以槟榔待客……阿拉伯世界对远道而来的中国客人表现出极高的热情，他们珍视中国人带来的瓷器，这些餐具、水壶、茶具等盛水器皿，皆是炎热气候里的日常生活所需；他们为这些瓷器取了“锡尼”(*Sini*)的名字，意为“中国”，沿用至今。除了瓷器，中国人的茶叶也让阿拉伯人深感兴趣。中国客人邀请他们一道品茗，向他们馈赠茶叶茶具。穆斯林们惊讶地发现：中国人饮茶如饮水，这种类似咖啡、具有提神效果的植物，原来也可以当作日常饮料！这一认识可谓是飞跃性的，借此机会，咖啡得以走下神坛、走出药铺，进入寻常人家。而来自中国的瓷器——那些配有茶托、精致玲珑的盖碗茶杯，刚好可以成为盛装咖啡的绝佳容器。所以，直到今天，全世界的咖啡杯在形状上都与中国的传统茶杯极为相似。

这一改变，发生得如此顺理成章，我们也不妨驰骋想象：在那一千零一个夜里，聪明的阿拉伯皇后定是一边娓娓讲述动人的故事，一边从杯中啜饮浓醇的咖啡，否则何以能挨到天亮，躲过杀身之祸？正如阿拉伯神话中所说的那样，咖啡果实在神鸟的口中衔着，落在也门，成长起来。它是真神的恩赐，叫人精神焕发，祛除疾病。如今，咖啡人人得以享用，这才是神给予的更大恩赐。15世纪的阿拉伯人民已经在咖啡带来的别样滋味中深深地醉了。

此时，位于北方的奥斯曼土耳其已经迅速膨胀为地跨欧亚非的封建宗教大帝国。它所向披靡，将西亚、北非、中亚乃至东南欧都纳入版图：1453年，土耳其灭了希腊化的古老拜占庭，占领君士坦丁堡；1517年，土耳其征服埃及；1536年，土耳其占领也门……帝国的铁骑踏上阿拉伯半岛，强势至此，却还是抵挡不住浓香的诱惑，从此欲罢不能地爱上了咖啡——这种由黑色种子煮成的黑色糖蜜。

16世纪初，土耳其人发明了另一种咖啡制作方法，与阿拉伯人的方法大不相同。以前，阿拉伯人主要是利用咖啡的果肉部分而舍弃味道更好的种子咖啡豆。他们把咖啡果肉晒干、压碎，与油脂混合后搓成球状食用；或者，将咖啡果皮和青豆一起发酵，酿成酒饮用。与此相反，土耳其人则收集那些被阿拉伯人丢弃的咖啡豆，把它们晒干、焙炒、磨碎，用水煮成汁，然后加糖。以这种方式制作出来的咖啡更合人们的口感，渐渐被越来越多的人接受——近代饮食咖啡的基本方式就这样形成了。

除了改进咖啡的制作方式，土耳其人还开设店铺，以贩售煮出来的黑色糖蜜，于是，世界上第一批咖啡馆应运而生：从君士坦丁堡到大马士革，再到阿勒颇，咖啡馆如雨后春笋般出现在奥斯曼帝国的土地上。但第一家咖啡馆究竟开在何处，土耳其人和阿拉伯人总争论不下：土耳其人说，15世纪君士坦丁堡开出了世界上的第一家咖啡馆；但阿拉伯人则坚持认为，1475年开张于圣地麦加的咖啡馆Kaveh Kanes更加名正言顺。这样的争论在欧洲旅行者看来未免带点孩子气，因为当他们从君士坦丁堡的港口上岸时，映入眼帘的是人气拢聚的咖啡馆遍布这座伊斯兰城市的大街小巷，究竟谁才是咖啡馆的创造者，已经不那么重要了。

彼时的君士坦丁堡，也就是现在的伊斯坦布尔，是一个强大封建帝国的首都，在欧洲旅行者的眼里，她高贵、典雅又神秘，像一部厚重的古书，艰深难懂，亟需注译。一个英国旅行者在日记中描述自己的所见："世上几无更精美之处，面海依山，华美的柏树高耸，掩映着房屋，恰如从繁茂林木中将此城呈给愉悦的旅人。她的七个昂立的山峰布满了宏伟的清真寺，皆大理石铸就，圆顶之上，双塔矗立，镀金尖顶插向天空，反射出万道金光。"这般瑰丽景象，足以震慑内心，令人由衷惊叹。在这座华美的城市里，旅行者们走走逛逛，不停地撞见新奇之事。在所有的与众不同中，最让他们感到怪异的是人们都在喝一种黑色的饮料，这种饮料用很像是豌豆的小豆子做成，要先在磨上研磨，然后用水煮沸，再趁热喝下去。旅行者们看到的黑色饮料毫无

君士坦丁堡市集

疑问就是咖啡了。这里的人喝咖啡的样子也着实让旅行者们印象深刻："他们把咖啡装在精巧的小瓷杯里，以舌头所能承受的热度为限，趁热喝下。他们有时候是坐在咖啡馆附近街道两旁的凳子上，每个人手中托着自己装满咖啡的杯子——滚烫地冒着热气——然后端到鼻子边闻一闻，随意地喝上一口。他们沉浸在喝咖啡之中，非常悠闲。"

一开始，这些旅行者对此大为不解，因为这种名叫咖啡的黑色饮料不仅有着煤炭一样的颜色，还有一股像煤炭一样烧焦的、苦苦的味道，喝完之后，留下满嘴残渣。不过，到后来他们似乎明白了：有旅行者觉得，因为土耳其人吃了一肚子的草本植物和粗糙的肉类，这种咖啡很适合消化这些粗糙食物；还有旅行者看出了更深的奥妙，将喝咖啡看作一种社交活动，觉得这里的咖啡馆就是英格兰的酒馆。的确，君士坦丁堡的咖啡馆真有点类似于伦敦街头的小酒馆。在酒馆里，朋友们举杯相碰，谈天说地；在咖啡馆里，人们喝着咖啡，整日谈天。因此，都是志同道合的一群人，聚在一

16世纪在君士坦丁堡这样一片神奇的土地上，咖啡馆如雨后春笋般滋生。

起谈最近的新闻，当然也争论一番，争到面红耳赤，从中获得另一种快乐；也都喝着带有社交性质的饮料，区别就是，在酒馆里喝酒，在咖啡馆里喝咖啡。

旅行者们终于惊喜地看到，原来土耳其咖啡馆里闪现着英格兰酒馆的影子。但是，很快，这种惊喜之情被更强烈的赞叹和羡慕的感受替代了。君士坦丁堡的咖啡馆都是一座座近乎完美的建筑，里面的装饰十分考究，华丽的灯具遍布厅堂，将夜晚点亮得如同白昼。尽管白天的时候，顾客已不在少数，但夜晚时分，咖啡馆里才会聚集更多的人。尤其在夏夜，坐落河岸的咖啡馆真是一个令人愉悦的好去处，人们在此共饮咖啡，纳凉赏景，休憩谈天。从土耳其一路到波斯，旅行者们发现，此类馆栈不计其数。可见，对于中东的人们而言，喝咖啡已经成为他们日常生活的一部分了。但这种习惯的养成也曾受到人为的阻碍。

1511年的某个夜里，麦加城一个叫卡伊尔·贝明的官员站在露台上俯瞰城镇时发现，镇上的每家咖啡馆都亮着灯。这让他大为恼火。在他看来，那些不安分的诗人们此刻一定正聚集在咖啡馆里写一些可笑的诗，讽刺现实、针砭社会、嘲笑皇室。第二天一早，他就宣布了一项法令，禁止人们饮用咖啡，并把镇上的咖啡馆统统关闭了。不过，这项 “贝明咖啡禁止令”除了引起民愤之外，还让埃及苏丹极为不爽，因为他就是一个不折不扣的咖啡迷。禁令没有推行多久就被废除了。麦加的民众欢欣不已，诗人们还编了一首歌表达心中喜悦：“咖啡是我们的黄金，在任何用咖啡招待客人的地方，我们都会交到最高贵的、最宽容的朋友。”

到了16世纪末，君士坦丁堡已经林立着大大小小的咖啡馆，其数量多达六百多家。它们有的富丽堂皇，如卡内斯咖啡馆，有的简朴温馨，甚至叫不出名。但不论是在景色秀丽的金角湾，或是在博斯普鲁斯海峡，还是在街边的拐角处，人们都能轻易找到它们的踪影。在咖啡馆里面，有的人吐着大大的烟圈、热烈地讨论文艺，有的人挤眉弄眼地讲着从别处听来的笑话，有的人演影子剧想方设法逗大家开心，有的人捧着书吟诵诗句，居然还有人在角落里刮胡子、做头发，把这里当成理发店！真是千奇百怪，各自开心。有一年，城市的律法里增加了这样一项新规定：给妻子煮咖啡是丈夫的义务，如果哪天丈夫没有为妻子煮上一杯咖啡，那么他就是不尽责的丈夫，妻子可以因此提出离婚！哈，好一个堂而皇之的理由！

香飘欧洲

日出东方，向西远眺那片被唤作“欧罗巴”的土地。“欧罗巴”——这个最初来自腓尼基语的词，原本发作“伊利布”音，意为“日落之地”。在这三个极简极和谐的音节里，包含了人们对彼岸大陆的所有想象：浑圆的落日余晖静静凝神于高阔的天边，赋予此地一种动人心弦的安谧；山脉、河流、森林、街镇、古堡、骑士、雕塑、歌剧……所有风物，皆以这种交织着橙红的金黄颜色作为背景，各个入画，丰姿绰然。若要为此画裱上一个大大的木框，将它变为一件永恒，那么它的名字必定是“欧洲”——也只能是“欧洲”。

欧洲乃是一个“半岛大陆”，像极了广袤的亚欧大陆探进大西洋里试其深浅的一只脚；白雪皑皑的阿尔卑斯山系绵延在其南部，是这片平均高度只有三百四十米的平原大陆上耸起的一片雄伟高地；蓝色的多瑙河在这片平坦的土地上蜿蜒流过，与众多的大小河流一道，为它编织起一张稠密的河网；既无热带气候，位于寒带的面积也不大，此地缘使得温暖的西风为它缓送水汽，四季不止，这令欧洲的气候常年温和湿润。凡此种种，在地理决定论者的眼里，皆是有利于塑造强大文明的自然因素。故而，在人类文明的银河中，欧洲群星尤为璀璨光亮、熠熠闪耀：思想家们在人类的智库中源源不断地存入先进思想；革命家

欧罗巴风情

们在社会场上舍我其谁地博弈开创；科学家们在自然与人的关系里掘土前进；更有许许多多的作家、音乐家、画家、雕塑家们为人类文明倾献艺术的瑰宝，任时光流蚀，江山易代，人群明灭，而文化恒在……

咖啡——这神奇的作物、黑色的糖蜜，终于要乘坐威尼斯人的商船，起锚扬帆，前往令人神醉的欧洲了。地中海颜色分明的天蓝海岸是沿途饱览无余的胜景，然后，它便和水城里贡多拉上的歌声擦肩而过，再去跟古板的英国人打个照面，而后就痴痴沉醉在法国花都夜景的香氛里；此后，它便荡漾在蓝色的多瑙河上，聆听维也纳的旋律流转……

水城里的水店

莎翁的喜剧巨作《威尼斯商人》通过歌剧、话剧、电影等不同艺术形式的各个塑造，在人们的心中历久弥新。这部取材于古老传说的戏剧，其情节主要围绕着“割一磅肉”的条款展开：一个名叫安东尼奥的威尼斯商人要赞助好友成婚，可在关键时刻，他远航的商船却不知所踪，致使资金周转不灵。万般无奈下，安东尼奥向高利贷者夏洛克借款三千；而夏洛克则因安东尼奥常借钱给人却不收取分文利钱、压低威尼斯城里放债的利息，又曾在商人会集的地方当众指责放债得来的利钱都是盘剥而来的腌臜钱，让自己在人前颜面丢尽，从此就对安东尼奥怀恨在心、欲伺机报复，恨不能啖之而后快。这个机会终于来了。按照夏洛克的规定，安东尼奥的借钱条款中须白纸黑字地写上：若逾期未还，则要随夏洛克的意思，在安东尼奥身上的任何部分割下整整一磅白肉作为处罚。接下来的情节，可谓悬念环生，高潮迭起。最终，根据之前所定的协议，夏洛克实在是无法从安东尼奥身上割下毫不沾血、重量恰好的一磅白肉，他输掉了官司。当人们为这部剧作的美好收场拍手称快时，也不禁为其中折射出的契约精神所深深折服：彼时的水城威尼斯，已经形成了极为浓厚的重商主义氛围，而这种氛围需要的是长时间的培育和呵护。

早在12世纪，欧洲与东方之间已经有了络绎不绝的商品贸易往来。盐、香料等珍馐逸品，源源不断地自东方而来，在威尼斯城暂作停留，然后再去往欧洲的各个大城市。在此之间，便由威尼斯商人充当这频繁贸易的纽带，而生活在威尼斯城的人们可算是西方人中最早能接触到东方新潮事物的“有福之人”了。咖啡在阿拉伯地区的盛行之风随着时间的流逝而东风西渐；精明的威尼斯商人在16世纪中叶之后有了将之引进故乡、人力推广的想法。他们觉得这种奇特的黑色饮料定能在威尼斯刮起一阵黑色旋风，让人们趋之若鹜，这个城里的人们喜欢一切新奇古怪的东西，而咖啡，恰是最能满足他们十足好奇心的。于是，在16世纪末17世纪初期，咖啡被贴上“阿拉伯酒”的标签，从阿拉伯半岛尖端的摩卡港出发，乘船驶向威尼斯。

彼时的意大利，正值一系列被称为“蒸馏饮料”的饮品风行于世，这些饮料以柠檬水和酒精饮料为代表。咖啡这个异邦怪饮的到来，非但没有如进口商们所预想的那样，在人群中刮起一阵热捧的旋风，反而经历了抵制的遭遇，差点遭禁！抵制者便是威尼斯城里的饮料商人们。对咖啡心存警惕的商人们结成联盟，联合公会，煽动教士，向教皇上书请愿，请求教皇颁布禁止饮用咖啡的禁令。在请愿书中，他们竭尽所能地贬低咖啡，以浓墨渲染它的来源和色泽，将它形容为“来自异教的撒旦饮料”。

水城威尼斯

然而，这位教皇面对怒火汹汹的饮料商人和义正言辞的天主教士时，却对这种来自异教的撒旦饮料表现出了十分热烈的兴趣和难得的深明大义。他并没有急急忙忙地为咖啡下个定论，给它签发一道饮用禁令，而是说了让在场的所有人都大跌眼镜的一句话。这位尊贵的教皇竟然要亲自品尝一下来自异教的撒旦饮料！请愿的人们怎么也没料到教皇会出此命令，一个个面面相觑。如教皇吩咐，一盏热咖啡被恭敬呈上，袅袅热气自杯中腾起，房间内顿时醇香弥漫。教皇于众目之下缓缓饮取，当丰润的液体滑落入口，他虽一言未发，然而从那微阖的双眼与似笑未笑的满意之情，在场的人读出了这场请愿的结果：撒旦的饮料彻底征服教皇的心！果然，教皇开口反问道："为什么必须禁止基督徒喝这种饮料呢？假如你们口中所谓的'撒旦饮料'是如此好喝，那让异教徒独享岂不太可惜了！因此，我们何不让咖啡受洗，使它成为上帝所赐予的饮料，并乘机好好愚弄撒旦。"这番充满智慧的话就这样彻底改变了咖啡遭禁的命运，也居然从此改变了意大利人甚至欧洲人的饮用习惯和生活方式；这位可爱的教皇就是克莱蒙八世(*Pope Clement VIII,1552-1605*)。教皇的神圣正名令咖啡尊贵倍增，咖啡进口商们自然也不闲着，他们不遗余力地对咖啡进行宣传。慢慢地，这种土耳其人眼里的"黑色糖蜜"也开始融入威尼斯人的生活中，成为不可或缺的一部分。而原本敌视咖啡的蒸馏饮料商们此时也只能顺应形势，做起了咖啡生意。

1683年，在威尼斯的圣马可广场上，第一家咖啡馆开张了！它的名字叫波特加咖啡馆(*Bottega del Caffe*)。波特加咖啡馆很小，但小得精巧简单，让威尼斯人个个都爱它。到了1720年，在圣马可广场的回廊里，开出了另一家咖啡馆。与波特加的简朴精巧不同，这家咖啡馆走的是奢华路线，它就是享誉至今的佛洛里安咖啡馆(*Caffe Florian*)。与其叫佛洛里安咖啡馆，还不如称它咖啡宫殿来得更准确。因为佛洛里安采用的是当时意大利最顶尖华丽的装饰：大理石圆桌光可鉴人，红丝绒椅垫奢华高贵，红桃木雕花精细繁丽，流线型的天花板飞舞灵动，古董镜和画作则显得东方气质十足。佛洛里安散发出来的优雅华丽气质，对人自有一种难以抵抗的吸引力，各式各样的人被吸引前来。渐渐地，佛洛里安成为威尼斯人生活的中心。意大利作家凯撒·慕沙提(*Cesare Musatti*)如此描述眼前所见："咖啡馆里的人特别多，没有椅子或沙发可坐，即使如此，这种气氛还是非常好的，因为光是享受人群的拥挤以及嘈杂热闹的气氛便已值回票价了。"

佛洛里安的大获成功鼓舞了其他也想涉足咖啡生意的威尼斯商人。不久之后，许

佛洛里安咖啡店

夜色下，水城的咖啡馆灯火通明。

旧时咖啡馆风貌。

多咖啡馆都依佛洛里安之样，纷纷开了出来；威尼斯当局把这些咖啡馆的老板们划到“水的交易商”一类，而咖啡馆则被称为“水店”。在这遍布水城的水店里，有人是来享受拥挤，有人是爱上味道独特的“黑水”，有人是来谈生意，还有人则单纯地为取暖而来。因为当时，许多人家中并无暖气；所以在寒冷之冬，一头扎进咖啡馆的人群中，捂着一杯热气腾腾的咖啡，感觉到手心一点点回暖，也不失为一件幸福安心的事。《威尼斯日报》某日刊登在第一版的一则报道让现在的人读来亦颇感有趣，报道的主角是一位“诈喝咖啡”的男士。

有一天，一位先生上气不接下气地赶到咖啡馆，一下子点了四杯咖啡，要侍者送到某某地址。此时，咖啡馆内正人声鼎沸，店主和侍者根本挪不开身子。这位先生等在门口，一边用手指敲着桌子，一边不断催促店主，一副急不可耐的样子。过了好久，咖啡店的伙计终于做好四杯咖啡，准备送去。可伙计人还没走出门，这位先生一下跃起身来，劈头向伙计问道：“我的茶呢？我的茶在哪里？天晓得我到底在这里等了多久！”这一问，问懵了小伙计。只见他大张着嘴巴，低头看看托盘上的四杯咖啡，又抬眼看看怒火冲冠的男士，小声说道：“什么茶？我……不知道。”男士装出一副怒不可遏的样子，高声吼道：“我碰到的都是一些聋子吗？我在这里等，就在这里等，而且急得要死，而你呢？你在浪费我宝贵的时间！快回去准备我的茶来。现在先把这些东西给我，你马上准备好茶跟过来！”说着，男士就从小伙计的手上夺过咖啡托盘，径自走了。小伙计见状，只好转身回去，重新泡了四杯茶，送到先生所说的地址。结果，那里的人却说从来没有点过什么咖啡或茶！小伙计郁闷地端着茶水寻人，可那位先生早已不知所踪了。

这篇报道能上日报的头条就足以证明，在当时，关于咖啡馆的一切大小事情皆为人们所喜闻乐见。威尼斯的咖啡馆也因造访人数众多、职业构成复杂，成为当局重点关照的对象。有些咖啡馆被威尼斯人称为“栗子店”。这些所谓的“栗子店”非但不出售栗子，相反，尽是一些风月场所，因为用当地人的话说，那些风月女子们就是“吃栗子的人”。有些咖啡馆在找侍者的时候，专门挑选那些身材轻巧的女孩，因此在这些咖啡馆里，每日都有莺莺燕燕环绕其间，而咖啡馆提供的不单只是咖啡和其他饮料，此时的咖啡店变成了“栗子店”。威尼斯政府对此类咖啡店采取了极为严厉的措施，为此，还遭到一个诗人的强烈控诉。这位资质平平的诗人常混迹咖啡馆并从中获得不竭的文学灵感，他写道：“这个城市向来著名的自由到哪儿去了？所有咖啡馆都空了，那些让人赏心悦目的女士们也都走了。在咖啡馆里观察那些身着盛装的女士们是件多么美好的事啊！天啊！现在却变得如此令人难过及单调啊！但是，不管人们想用任何严峻的法令来阻止女士进入咖啡馆，他们终将会失败的。”果然，没过多久，在威尼斯的大街小巷里，这些女士们又如雨后春笋一般从咖啡馆的地底冒了出来。禁止女士进入咖啡馆的法令宣告失败，威尼斯当局只好做出让步：女士可以进入咖啡馆，但前提是必须戴着面具！从那以后，带上面具的女郎们落落大方地出入咖啡馆，引得男士们好奇心大发，颇想一窥面具背后的真实面孔；有些男士自己也戴着面具前来，故意保持神秘的气质。而更有甚者，因为戴了面具可以不被人认出，就戴上它公然在咖啡馆里赌博。想象一下，一群戴着面具的人围在咖啡馆里赌博是何种情景！终于，聚众赌博的行为再一次让威尼斯当局忍无可忍，咖啡馆又一次遭受取缔。而那些戴着面具赌博的人，有军人和神职人员——只有这些道貌岸然的君子们，才会将脸孔隐藏在面具后，为平日不为之事。一张面具，掩盖住真实的脸，却暴露了龌龊的心；还不如那些真泼皮和真无赖，脸孔做派都遭人嫌弃，却能坦荡荡地赌，愿赌服输。

为了咖啡馆，威尼斯政府真伤透脑筋操碎心；而它们有的端端坐落在广场，有的则躲在深街窄巷，和当局玩捉迷藏。时日一久，疲于应付的威尼斯政府只好睁一只眼闭一只眼，随它们去了。除少数一些道德败坏的店铺，大多数的咖啡馆还能正当经营，它们共同在威尼斯城中构建了一个新的空间，使生活在这座城里的人们于忙碌之余，仍有一处所在，可让自己放松心情、闲暇悠哉。咖啡香味渐渐漫至整个意大利，似乎在一夜间，人们纷纷都习惯于在咖啡馆谈经论道、交友聚会，或是坐在靠窗的桌边执书细读、打发一下午的光阴。意大利人爱上了咖啡的浓厚醇香和咖啡馆里自在惬意的氛围。对他们而言，若要品尝这咖啡、美食，享受这值得被好好享受的生活，那么去咖啡馆坐坐吧！

英伦的政治摇篮

异邦的撒旦饮料以其独特魅力，轻松俘获意大利人的心，风过余味留存，无一人不缴械投降！有人曾信誓旦旦地说，女人去意大利，定要小心意大利咖啡和意大利男人！呵，原来咖啡和男人之间还有这等关联。的确，意大利的咖啡同那里的男人一样，吸引人靠近却又使人捉摸不透；而意大利的男人也像咖啡一般，天生散发醇香浓烈的魅惑气质——不管怎样，此二者皆销魂无比。而香无国界，趁着夜深，它悄悄弥散，远至英伦。

典型英国咖啡馆风貌。

众所周知的血液循环论发现者、医学家威廉·哈维(*William Hayvey*)是最早享用到咖啡的少数几个人英国人之一；在绝大多数英国人尚不知咖啡为何物时，哈维就已经通过私人渠道，觅得这种黑色的饮料。哈维并不一定十分欢喜咖啡这种新潮时尚的苦味，不过他发现了咖啡在一定程度上对人体存在着积极的功效，从此，他便致力于向周围人士大力宣扬咖啡在医学上的正面功效。在他死后，竟然留下了一笔巨量的咖啡遗产——重达五十六磅。他将这种黑色饮料遗赠给同事们，不过也附加了条件，那就是：同事们每个月都必须聚在一起喝咖啡、聊医学。可见这位伟大的医学家对咖啡之心醉程度。咖啡也居然被当作一种苦口的良药，在哈维生前身后的努力下，使英国医学界的一小部分人逐渐对它产生熟悉之情。当时，离英国的第一家咖啡馆开张尚有几年时间。

1650年，在牛津东边的圣彼得区，英国的第一家咖啡馆开张了。

1652年，在伦敦康希尔的圣麦克巷内，首都伦敦的第一家咖啡馆开张了。它的诞生原因说来有趣：一个名叫丹尼尔·爱德华(*Daniel Edward*)的英国商人在旅行至土耳其的士麦纳时，收了一个仆人。这个仆人原籍希腊，却一直生活在阿拉伯地区，对咖啡自有耳濡目染的熟悉感。每天早上，希腊仆人都要为主人爱德华准备好一杯咖啡，供主人慢慢品尝；在仆人的引导下，爱德华渐渐养成了一个习惯：起床后先喝上一杯热热的咖啡，再开始一整天精力充沛地奔忙。待主仆二人回到英国，这个习惯仍被保持着，日复一日，雷打不动。这个新玩意儿带来的新习惯在爱德华的朋友圈中一传十十传百，越来越多的人到爱德华家里来，想要亲自看看这种闻所未闻的饮料究竟是何物。起初，爱德华十分乐意，冲上几杯咖啡，与友人围坐桌边，向他们介绍旅途见闻和咖啡种种，事无巨细。然而，时间一久，好客的爱德华便难以招架。朋友们的双脚像是被施了魔法，总在晨间齐齐迈向爱德华家。他们的好奇心和味蕾是得到满足了，可爱德华却开始为此苦恼不已，因为这样一来，他每天就必须要花掉整整一个上午的时间陪伴朋友们喝咖啡，实在费时！无奈之下，爱德华索性在圣麦克巷的教堂对面开了一家咖啡店，让闻香前来的朋友们看个足喝个够。店一开业，大受欢迎。爱德华那个深谙咖啡之道的希腊仆人顺理成章地成了小店的老板，把咖啡店经营得有声有色，很快使它在附近的街区声名大噪，咖啡店几乎每天门庭若市。这下可愁坏了挨近它的几家老牌小酒馆和小餐厅，眼看着自家店前客人稀少、门可罗雀，而对过的咖啡馆则日日喧闹不已，实在惹人眼红。终于，小酒店和小餐厅的老板们为挽救生意、不让自己的店面关门大吉，就联合上书市长，要求政府拿出举措，保护濒临倒闭的酒馆。信中还特别强调了这个希腊人的“仆人”身分，“他不是自由身”，有违国家的律法精神。欲加之罪何患无辞呢？于是，咖啡店的老板——希腊仆人被安上了一个“行为不良”的罪名，被逐出英国。还好，咖啡馆却幸免地存留，被当地一个议员的马车夫包曼(*Bowman*)接手照看了。

1656年，彩虹咖啡馆(*Rainbow Coffee-house*)在舰队街上开张了，它的老板是一个名叫詹姆斯·法尔(*James Farr*)的外科医生，他也是一位兼职理发师。自从舰队街上有了彩虹咖啡馆，从街头到巷尾便整日弥漫着阵阵咖啡豆的烘焙香。可英谚中有句话叫：甲之蜜糖，乙之砒霜。对爱光顾咖啡馆的人来说，这焦而浓的咖啡香气真是令人陶醉不已；相反，舰队街上的一些居民们根本不会作此感想，他们恶之如仇，恨不能把咖啡馆铲出街道。可是，彩虹咖啡馆的香味吸引了越来越多的顾客。厨房的炉灶终日燃着火，一粒粒咖啡豆在火上被烘焙，活泼乱跳。终于有一天，咖啡馆的烟囱起火了，不过所幸店铺无恙。老板伙计都松了口气，可街坊们的心情实在是不那么轻松，在他们眼里，这家咖啡馆从一个散发焦味的讨厌家伙变成了一枚整日都有火苗舞蹈的定时炸弹！矛盾急剧升级，双方对簿公堂：这一边是恶狠狠控诉咖啡焦味，害怕有生

彩虹咖啡馆

命危险的保守邻居；另一边是声称正当经营，保证以后小心烛火的彩虹咖啡馆。双方争执不下，只能待法官给予裁决。而法官早已被双方带着重磅火药的唇枪舌战炸得焦头烂额，不过，他还是给出了一个裁决：咖啡馆可以继续在舰队街上经营，但前提是用火安全。这一裁决让彩虹的忠实顾客们拍手称快，法官心中也乐得呵呵，因为他就是一个不折不扣的咖啡爱好者。若把彩虹咖啡馆轰出舰队街，那这条普普通通的街还能有什么意思呢？

1657年，咖啡商人汤玛斯・盖洛威(*Thomas Galloway*)也开张了自己的咖啡馆——盖洛威咖啡馆。这家咖啡馆在钱吉巷3号。盖洛威对自家咖啡馆信心满满，他总说，将来有一天，盖洛威咖啡馆会变得很有名。他说这番话时，颇有望子成龙的意味。而事情也的确如此。盖洛威咖啡馆聚集了当时伦敦城里的一批名医，路人走过橱窗，总能看见他们围着桌子，喝着咖啡，侃侃而谈。这样的场景反复出现了几次之后，便在人们心中留下了“医生们总在盖洛威喝咖啡”的印象。医生们则天然地和祛除疾病、保持健康相联系，于是，受到某种心理暗示的人们就怀着纯真的愿望前去盖洛威，与医生们同喝一种饮料，以求身体健康，无病无烦。盖洛威的人气越聚越高。

咖啡馆里的社交。

在17世纪60年代行将结束之际，英伦的人们熟悉咖啡就仿佛熟悉身边的一个旧好。似乎没有人对伦敦街头这些开了倒倒了又开的咖啡馆作过数量上的精确统计；人们只知道，隔三差五地就有咖啡店铺在这座多雾多雨的城市里，如春笋般冒头而出，对此，他们早习以为常，也发展出一套专属的英伦习惯。相比意大利咖啡馆那种地中海式的惬意休闲气质，英伦咖啡馆似乎有某种天赋的政治使命，激进而强势。咖啡馆里的一张张小圆桌是孕育那些或稚嫩或宏伟的政治思想的摇篮，咖啡馆自身便成为一个极富思辨色彩的公共空间——这个空间就构筑于政治风云莫测、局势跌宕变幻的时代背景中。彼时，新兴的资产阶级与没落的贵族阶级明争暗斗，英伦的上空密布着战争的乌云，山雨欲来风满楼。伦敦城里关注局势的人们围绕各自的核心利益，结成联盟；争吵和论辩乱纷纷地出自应运而兴、遍布街巷的咖啡馆，瞬间席卷伦敦。每一个联盟都渴望自己所发出的政治喊声被听见、被响应。共和论者、政治批评家和议论国事者都把咖啡馆当作自己的天然家园，针砭时弊的新闻报道和讽刺文章层出不穷。为正在愤燃的战斗情绪加上一把熊熊烈火的就是一部名为《大洋国》的政治寓言小说。

1656年9月，《大洋国》付梓出版。作者哈灵顿(*James Harrington*)毕业于牛津大学，于1630年代周游欧洲列国，所见所悟都皆成此后其伟大政治构想的灵感来源。1640年代的英国爆发第一次内战，哈灵顿置身事外。虽然如此，但还是没影响他在1647年被任命为查理一世(*Charles I,1227-1285*)的内侍。从那以后，哈灵顿就一直跟随国王左右，直至1649年1月国王被处死前夕。这部被哈灵顿自称为“政治罗曼史”的小说诞生于克伦威尔护国公统治英国的时代，但显然，这不是一个令人满意的时代。如果书中的大洋国实际所指的就是英格兰，那么故事的主角奥弗斯麦格尔特正是克伦威尔无疑了。《大洋国》的目的就是要向英国公众提出共和国实现形式的诸多可能之一，为英国畅想并设计一个理想的政治模式和一个美好的未来。书一出版，就伴随着针锋相对的叫好声与批评声，滔滔不绝于耳。从此，哈灵顿被迫走出安静的生活，直面这个扑朔迷离、有着多种可能的政治局势。他利用那个时代的狂躁情绪，以咖啡馆为阵地，大量出版小册子、印发宣传单，详尽阐述、澄清和辩护自己的共和国模式。1659年10月，哈灵顿和自己的支持者成立了一个政治俱乐部，并把俱乐部的根据地设在土耳其人头像咖啡馆(*Turk Head*)。这一举措，耐人寻味，因为土耳其人头像咖啡馆的位置就坐落在新宫场。新宫场是现在伦敦西敏大桥引桥下的一块地方；然而，在旧的伦敦地图上可以看到，它是西敏宫以北一片占地面积极大的开阔场地，离议会和政府所在地白厅仅咫尺之遥。众所周知的西敏宫是一座宏伟的中世纪建筑，位于议会场所的中心位置，是高级法院的办公之地。几个世纪以来，新宫场以其独特的地理位置成为国家举行重大活动、庆祝公共节日的传统地点。在其四周，聚集着数量众多的小餐馆、小酒馆以及咖啡馆。这些店铺麻雀虽小，却担当重任：在国王退位和王政复辟期间，它们就是一出出政治闹剧的角逐中心，在其中汇集了议会议员、士兵、律师、政治辩论家和冒险家。而哈灵顿选择在土耳其人头像咖啡馆设立俱乐部，则无疑是把俱乐部放进英国政坛涌动的激流中，让自己处在一场决定共和国未来的风暴的中心眼。

哈灵顿的政治俱乐部得到了土耳其人头像咖啡馆老板的鼎力支持。这个名叫米尔斯的咖啡馆老板不仅为俱乐部提供聚会场所，也为其提供独一无二的用具——一张特制的桌子。这张桌子呈椭圆形，桌面很大，可容很多人围在四周；其别具匠心之处就在于：桌子中间专门留有一个供侍应生走动的通道。人们围在桌边，讨论正酣时，可以不被侍应生送上的咖啡和烟草打断，令整个辩论和思维都保持一种连贯性。这张特制的椭圆桌子真可谓是那个年代特有的辩论机器，是政治和技术的绝妙结合。哈灵顿是这些辩论的意见领袖，他的追随者围在四周。为了抑制过去政治辩论的无序性和煽动性，让俱乐部的每一次讨论都具有一定的含金量，哈灵顿遂提出一种高度规范的讨论形式：辩论指定一个主持人以把握方向；必须围绕小册子上的问题和观点展开，这样就不至于让一些人游离主题，漫无边际；在结束之际，每一个观点都要被阐述；最后经由投票决定。哈灵顿把《大洋国》中的观点提炼成概要，用便宜的四开本印刷，取名《洛塔：自由国家或平等共和国的模式》——俱乐部由此得名，成为“洛塔俱乐部”(*Club of Rota*)。

每天晚上，白天上班的人在下班之后总会聚在咖啡馆，参加洛塔俱乐部的辩论集会，就哈灵顿共和国宪法的具体条款逐一进行讨论。讨论由著名诗人弥尔顿的学生西拉克·斯金纳来主持。这一形式，渐成传统。从物质的意义上说，咖啡馆里的椭圆桌子为辩论提供一种新的机器；而从抽象的意义上来看，由哈灵顿创立的讨论形式则开创了一种新的辩论精神：它鼓励公众广泛参与到国家的政治生活中，倡导积极、理性、独立和严肃的思考，通过一种平等有序方式对某一观点进行详细争辩和论证，从而到达某一个平衡点。与他在《大洋国》里设计的共和国模式相比，哈灵顿在咖啡馆开创的这种辩论方式的影响显然更为久远，它成为此后公共讨论的最初原型。

在那个狂飙突进的年代，咖啡馆椭圆桌旁的辩论真是激情饱满，极富煽动性，与议院里平淡寡味的演讲迥然不同。因此，每天晚上，咖啡馆里总是人满为患，来人中包括了那个时期许多重要的政治理论家和一些具有影响力的军队激进分子，更多的则是富商、官员和士兵。这些绅士们听一听关于国家前途的政治演说，看一看投票的方式，有时自己也参与到辩论中去。在这个小小的咖啡馆里，国家的命运与每一个人休戚相关。当威斯特敏斯特的小酒馆和啤酒屋里尽是些醉醺醺的糊涂虫时，这些新兴的咖啡馆以冷静睿智之势，开始在英国的政治历史上独当一面，成为英国革命的文化地标："咖啡和共和国/有着相同的首字母，都为了/革命的事业登场，想要/建立一个自由理智的国家。"的确，英国的咖啡馆容许共和党人演讲，公然反对君主，这使得它被深深地打上激进的烙印；它与共和革命的联系是如此的紧密，以至于在共和革命的烈焰被扑灭之时，英国的咖啡馆似乎也走到了尽头。咖啡馆里激进喧闹的争吵声，随

伦敦的咖啡馆里，辩论无处不在。

着革命火苗的熄灭渐渐平息；咖啡馆崇尚的简朴风格、强调的思想特质，逐渐被位于巴黎塞纳河畔的咖啡馆所铺张开来的华丽风格掩盖。然而，历史证明，英国人民经过这一个时期的咖啡馆磨练之后，已经养成了一种聚会商讨国家大事的习惯：1688年，斯图亚特王朝被一场几乎没有流血的政变推翻了。

巴黎的社交新宠

法语中有句名谚如是说："巴黎从来没有停止过变化，但巴黎永远是巴黎。"将巴黎城比作一个摩登女郎，恐怕再合适不过。因为不论哪个时代，她都是那个踩着高跟鞋远远走在时尚前端的女人，抬头挺胸，身姿曼妙，自信满满。有多少人曾远望她的勾魂背影，如痴如醉；有多少人模仿她的衣着举止，亦步亦趋；但却从未有人能够真正得其精髓，遑论超越。精神富有的巴黎人，总像个好奇心十足的孩子，在某一两天里盯着一样新东西痴迷；过一阵子，他们的痴迷便也成了全世界人的痴迷。这就是巴黎，日日常新，引领风尚，但世上仅此一个。

日间的巴黎城，街边鲜花次第开放，看得人心明眼亮、朝气蓬勃。西北部的泰尔特尔艺术广场上，画家们如鸽般散落，以灵动之笔记录城市和城市中人。画家的聚集

巴黎咖啡馆

把广场变为一个巨大的露天画廊，令它世界闻名。市中心的沙莱特广场和圣日耳曼德伯广场，则是青年学生们活跃的地盘。广场的四季，一年到头皆是琤琮的乐声，快乐流淌。在离它不远的奥斯曼大街上，神态优雅的巴黎歌剧院一直如此怡然自若。巴黎的当下，是灵巧生动、可感可触的真实，是海明威(*Ernest Hemingway*)眼里“流动的盛宴”；而巴黎的历史，在埃菲尔和爱丽舍，在卢浮宫和凡尔赛，在圣母院和凯旋门，在塞纳河左岸的香颂，在林荫大道的旧书市场，也在巴黎人的气质中。朱自清在《欧游杂记》中写道：“从前人说‘六朝’卖菜佣都有烟水气，巴黎人谁身上大概都长着一两根雅骨吧。”是真的呵，六朝时的中国，仿佛是下着一场永远都下不透的雨，将馆阁楼台罩进濛濛细雨织成的烟纱帐中；那时的人，也只是水墨里的淡淡笔触，有一种看不清眉眼的“烟水气”。而巴黎人呢，他们生活在博物馆、影剧院、花园、喷泉和雕塑之间，他们所呼吸着的每一个空气分子都是一个艺术的细胞。浸淫于如此浓郁的文化氛围之中，久而久之，巴黎人身上自然地带上一种“文雅气”。这般潜移默化，“如入芝兰之室，久而不闻其香，即与之化矣”，一如孔夫子所语。来到此地的咖啡亦不例外。它褪去了波斯的明艳花纹，被赋予巴黎的气质。

1669年7月，路易十四(*Louis XIV 1638-1715*)要在凡尔赛宫接见土耳其帝国的大使。

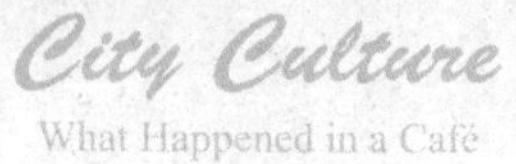

接见日当天，这位让自己时刻都如太阳般光亮耀眼的路易国王特意穿上了一套造价不菲的礼服；整套礼服上满当当地镶了钻石，璀璨得夺人眼目。国王的宝座下是一个更为宽敞的楼座，挂着精致的丝质壁毯和勃艮地挂毯；宝座前是一张厚实的银制桌子；整个宴会厅富丽堂皇，极尽奢华。相形之下，前来朝见的土耳其大使却寒碜之极，仅一件样式简单丑陋的毛制长袍敷衍了事。这位衣着随便的大使神情孤傲，他不但四下环视朝臣，连对路易十四也只是略略鞠躬，而非给予崇敬的跪拜。这场接见不欢而散。大使离开凡尔赛宫殿后并没有径直回土耳其，相反，他留下了。大使在巴黎市区租下一座豪宅，竭尽所能地将豪宅装饰成为巴黎城里具有神秘东方风格的新异之所。好奇心甚的巴黎人，窥见庭院内的波斯喷泉，那色彩缤纷的圆顶天花板与墙上的釉彩瓷砖交相辉映，那些波斯风格的家具散发着木头的原始味道，可家具中并无一桌一椅。乍一看，这样的陈设实在怪异。不过，有幸进入豪宅的达官贵人们则有着惊人一致的发现：虽无桌椅，可不论坐卧，都很舒坦！更令人奇异的是，在这个弥漫着玫瑰香氛的地方，黑奴们穿上土耳其长袍，铺上坠着金黄流苏的锦缎餐巾，为客人们奉上一个精致玲珑的中国瓷杯，杯中的黑色液体热气袅袅。不识咖啡的巴黎贵人们一尝到苦涩的味道，就想把咖啡吐掉，但绝大多数的人碍于礼貌，含苦咽了下去。只有一位聪明的子爵夫人，拿着方糖，假装逗鸟，她“不小心”把方糖滑进咖啡杯。这种黑色饮料的味道果然好了许多。这个小动作被敏锐的大使看在眼里，此后招待时，咖啡与方糖被一起奉上，任君取用。在这波斯味十足的宅邸里，大使向宫廷名人们投之以桃，他绘声绘色地讲述天方夜谭，而后者在极为放松的心情下报之以李，将凡尔赛宫内的大小事情和盘托出。大使由此探得法兰西制造业、军备状况等重大机密。很快，这个神秘舒适的宅邸在巴黎的社交圈中名气陡涨，法兰西的贵族们趋之若鹜，连太阳王路易十四也有耳闻。

1669年12月，路易十四再此召见大使，要求他在宴会上煮咖啡。在凡尔赛宫内，一场神圣的咖啡仪式正式开始了：宫廷黑仆身着浅蓝长袍，包着阿拉伯头巾，端着镶金饰银的托盘，盘内放着精致的咖啡壶和小瓷杯；而到场的贵族们早已经在波斯豪宅里习得一整套礼仪，娴熟地拿着一块绣花布以垫托瓷杯。仆人们往来穿梭，贵族们神闲气定，路易十四深深着迷其间。这一场咖啡宴会在巴黎轰动一时，旋起一阵土耳其的时尚风。波斯的地毯和家具成为人们竞相购置的物品，而咖啡更是作为一种高雅的交际方式，在巴黎的上层社会流行开来。

CAFÉ PROCOPE
ICI
PROCOPIO DEI COLTELLI
FONDA EN 1686
LE PLUS ANCIEN CAFÉ DU MONDE
ET LE PLUS CÉLÈBRE CENTRE
DE LA VIE LITTÉRAIRE ET PHILOSOPHIQUE
AU 18E ET AU 19E SIÈCLES.
IL FUT FRÉQUENTÉ PAR
LA FONTAINE . VOLTAIRE.
LES ENCYCLOPÉDISTES
BENJAMIN FRANKLIN. DANTON. MARAT.
ROBESPIERRE. NAPOLÉON BONAPARTE.
BALZAC. VICTOR HUGO.
GAMBETTA. VERLAINE.
ET ANATOLE FRANCE.
普罗可布咖啡馆

就在这种奢华、舒适和安逸的时代氛围中，巴黎城内的咖啡馆以华丽的姿态出现了。1686年，普罗可布咖啡馆(*Café Procope*)在巴黎的圣·日耳曼区开张了。它虽对传统东方咖啡屋的风格稍作保留，但更多的则是大面积地使用明镜、悬挂水晶灯、摆设大理石桌，以营造亮敞的空间，呈现出一种高贵的欧洲气质。1689年，法兰西喜剧院在这家咖啡馆的对门落成，开幕演出剧目是著名剧作家莫里哀(*Moliere*)的《空想症患者》和哈辛(*Jean Racine*)的《费德尔》。普罗可布咖啡馆因其位置之便，成为巴黎城内的剧作家和演员们经常光顾的地方。在艺术家们的交流和对话中，咖啡馆里培育出一种自由的艺术氛围，从而吸引了更多的贵族绅士、知识分子和文学青年，普罗可布一跃成为巴黎社交圈的新宠。更值得一提的是普罗可布咖啡馆的老板。这个名叫普罗可皮欧·戴·科特利(*Procopio Dei Coltelli*)的意大利人，曾经生活在佛罗伦萨，以侍者为职业。名不见经传的他居然是世界上第一个制作冰激凌的人！早在开咖啡馆的三十年以前，普罗可皮欧就在意大利制作出了冰激凌，其方法是用硝酸溶剂冷却冰汽水。他在意大利卖了一段时间的冰激凌，此后也一直在慢慢改进自己的发明，比如添加点巧克力、香草或肉桂什么的，以使冰激凌更加美味诱人。这些秀色可餐的冰激凌在他的普罗可布咖啡馆里更是一个都不能少的招牌创意食品。

此后，以普罗可布为模板，巴黎的咖啡馆忽如一夜春风来地开遍了整个城市：1716年，三百家；1723年，在此基础上多了八十家；1788年，巴黎的咖啡馆约为一千八百家。到了18世纪，随着法国资产阶级在经济和文化上的兴起，城市获得了跳跃式的发展，新兴的城市资产阶级对社交场所的要求变得更高。宴会、沙龙、科学院、图书馆、小酒馆、公园、集市……放眼望去，法兰西虽不乏各类社交场所，却无一个适合雄心勃勃、具有一定经济和文化地位的新兴城市资产阶级：传统的宴会和沙龙属于经济失势仅余文化尊严的没落贵族，他们看不起资产阶级的财大气粗，为宴会和沙龙设立了一道身分的门槛；科学院和图书馆里弥漫着浓厚得有些迂腐的学术气味，知识分子与资产阶级有点话不投机；小酒馆总是昏暗、脏乱，是贩夫走卒出入的场所；公园过于开放，将自己暴露于人群，毫无私密可言；而集市十足是个嘈杂之地，连说句简单的话都要扯破嗓子声嘶力竭。资产阶级们既无贵族的身分，又不愿接受知识分子的挑剔，更不想与贩夫走卒们一道饮酒，于是他们把目光转向咖啡馆。它没有对身分的严格限制，只要付得起咖啡钱，谁都可以进入；它没有对声音的过度敏感，你可以与人聊天或是听人高谈阔论，不会有人因此觉得吵

普罗可布咖啡馆

闹；它有洛可可式的环境，宽敞明亮；它有自由开放的气氛……法国资产阶级们喜出望外，一时之间，咖啡变得如此风靡，以至于人们对诸如茶和可可之类的饮料，有种它们不曾存在于世的错觉。咖啡馆的一夜成长，为人们的闲暇生活提供了一个新的空间：在那儿，可以读报、下棋、谈天、写作。这就使得酒馆里放荡的狂欢少掉许多，使得夜巴黎少了熏天的酒气，多了一些醇厚的沉淀。米歇雷(*Michlelt*)在《法国历史》中提到咖啡之于巴黎人的作用："除了咖啡，没有其他东西能让法国人更加妙语如珠，口若悬河，思绪更加泉涌而出。毫无疑问，人们形成了一个重要的新习惯……这种辉煌而又幸福的革命性演变必须归因于咖啡的兴起。那些在路易十四时期的传统小酒馆，男男女女穿梭在啤酒桶间跳舞的场景，如今不再。晚间也较少传出饮酒的歌声，醉卧路旁的绅士也少了许多。"

19世纪中叶，欧洲像是一台永不停止的工业大机器，终日不眠不休地运转着。伦敦率先成为一个现代化的大都会，欧陆的其他城市群起效仿，大兴土木。彼时的法兰西，正值第二帝国，由拿破仑三世(*Napoléon III,1808-1873*)当政。他以自己的雄心，为巴黎设计了一张改建的蓝图，要把它打造成一个庞大工业帝国的首都，以展现在他治下的富裕法兰西。巴黎市市长奥斯曼(*Georges-Eugene Haussmann*)奉命执行这项改造计划。这项城市改造以"大道规划"为起点，巴黎旧区如肠的拥挤小路被拆除，取而代之的是一条条宽阔笔直的林荫大道。在发生城市暴乱的时候，曲曲折折的深街窄巷往往成为革命军的藏身之地，也是街垒战的绝佳场所；而现在，镇压暴乱的皇室军队可以在毫无阻挡的林荫大道上快速前进。另外，林荫大道上的路灯照明装置，在夜晚将巴黎城点亮如白昼，让在黑暗中进行的勾当无可遁形，大大地降低了巴黎的城市犯罪率。"大道规划"的改造结束之后，整个巴黎焕然一新：以星辰广场为中心，十二条城市林荫大道如十二道光芒，从凯旋门辐射至城市各端；其中，以香榭丽舍大道为首，卢浮宫和杜乐丽花园被连成一线，这条线就是巴黎的城市中轴线，象征着法兰西的权力中心。除了对城市道路予以改建，奥斯曼还对巴黎城市地下的排水系统进行了一次重新铺设和彻底整修。1860年，巴黎下水道污水排水工程终于完工。此后，城市的污水经由地下排水管道进入塞纳河，流入大海。此举让巴黎摆脱脏乱的形象，变得干净整洁，有效地抑制了大规模传染病的发生。

就这样，一个清新亮丽的现代化新巴黎改造成功：以塞纳河为界，右岸是皇家宫殿区和新兴的城市贵族区，居住者为法兰西的传统贵族以及工业界和金融界的显贵

Bar
RUE
L'ARBALETE
GODARD

普罗可布咖啡馆

们。在这里，花园和拱廊街为各式精品店、咖啡馆营造了一个优雅惬意的环境；随着该地区玛德莲大教堂、埃及方尖碑、横跨塞纳河的新桥梁和新火车站的相继落成竣工，右岸和大道区之间的地带遂成为追求时尚、注重生活品位的城市布尔乔亚的主要休闲之地。此处的咖啡馆便以华丽奢华的风格迎合贵族和上层资产阶级的品位，成为当时法兰西上流社会最主要的交际场所，它们金碧辉煌的装潢和令人咋舌的消费让浪漫主义诗人缪塞(*Alfred de Musset*) 望其兴叹："若你身上没有带足五十法郎以上，千万别推开巴黎咖啡馆的大门呀！"

若说属于布尔乔亚的塞纳河右岸是浮华绚丽、流金灿烂，那么波西米亚聚集的塞纳河左岸则显得浪漫不羁、自由狂放。布尔乔亚是出身平民的工业家、银行家与批发商，他们逐渐取代贵族阶级，掌握了国家的政治、经济和文化权力；而波西米亚则是"介于二十至三十岁的年轻人，在所从事的行业中有才气，但不为人知。……波西米亚一无所有，但却努力在一无所有中求生存"。巴尔扎克(*Honoré de Balzac*)写于《波西米亚王子》中的话，为游离于城市的这群人下了准确的定义。是的，作为波西米亚，他们讲究新异，放荡不羁，他们反对布尔乔亚的生活方式，追求灵性自由和艺术理想。他们在塞纳河左岸的咖啡馆里流连穿行，将左岸变成一个诗人、作家、画家、哲学家聚集的“拉丁区”，让这里的咖啡馆带上了他们身上的艺术气质。在将来的某一天，当你来到塞纳河左岸的某家小咖啡馆，先推门进去，找一个靠窗的座位，点上一杯咖啡；侍者为你送上咖啡，告诉你，这是戈尔布阿咖啡馆，请慢慢享用。呵，原来这里就是当年毕加索(*Pablo Picasso*)与特瑞莎(*Marie Therese Walter*)一见钟情的地方……只不过，物是人非了。

到维也纳的咖啡馆去

> 你有烦恼，不管是这个，是那个——到咖啡馆去！
> 你因为某种理由感到迷惘——到咖啡馆去！
> 你有扯破的靴子——到咖啡馆去！
> 你只赚四百克朗，却花了五百克朗——到咖啡馆去！
> 你是对的，很节省，但自己却什么也没有——到咖啡馆去！
> 你觉得没什么事能让你觉得有趣——到咖啡馆去！
> 你想自杀——到咖啡馆去！
> 你恨人类，而且鄙视人类，但无法离群索居——到咖啡馆去！
> 别人不愿再借钱给你——去咖啡馆！
> ……

没错，你有一千个一万个到咖啡馆去的理由；但其中只有一个属于维也纳的咖啡馆——因为它独一无二、不可复制，就像匈牙利的骑兵，有着无法模仿的特色。1840年，奥地利作家约翰·布朗·布朗塔(*Johann Braun von Braunthal)*在他的书里这样写道：“没错，在英国和普鲁士也有骑兵，正如法国、英国、德国也有咖啡馆一样，但是那并不算是真正的骑兵，也不算是道地的咖啡馆。就如匈牙利人天生就有骑兵的血液，维也纳人生来就有对咖啡馆的鉴赏力。对我而言，一杯真的咖啡，就算淡得无法再淡，也远胜过一杯调制得很浓的仿制品，维也纳的咖啡馆不论是在市区或在城郊，甚至在附近的小镇，都具有难以混淆的特色，和法国、意大利的咖啡馆比起来，这里有维也纳典型的游戏可玩，有最精致的烟卷可抽。这儿不像德国的咖啡馆，一进门就大吃大喝，又是葡萄酒，又是啤酒，而是咖啡、茶、冰品、潘趣酒及类似的饮料迎客。换句话说，在这里玩游戏和与人交谈是最主要的事，至于看报纸、读杂志之类，只能说是闲余的活动。”这位常年驻扎咖啡馆，嗜咖啡如命的作家一语道出维也纳咖啡馆的独特之处——游戏和新闻。在维也纳的咖啡馆里，撞球台和书报架是必不可少的陈设，而更多更及时的新闻，则从往来于咖啡馆的人们的口耳相传中获得。

若要追溯维也纳的咖啡历史，1683年的那一场战争是绝对绕不开的。那年3月，强大的土耳其奥斯曼帝国伺机进攻奥地利。奥地利皇帝与波兰国王结成军事联盟，共同抵御土耳其的威胁。有了波兰的承诺，轻敌的奥地利皇帝以为就此能高枕无忧。当土耳其苏丹率领着十万大军，经过贝尔格莱德，沿着多瑙河，直逼维也纳城下时，奥地利皇帝正携宫中佳丽，在森林的夏宫里消暑纳凉。他们欣赏着水上运动表演，聆听着华美的音乐，简直乐不思蜀；直至看见城内难民成群，才知土军逼近，情势已是火烧火燎。皇帝立刻赶回维也纳，旦夕间组织军队自保。然而，这些匆匆组建的军队究竟不堪一击，在土耳其大军一波未退一波再起的猛烈攻击下，很快溃不成军。眼看着

维也纳咖啡馆

维也纳风情

土军势如破竹而维军节节败退，维也纳皇帝心急如焚。就在维也纳城被围之前，皇帝居然带着一批皇亲贵戚，逃之夭夭。幸好，维也纳市长和一些仍坚守城池的市政委员在危急关头挺身而出。在他们的号召下，维也纳的民众自发团结，拼尽全力，保卫家乡。局面暂时得以缓和，双方就这样僵持对峙着。到了7月13日这一天，按捺不住的土军挥戈进攻，再度兵临城下。7月15日，土军向维也纳城的守军发出通牒，要其缴械投降；守军和民众抵住压力，誓不开门。第二天，土军又一封通牒发出，城门依然纹丝不动。失却耐心的土耳其大军向维也纳城发起强烈猛攻，守城群众浴血奋战，伤亡惨重。在这样极为艰苦的条件下，维也纳的民众还是咬牙坚持了近两个月，直到9月12日，波兰皇帝率领援军赶到，这队人马与洛特林格公爵率领的萨克森军会和，共同帮助维也纳打退了气焰嚣张的土耳其。维也纳得救了！当土军沿着多瑙河一路紧急撤退时，与欧根亲王指挥的奥地利军队狭路相逢，土军被一举歼灭。胜利来之不易，维也纳人沿着城墙拾取遭土军丢弃的武器、弹药、帐篷等，充作战利品。在这些战利品中，有一些布袋，里面装着满满的青豆和咖啡。维也纳的民众沉浸在胜利的喜悦中，军队开始论功行赏。一个潜伏在土军的波兰人得到了特别的嘉奖，因为正是他向洛特林格公爵提供了有关土军的许多情报。其中，一个有趣的情报是：在节日里，土耳其苏丹除了烹羊宰牛之外，还会煮一锅黑色的液体，以此犒赏三军将士；据说，这种深受土耳其军队喜爱的液体名叫“咖啡”；咖啡的味道苦涩难咽，如果加点牛奶和糖的话，那就会变得非常香甜可口。公爵听到这份情报后，显得饶有兴趣，只是，单从描述上，他还没办法想象这种黑色的液体究竟是什么东西。直到有士兵将一袋袋豆子当作战利品扛回来时，公爵这才看到：原来这些小小的豆子就是土耳其人平时所喝的咖啡。他迫不及待地煮上一杯，品尝到了咖啡的滋味；他喜欢上了这种苦中带甜的新奇味道，这是味蕾从未有过的体验。于是，公爵授权波兰人利用这些咖啡战利品，在维也纳开设咖啡馆。这就是维也纳第一家咖啡馆的由来。如今，在这座城市里的不少咖啡馆都宣称是“波兰人开的第一家”。

战争结束了，维也纳民众的生活渐渐步入正轨，那些流血和伤痛被日常的琐碎点滴掩盖，成为记忆。在相当长的时间里，维也纳人还是老样子，喜欢喝茶，不习惯咖啡。维也纳的咖啡馆为吸引顾客，在店内提供免费的报纸。这对许多有阅读习惯的人来说确实是个不小的诱惑，因为报纸很贵，一份报纸的价钱两倍于一杯咖啡。只要花点钱买上一杯咖啡，就能在咖啡馆里免费读报，何乐不为呢？越来越多的人选择到咖啡馆去看报、聊天、喝咖啡。这样一来，报纸的销量急剧下降。与今日的报业严重依赖广告不同，当时的报纸几乎靠销量支撑，销量的锐减对维也纳报界而言，打击着实沉重。报纸向法院提起诉讼，要求法院禁止咖啡馆这种免费提供报纸的行为；咖啡馆据理力争，双方僵持不下，官司多年未了。维也纳人我行我素，毫不理会，他们依旧是一杯咖啡一张报纸，坐在咖啡馆里，清谈一个下午。当城市中的绝大多数人都默认了一个习惯，那么久而久之，这个习惯往往就会变成城市的传统予以延续。对维也纳的咖啡馆来说，它们的传统就是摆上书报架，任顾客免费取阅，对维也纳的民众而言，他们的习惯就是踱进咖啡馆，挑自己常坐的位置，跟熟悉的侍应生示意一下，再摊开报纸，一边品尝咖啡，一边获取最新的时政、经济、军事要事。有时，看见邻桌谈兴正酣，还会附耳过去，听听他们的谈话内容。若有意见想要发表，不妨也说上几句，各人交流看法，博采众长，其乐融融。

至于维也纳咖啡馆里的撞球游戏，也不失为一个招徕顾客的创意之举。撞球桌一般都设在咖啡馆一楼面对马路的房间中央，让路过的人一眼看到。有些高手的球技十分精湛，常常能吸引咖啡馆里读报人的注意力。一些咖啡馆还会在节庆日举办隆重的撞球比赛，万人空巷。所以，维也纳咖啡馆的气氛总是那么兴高采烈的，喜欢安静的人会嫌它过于喧闹了。比如，一个来自德国的旅行者对此就表现出了极大的不适应。他花了好长的时间，终于在维也纳城里找到了一家安安静静的咖啡馆："我常常到克拉美雪咖啡馆(*Kramersche Kaffeehaus*)，因为这里没有撞球台，也没有一大堆人。对此地陌生的人也可以去那儿坐坐，因为在那里不太有人高谈阔论，人们可以避免被一些政治言论或活动所激怒。"对这位好学严谨的日耳曼人而言，克拉美雪咖啡馆是维也纳咖啡馆中的异类，但却实实在在是一家弥漫着咖啡味的心灵阅览室，是充满了学识的咖啡馆。

土耳其的军队用武力夺城惨遭失败，可他们留下的咖啡却以其新异独特的魅力，俘虏了维也纳的心，从而改变了这座城市的生活习惯。多瑙河蓝色的波涛摇曳，仿佛酒杯里晶莹的葡萄酒；维也纳的咖啡香与美酒香在城市的上空缥缈融合，形成自己独特的味道——仅仅属于维也纳咖啡馆的独特味道；它与巴黎的咖啡馆一起，成为欧洲咖啡文化的代表，也成为世界咖啡文化的永恒经典。

美国恋曲

这是美国南部一座毫不起眼的小城。它悲伤寂寞，悄无声息，从日间一直冷清到夜里。城中有一条名不副实的大街，只一百码长。街上行人稀少，车子更难得一见。站在街上，放眼望去，目光所及之物寥寥：一家破旧的纺织厂，紧挨着的是三两间窄小的职工宿舍；一座有双色窗的教堂，周围歪歪扭扭地站着几株桃树，稀疏的枝叶风中零乱；小城中央还有一座大屋，算是此地最大的建筑，可却像比萨斜塔般立着，看起来随时会倒的样子。这栋奇怪的屋子已经陈旧不堪，浑身上下被木板钉得严

美式咖啡馆

严实实，只余二楼的一扇小窗，远远看去，像一个跛脚难立的老人，睁着黑洞洞的独眼，深不可测，叫人心生惊惶。屋子前廊右侧的墙壁上，有一片陈年老漆，多年以前粉刷上的，如今干裂斑驳，依着时间的节奏，点点脱落。当年的那桶油漆，应该还没刷完，因为余下的大面墙壁显得既灰沉又肮脏。一明一暗，对比强烈，如巨斧劈开大屋成两半：一半是峥嵘的记忆，随年华老去，日渐凋零；另一半是灰死之心，跌进谷底，再无复燃的可能。

八月的小城，无事可做，连烈日都闲到发慌，周遭静得只剩下翻滚涌动的热浪，一阵一阵扑面而来。待日薄西山，被炙烤一天的老屋神色稍解；二楼的独眼笼上一层冗长的哀凄神情，像要透露点什么秘密，却又欲说还休。就在这时，窗板被一双手缓缓推开，先让人看到的是两只枯灰色的人眼，它们俯视着小城，不带任何希望的那种俯视；然后，一张惨白的脸孔渐渐分明：这张脸几乎不露一丝血色，惨淡得随时可以隐没在背景里，杳无声息。单单从这张脸，还说不上性别；而这张根本只能在噩梦里而不是在现实中被看见的脸孔，总在黄昏时分，静静地在窗口，呆上大约一个小时。一天当中，唯有此时，幽闭的记忆匣子得以打开，那些故人旧事，那些思绪情怀，争先恐后地从黑暗中挣脱出来，在眼前狂欢舞蹈。多么美好的时候啊。

这栋大屋子曾是一家咖啡馆。在成为咖啡馆之前，它原本是一间杂货店，店里出售饲料、鸟粪石、粗粉、鼻烟之类的东西。它的老板是一个名叫爱蜜莉亚·伊文斯的小姐。爱蜜莉亚小姐从死去的父亲那儿继承下了这栋大屋子和其他一些产业，比如位于小城后沼泽区的蒸馏酒坊，成为小城里最富有的人。爱蜜莉亚是一个颇有些男子气概的女人：人高马大，皮肤黝黑，骨骼健壮，肌肉发达；短发梳在脑后，露出大片额头；眼珠向中聚拢，微有斗鸡；脸庞紧绷，略带憔悴。但总体而言，仍算得上标致。这小城里有不少男人都费尽心思地追求她，可她对此竟一点都不稀罕。她结过婚，只不过那场离奇的婚姻仅维持了十天就不幸夭折。新郎马西是城里有名的浪荡子，英俊潇洒，风流倜傥。他对她的爱，死心塌地，单纯无附加。他愿为她痛改前非，为她信仰上帝，为她脱胎换骨。只是，落花有意，流水无情。在十天短暂的婚姻里，马西不断地遭受着爱蜜莉亚的打骂，最后终于被扔出家门，落得无处可去。一片真心换来横眉冷对，悲伤的马西就此心灰意冷，遂重操恶习，踏上邪路，最后因为触法，锒铛入狱。而爱蜜莉亚依旧是茕茕孑立，独来独往。人们常看到她身穿工作服，套着橡胶长靴，躲进沼泽区的蒸馏酒坊里，一言不发地坐看酒坊中燃烧着的火，一连坐上好几

天。那火焰一下一下地跳着，映得她脸颊通红。小城中谣言四起，纷乱不绝，只是谁都无法猜透这个女人的内心。久而久之，小城里的人便也习以为常了。因为她还是那个爱蜜莉亚，在秋天时能用高粱磨出暗金色糖浆的爱蜜莉亚，有一手精湛木工绝活的爱蜜莉亚，只花短短两周时间就盖了间砖厕所的爱蜜莉亚，过着波澜不惊、今天复制昨天的生活的爱蜜莉亚。哦，好一个爱蜜莉亚小姐。然而，就在她三十岁那年，一个自称是“爱蜜莉亚表哥”的驼子远道而来，改变了一切。

那个四月的夜晚，如今回想，仿佛已有几个世纪那么长。春日的夜空像一片深蓝色的沼泽，月光清楚地照着地里的庄稼，纺织厂里正在加班，模糊的机器声交织而来。漆黑的农田边，同样漆黑得让人认不出脸的黑人正哼着小曲儿，抄着近道去和情人私会。这么好的夜晚，就只适合静坐发呆，凡事不想。虽已近午夜，爱蜜莉亚小姐的杂货店里仍逗留了几个人，喝着小酒，而爱蜜莉亚小姐则倚在门边，随手摆弄着一

根拾来的绳子。没有人开口说话。

这时，一个声音先打破沉默："我看见有东西朝这儿来了。"

"是走失的小牛。"另一个声音说道。

"不对，是哪家的小鬼头。"有人反对。

等来人走近，大家才恍然大悟：原来他是个驼子，只有四尺多一点，弯腰弓背，头大身小，极不协调；手中一个用绳子捆绑住的破旧手提箱，跟着主人跋山涉水，风尘仆仆。如果说他的贸然前来、他的长相本身，还不足以引起惊异，那么接下来发生的事着实令小城里的人措手不及。

驼子拿出一张照片，开始认亲。他自我介绍，说自己名叫李蒙，是爱蜜莉亚小姐的表哥。这个驼子居然是爱蜜莉亚的表哥！边上的几个人团团围住驼子，一脸质疑。驼子见状，吓得干脆坐上台阶，放声大哭。始终交叉着双腿站在人后的爱蜜莉亚小姐，不发一语。她拨开围着的人，两个大步跨下台阶，走到这个陌生人身边，看着他，若有所思。她用修长的食指，戳了戳他背上的罗锅，哭声瞬间变小。接着，她从口袋里掏出一个酒瓶子，用手擦擦瓶嘴，递给驼子。驼子接过酒瓶，喝了一口，还给她；她对着瓶嘴，也喝了一口。这一系列动作一气呵成，看上去是那么的自然连贯，却已经足够让周围的人瞠目结舌。平日里，谁要是想找爱蜜莉亚小姐赊一口酒都是妄想，可今天，她居然跟一个有可能是个骗子的陌生人共饮一瓶。而有些事，就是那么说不清、道不明，毫无道理可讲；它在刹那间发生，让人措手不及——这就是爱情了。一直被人以为最不稀罕爱情的爱蜜莉亚小姐如今自投情网，一头栽入其中，再也不能自拔：她爱上了这个所谓的表哥李蒙，一个驼子！在这之前，小城里鲜有人见过爱蜜莉亚小姐的女性柔情。这份温柔并非没有，它只是被埋藏了三十年，终于在这个人出现之后，被释放得毫无保留。于是，为了留住表哥李蒙，爱蜜莉亚小姐决定将杂货店改成咖啡馆。

因为有了表哥李蒙，咖啡馆的生意格外兴隆。一张一张小咖啡桌整齐地排列在店中，上面铺着干净整洁的桌布。店中颜色缤纷的彩带在电扇的吹送之下，飘浮在半空中，每天都带着张灯结彩的洋洋喜气。自打有了爱蜜莉亚的咖啡馆，小城居民忽然多了一个可去之处。每到周末，他们总会精心打扮一番，然后不约而同地来到爱蜜莉亚小姐的咖啡馆。在这里，哪怕是坐着喝喝咖啡，与旁人聊聊天，人们也觉得内心欢喜。而爱蜜莉亚呢，她现在喜欢斜靠在门边，脉脉含情地看表哥李蒙背上的罗锅在咖啡馆里移进移出，看得几近失神。对她而言，眼下只要能看见这个人，漫山遍野就都是今天呵。

然而，好景不常在。爱蜜莉亚的前夫，那个被她伤透心的浪荡子马西出狱了。因爱生恨的他，出狱的第一件事就是要找到爱蜜莉亚复仇，以消心头恨。但是，如果爱蜜莉亚直接在马西的剑下毙命，那么，这个发生在咖啡馆里的爱情故事，其结局顶多算是普通。而这个故事之所以是一个不折不扣的悲剧，正在于它不仅一次次地唤起人们内心无比的震惊，更在于震惊的背后所隐藏着的那部分更为深刻的内容。谁都不会想到，表哥李蒙居然爱上了前来复仇的马西！在看到这个长相英俊的浪荡子的那一刻，表哥李蒙就被马西深深地吸引了。当马西和爱蜜莉亚在咖啡馆对峙决斗时，原先只是安静地待在一旁的表哥李蒙忽然一跃而起，偷袭爱蜜莉亚。爱蜜莉亚输了。之后，表哥李蒙又帮助马西，将爱蜜莉亚的钱财席卷一空，马西逃之夭夭。表哥李蒙却并没有如自己所愿地与马西双宿双飞，反而被马西甩弃，也许被卖进马戏团也说不定呢。李蒙对马西的这场爱，开始得莫名其妙，然而它就像一只巨大的手，硬生生地将爱蜜莉亚推进了无穷无尽的黑暗深渊，也为发生在咖啡馆里的这个爱情故事画下了一个比死亡更加悲伤的句号：每个人都活着，却受尽折磨，千刀万剐。

这样一个故事，带着圈套，诱人入戏。沿着作者铺设的情节，我们层层走进戏里。这一路上，我们看到的是男人婆爱上罗锅，罗锅爱上浪荡子，而浪荡子爱的却是男人婆的三角恋；而面对这样一个夹杂着同性之恋的三角恋情，我们所要做的就是不断地平复内心从未有过的巨大震惊，到最后终于发现：隐藏在这怪诞离奇爱情背后的，竟然是人心最深刻最冷峻的孤独。究竟爱人与被爱之间的鸿沟要以何种方式才能弥合？这个问题就是小说《伤心咖啡馆之歌》所追问的，也是小说的作者——美国作家卡森·麦卡勒斯(*Carson McCullers*)穷其短暂的一生所找寻的。而答案也许一开始就已经写在她成名小说的题目里：心是孤独的猎手。爱是荒谬的，孤独是必然的；用爱逃离寂寞，注定了要一次又一次地跌进更深的孤独之中，徒劳而已。

作家苏童对这部《伤心咖啡馆之歌》亦毫不吝赞美之词，在《一生的文学珍藏：影响了我的二十篇小说》中，他写道："我至今说不清楚我对这部小说的偏爱是出于艺术评判标准，还是其他似是而非的标准，偏爱也许是不讲道理的，无法怀疑的一点是：我对那类仿歌德式小说有本能的兴趣……什么叫人物，什么叫氛围，什么叫底蕴和内涵，去读一读《伤心咖啡馆之歌》就明白了。"卡森·麦卡勒斯，这位生活在上个世纪美国南方的女作家，对小说家们的影响已毋庸赘言，而她给千千万万普通读者所带去的内心成长更加无法估量。1940年，二十三岁的麦卡勒斯凭借小说《心是孤独的猎手》一举成名。1940年代的美国，自由爵士刚刚唱罢，迷惘的一代方才登场，麦卡斯勒的成名从某种程度上折射出了深埋在“理想国”光环之下的美国的无所适从。这个建立在宪法和理想之上，历史短暂、无负无累、令人向往的年轻国家，即使表面上再雄心勃勃、自由多元，在面对冷酷真实的时候，也会显得脆弱敏感。这似乎也从某种程度上暗示了我们：若要追寻咖啡在美国的旅途，我们不能仅仅将目光停留在当今世界一路畅行无阻、所向披靡的星巴克，而是要拨开这些纷乱嘈杂、一成不变的大众消费品，深入作为殖民地的美国，去寻找根植于当年的有关咖啡的政治经济纠葛。

伤心咖啡馆之歌

美国的殖民历史往前可以追溯到地理大发现。15、16世纪之后，欧洲人便开始陆续往北美移民，前去开垦土地。1644年以前，咖啡已经不远万里地跟随荷兰人漂洋过海，来到荷属殖民地新阿姆斯特丹。1644年，英国军队攻打新阿姆斯特丹，从荷兰人手中抢走这块土地，将它据为己有，并将它正式纳入大不列颠王国的殖民地。而这一大块囊括了纽约、波士顿等地的土地名叫“新英格兰”，顾名思义，乃是英国人想将母国的所有繁华一一复制于此。于是，新英格兰成为英国捕鱼业、伐木业和商业贸易的北美据点，聚集了为数众多的英国商人。因此，新英格兰地区就顺理成章地成为北美首家咖啡馆的诞生地——1670年，英国殖民政府在此颁发第一张咖啡贩卖执照，由一位名叫朵乐丝·琼斯(*Dorothy Jones*)的波士顿女士领取。

心是孤独的猎手

1670年的波士顿是英国在北美洲发展出的最大城市，其面积已经和英国各地的主要城市相当；在文化、人员和商业上，波士顿均与大西洋对岸的英国各主要城市保持着紧密的联系。英国的任何风吹草动，在这里都能找到呼应。于是，咖啡馆在伦敦势头正盛、风生水起之时，殖民地波士顿也依伦敦咖啡馆为模板，开张了属于自己的咖啡馆——比其他一些国家的咖啡馆都早了好些年。但与英国咖啡馆不同的是，早期北美洲的咖啡馆主要由女性经营。如果据此判断北美咖啡馆乃女性时常光临的公共场所，就显得有所失察了。实际的情形是，那时候在社会中有一定地位的妇女通常不会光顾此地，因为咖啡馆里总混迹着三教九流，它的氛围并非理性冷静的思索之地，而更像一个小酒馆，嘈杂喧闹，有些咖啡馆甚至还提供投宿过夜的服务。

到了18世纪初，英国人的兴趣渐渐转移到茶叶上来，喝茶成为绝大部分英国人的日常生活习惯。由此，英国商人将精力更多地投入茶叶贸易中。殖民地人们的饮用习惯也随着宗主国的喜好，转变成喝茶。然而，英国对殖民地的茶叶却课以重税：1765年，英国国王乔治三世(*George III*,1760-1820)颁布了印花税，1767年，茶叶再增重税。如此高昂的税收，几乎压垮殖民地的人民。在官路不通的情况下，民间纷纷走私茶叶，供人们饮用，以满足日常生活之需。一边是茶叶堆积成山，销售不出的东印度公司，另一边是繁华的地下茶叶走私贸易，面对如此僵局，英国政府通过了一项救济东印度公司的条例。条例授予东印度公司在北美倾销积压茶叶的专利权，还给予东印度公司免征高额关税、只收轻微茶税的优惠；除此之外，更是明令禁止殖民地人民贩卖私茶。此例一出，殖民地民众皆一片哗然。此后，东印度公司凭借该条例垄断了北美殖民地的茶叶运输和销售，其茶叶价格居然比私茶便宜了一半还要多！这就意味着，占据北美茶叶消费量九成的私茶即将要失去它的市场了，而它将导致很多的连锁反应：茶叶走私贩和本地种植茶叶的商人会失去饭碗，从而茶叶销售会完全落入英国的东印度公司手中，茶叶价格将被操纵，这将会大大地伤害到殖民地人民的利益。再加上此前，英国与法国展开的争霸之战长达七年；这七年来所有的战争军备费用都被以各种名目转嫁到了北美殖民地的身上——新仇加上旧恨，使得民怨如地火，熊熊燃烧，伺机蔓延。终于，在1773年时爆发了历史上著名的“波士顿倾茶事件”。

1773年12月16日，几艘英国货轮静静地停泊在波士顿港口，船上满载着的茶叶等待拆卸。这时，有六十个印第安人模样的人在船员毫不留神的情况下悄悄潜上了三艘货船。几乎在同一时间，无数的茶叶从这三艘船上倾泻而出——总共三百四十二箱

波士顿倾茶事件

茶，在十分安静的情形下被倾倒殆尽。后来才知道，这六十个印第安人正是由波士顿本地人所乔装，他们除了倾倒茶叶，还将船上的货物一并捣毁。此举真可谓大快人心。英国政府认为这次事件是一次对殖民政府的挑衅，决定派兵镇压。1775年4月，美国独立战争嘹亮的枪声响起。而波士顿倾茶事件作为独立战争的诱因，被如今的美国人民视为建国的神话之一，在不断地叙述着。

波士顿倾茶事件对于咖啡而言，意义深远，它似乎给殖民地人民出了一道选择题：茶或咖啡？当三百多箱茶叶从货轮上倾泻入海，殖民地人民已经用他们的行动给出了一个坚定的回答：咖啡！这里的人们不会永远甘心被奴役，他们要独立、要自由、要民主，他们不喝宗主国附加了层层赋税的茶叶，他们要喝象征自由和民主的咖啡。不久之后，大陆会议通过了一项抵制茶叶的决议，这对咖啡来说无疑是一个巨大的鼓舞：喝咖啡等于爱国。以爱国之名，人们喝着咖啡。这对咖啡馆而言，更是一个巨大的转机。原先只是些三教九流聚集的嘈杂之所，如今不论是从装饰还是从顾客群上，都越来越向欧陆的咖啡馆靠拢，许多政商要人前去商讨国事。比如，纽约的咖啡馆往往以法官和政治家居多，而波士顿的咖啡馆依托波士顿港口，成为商人们贸易洽谈的场地，他们将咖啡馆变成波士顿公共行政活动、社会生活和繁荣商业的核心。此时，波士顿还出现了一些咖啡馆，走的是书店加咖啡店的经营之路，通过将新闻和咖啡相结合，成功地复制了欧陆典型的城市文化。1690年，书商本杰明·哈里斯(*Benjamin Harris*)在市中心的国王大街上开了一家伦敦咖啡馆(*London Coffee House*)。哈里斯过去曾久居伦敦，在皇家交易所旁边开了一家书店。书店所在的那条小巷里就开着几家咖啡馆。因此，哈里斯深知，咖啡与出版物结合之后所产生的威力之巨大。在移民新英格兰后，他继续开办书店，零售从伦敦进口的书籍、出版年历和波士顿流行的其他东西。这些东西都直接摆放在伦敦咖啡馆的柜台上出售。而独立战争的元老们常聚首波士顿的青龙咖啡屋(*Green Dragon*)、国王之首咖啡馆(*King's Head*)、印度皇后咖啡馆(*Indian Queen*)，策划革命，领导美国的独立战争。

茶与咖啡在北美的命运，因为政治因素而此消彼长。除此之外，地缘也是一个十分重要的因素。北美与产咖啡豆的中南美洲一衣带水，十分便于从咖啡产地直接进口咖啡豆。随着咖啡源源不断地从中南美洲流入北美市场，咖啡的价格一跌再跌，咖啡馆的生意越发兴隆。人们更乐于去消费这充满了爱国情愫的便宜咖啡。每天晨起早餐，美国人总要喝上一杯咖啡，同时坚定自己的信念：我是自由民主的美利坚合众国的公民！

第二章 温热的咖啡，现代的生活

速溶时代的爱情

每一次喝咖啡的体验都仿佛一次内在的自我觉醒，旁人即便近在咫尺亦无从知晓。当温热的咖啡，以其浓厚纯正之姿秘密地滑落喉腔，那些深埋在身体里的宁静细胞就在瞬间被一一唤醒。这种被自我觉察到的苏醒感觉，触电般传遍全身，不可思议。接着，便有一阵微波，轻轻涌起在心底，叫人有一种勇敢的快慰，恰似爱情——它总在不经意间来临：在某一个闪现中，在匆匆的一瞥里，在零落的只言片语间，在柔光下静谧的一瞬里；也或许，是“在意识层底下，不知何年何月潜伏着的友谊种子，在心里面透出了萌芽；在温暖固密、春夜一般的潜意识中，忽然偷偷地钻进了一个外人，哦！原来就是他！”（钱钟书语）这顿悟般的自我觉醒，顷刻间照亮生命，正如雪后的夜晚忽而一轮明月高悬，映照得漫山遍野的白雪都澄明清亮了起来。这世界于是有了非凡的意义。

识得咖啡以前，人类又怎会知晓，在未来自己的生活将会与这些樱桃样的可爱果实产生诸般牵连。想当年，取水饮茶，也显得安之若素；而咖啡甫一出现，其香味所至，无一人不缴械投降，屈膝臣服。它就这么不费一兵一卒，轻轻松松地俘获了人心；它甚至改变了旧有的生活方式，创造出属于自己的传统。如今是，朝也咖啡，暮也咖啡。人们最初爱它良药似的味道，入口虽苦，但能治病救人；爱它苦尽后的奇效，提神醒脑，让人灵思泉涌；也爱它磁石般的引力，将陌生之人凝聚一处，同座畅谈。而咖啡呢，当初偶一次的相逢，化作此后几个世纪的相伴。人们对待它的方式，亦从最开始的粗略煮之，到其后添加繁琐的工序，再到现如今的即冲即饮——制作咖啡方式的历史演变，不也正是人们和咖啡之间从陌生渐至熟悉的过程吗？

近代饮用咖啡的基本方式乃是由土耳其人开创的。15、16世纪是属于封建王朝奥斯曼土耳其的世纪，庞大的帝国如王者般横卧西亚，气势之雄伟，野心之昭昭，唬得四邻胆战心惊。此后相当长的一段时间，奥斯曼帝国凭借强盛的国力，以气吞山河之势，挥戈征战南北，将四围弱小的国家尽数收入囊中，其国土面积一扩再扩，成为横跨欧亚非的封建大帝国。贪婪如它，企图包举宇内，一直觊觎着近邻——地处南边半岛的阿拉伯。彼时的阿拉伯王朝，像一个没落的贵公子，华美的袍子仍是当年那一件，可近身一看，却爬满虱子。1536年，土耳其攻进阿拉伯，若摧枯拉朽，不多时，王朝崩塌。土军的铁骑洋洋得意地踏遍街巷，以这种方式昭告天下：马蹄所到之处，每一寸莫非王土。而眼尖的土耳其士兵们当然也看到了街边那些被阿拉伯人随手丢掉的咖啡豆子。事实上，一个完整的咖啡果子在阿拉伯人的眼里，是只见果肉、不见种子的。很难想象，他们的习惯居然是把果肉晒干，然后压碎，再将它与油脂混合一起，搓成球状食用；要么，就是把果皮和青豆这两样东西放在一起，发酵之后，酿成

散着热气的咖啡豆

酒饮用；而更为精华的种子部分——那一粒粒的咖啡豆——则被当作糟粕予以舍弃。相反，识货的土耳其人如获至宝。他们开始大规模地收集遭阿拉伯人丢弃的种子咖啡豆，为它创造了一系列的工序，使这些看似无用的小豆子尽显价值。首先，将咖啡豆晾在太阳下，晒干为止；接着，把咖啡豆放在火上烘焙翻炒，及至微有焦味散出；然后，把烘炒过的咖啡豆研磨成粉；最后，将它们放入沸水，煮成一锅黑色的汤汁，加糖饮用。土耳其人称之为"黑色糖蜜"——不论色泽还是口感，这种饮料都稍显奇怪。若你还不甚明白这"黑色糖蜜"何以能博人欢心、大行其道，那么只要悉数一下彼时人们的喜好，就会恍然大悟了。那个时候，人们偏爱久煮的苦酒、煎煮李子的香味，而烘焙过后的咖啡豆所散发出的气味与这些味道极为类似——这便是咖啡吸引力的来源之一；烘焙过后，咖啡豆被煮成饮料，其独特浓烈气味下包含的那种辛辣和芳香，就叫人更加欲罢不能了。这套饮用咖啡的方式一经固定，遂成传统；后由威尼斯商人带进欧陆，从此风行世界。

17世纪的伦敦城里，咖啡馆的身影随处可见。在咖啡馆里喝咖啡已是普遍之象，英国民众对此习以为常。他们也乐得多一个消磨时间的好去处。咖啡馆不仅要以与众不同的氛围吸引顾客进门，更要将心思花在咖啡的制作上，使它味道独特，叫人难以忘怀，诱人下次再来。那个时期，咖啡的制作方式基本上仍是沿用土耳其人的创设，只不过，在烘焙环节要更加用心才是。因为咖啡豆烘焙技术的好坏直接决定了咖啡风味的优劣。在当时，伴随着咖啡馆的兴盛，已经出现了一些商店专门贩售已烘焙好的咖啡豆，来满足咖啡馆的日常之需。然而，那些有经验的咖啡馆老板则选择从咖啡进口商那里直接购买咖啡生豆。这些咖啡生豆呈灰白的颜色，具有很长的保质期，通常情况下为一到两年。这就足以让它们漂洋过海，一路从阿拉伯被贩运到埃及，再进入伦敦的市场，忍受旅途的漫长而不变质。与之相比，一旦烘焙过后，咖啡豆的保存时间只有几个星期而已。买来咖啡生豆，咖啡馆的老板们就可以根据店里的日常情况进行定量烘焙，这样一来，就能保证自家提供的咖啡永远比别家新鲜可口。在外行人看来，烘焙咖啡无非是把咖啡豆放在火上，持续加热一段时间，让它变焦，如此而已。事实却是，这烘焙的动作看似简单无比，实际难之又难，它真正是一项技术活，过去是，现在依然是！烘焙的过程是一个包含了复杂化学反应的过程，因为它改变了咖啡豆。一开始，要把咖啡生豆搁在烤盘中，随着时间的持续，豆子里包含的水分被逐渐烘干。此时，小小的青豆开始变大；等体积增至一半甚至更大时，豆子开始爆裂，豆子里含有的香精油也一点一点被

烘烤出来——这些香精油才是咖啡飘香的原因。接着，烤盘的温度慢慢上升，咖啡豆内部的温度也会逐渐变高，等温度升至185~240℃之间时，咖啡豆就进入了“热解”的过程，这个过程主要依靠热量将化学物质进行一一分解，把复杂变为简单；同时，把豆子里的糖分转化为焦糖。慢慢地，咖啡豆的颜色已经由初时浅浅的青色逐渐入深，芳香的香精油被不断地烤焙出来，香味四溢。烘烤仍在继续，时间愈久，豆子的颜色愈深，烤出的油质愈多；这些香精油被烤到豆子的表面，形成一层薄薄的油脂，让一粒粒豆子变得锃亮可爱起来。但要注意的是，过度的烘焙会使得糖分和油分炭化，导致咖啡豆变焦。为了保持咖啡的最佳风味，烘焙时间的控制尤为重要。等烤盘上那些咖啡豆子的颜色和亮度恰到好处时，就要将它们迅速地从烤盘中倒出，令其冷却。用如此烘焙过的咖啡豆煮出来的咖啡，才称得上是味美香醇，让人流连。因此，哪家咖啡馆里若是有一个深谙烘焙之道的伙计，那么这家店的客人定是络绎不绝，大众挑剔的味觉可是比眼睛更加雪亮呢。历史行至现代，咖啡的烘焙工艺渐渐改进，在机器的帮助下，不仅烘焙的时间大大缩短到只需数分钟，就连烘焙过程的每一个阶段都能被有效地控制和管理，从而诞生了风味各异的咖啡豆烘焙方式——比如，意大利式的烘焙法和法国式的烘焙法。然而，如此精细的讲究，对于17世纪的人们来说，的确显得有些奢侈了，因为当时烘焙所用的燃料只是廉价的海运煤。直到后来，英国人才意识到，如果改用木炭烘焙，咖啡豆的味道和口感能好上许多。于是，人们又纷纷改用木炭进行烘焙。但这个烘焙的过程毕竟有些繁琐且难以掌握，尤其是对家庭来说。就这样，一个专门烘焙咖啡豆的新兴行业就发展起来了。

烘焙好的咖啡豆子们呈棕褐色，表面覆上一层薄薄的油脂，饱满锃亮。这些可爱的豆子们在一天之内就要被送去细细研磨成粉，因为一天过后，它就会失去风味了。研磨好的咖啡粉也最好立即煮成咖啡，否则，几个小时以后，它们也将新鲜不再。照这样看来，若要保持咖啡最纯粹的风味，最可靠的办法就是缩短各环节之间的间隔，让烘焙、研磨、煎煮一气呵成。煮咖啡的方式自有它悠久的传统，这一传统来自地中海的东部地区。那里的人们通常会用一个特制的铜罐煮咖啡。这个铜罐的外形呈圆锥形或是梨形，罐身一侧靠近底部的位置带着长长的壶嘴，把手则安放在壶嘴的对面一侧，这让人一眼就能认出它鲜明的地中海特质。现存最古老的英国咖啡壶就模仿了地中海东部地区铜罐的简洁圆锥体样式。这个银质的古老咖啡壶制造于1681年的伦敦，如今存放在伦敦维多利亚和阿尔伯特博物馆。它式样简单，高约二十四厘米，曲形的

古老的咖啡器具

手柄上包着皮革，长长的壶嘴安在壶身中间稍稍偏上一点的位置；另有一个连着链子的圆锥形嘴塞。这个咖啡壶的身上雕刻着盾形纹章，周围是整整一圈的波浪纹，壶身上还刻着“理查德·荷恩先生致尊敬的东印度公司”的字样。要开始煮咖啡了：这个过程是先往铜罐里装上满满的三杯水，把铜罐置于火上烧。等水烧开，再加入一大汤匙磨好的咖啡粉。待水再次沸腾，就要迅速把铜罐从火上挪开，或是对它不停地进行搅拌，以防咖啡漫溢出罐。照这样的方法，将咖啡煮上十到十二分钟之后，就可以把咖啡液体从罐中倒入专门的咖啡壶里，变成一壶喷喷香的咖啡。剩下的一些咖啡渣则被余留在罐中。很明显，这样的煎煮方式缺少过滤，哪怕再小心翼翼，也免不了会将一些咖啡渣连同液体一起倒进壶里，再喝到人们的嘴里，从而影响到咖啡的口感。18世纪早期，为了让咖啡中不留残渣，此方法进行了第一次改革：将研磨好的咖啡粉装到布袋里，变成一个咖啡包；再拿开水淋在咖啡包上，顺着咖啡包流下的水就成了咖啡。经过一个世纪之后，人们想到，如果在咖啡包上安装一个螺钉，就能让布包里的咖啡渣挤出更多的咖啡液，一点都不会浪费。再过了一些时间，人们又开发出一种新方法，这种方法便于在家中采用：把开水浇在压得紧紧的咖啡粉上，再浸泡一段时间，然后用一个简易的小筛子将咖啡筛进壶里。试想一下，古代的中国侠客在连夜赶路之后，一头扎进路边酒肆，高喊店小二筛一壶老酒来痛饮；地中海地区的人们则是闲坐家中，悠哉地筛一壶咖啡来喝喝。如此对比，倒是各有其趣。

古早的岁月，如今追忆，总笼着一层田园牧歌的写意色彩，叫现代的人们遥遥向往，远不可及。日出与日落的节奏，转动着昼和夜的彼此交替；晨钟与暮鼓的远

一杯咖啡，一纸情谊，这样的情怀似乎与现代人渐行渐远。

音，规定了晨起和夜寐的作息；城市的脉搏与自然的心跳同张同弛——那些悠长缓慢的日子呵，真有些滋润，有些颜色，有些从容不迫。时光闲逸如此，何妨取些咖啡豆，在太阳下晒之，于烤盘上烘焙之，入器皿研磨之，再添些水煮之呢。或许，灵动的情思就会在晒干、烘焙、研磨和煎煮的漫长过程之中，闪现跳跃出来了：陈年旧事从记忆里翻出，与咖啡豆们一起曝晒于日光之下，随之牵出一大串的疯人疯话，历历如在眼前；这颗纯真之心与咖啡豆一起被搁进烤盘，加热下持续升温，热切地扑扑直跳；人生自是有情痴，一片真心，就怕你不懂，恨不能把它研碎在你面前；煮一杯咖啡，摊一纸素笺，脑海里满是你的样子，羽毛笔沾墨，写下我心事袅袅；将思慕小心翼翼地折进信纸又摊开，恐写得匆匆，说不完心底言语，诉不尽万千柔肠。最后，将沉甸甸的希冀寄出，日盼夜盼着佳音从远而至。这些你来我往的信笺里，隐藏着某种神秘的灵氛：情人们总在翘首期盼着彼此的信讯，也对它的姗姗来迟在心底甜蜜地抱怨；待迫不及待将信纸展开，那一刹那，读信的人就会进入写信人的时间和空间中，目光所至，字里行间，皆是思念流淌——就在这爱不释手与反复咀嚼间，写信人的时空得以延续。因此，情人之间的每一封书信都是对时空的一次扩延，这种扩延具有专属性而非普遍性。书信的时空，所构筑的世界很大，大到可以装下无尽的思念；然而，这世界又很小，小到只容得下你我二人。中世纪那些才思敏捷的作家们，哪个不是在身后留下了一箩筐的情书？这一封封的情书里，有许多都是在咖啡的相伴下写就的。不知是咖啡给了作家们情思，还是作家们赋予了咖啡灵气，这样的相互成就，唯那个年代有之。

及至现代，事皆有变。先是城市的照明灯光将白昼硬生生地拉长、粗暴地挤占夜晚，于是，成倍的时间用来纵情狂欢，城市夜不能眠。人们还未来得及与日出而作、日落而息的生活道一声再见时，就统统被甩进一辆名叫“现代化”的大火车里，以迅雷不及掩耳之速，轰隆隆开向未来。汽车造出来了，一代比一代先进，从一个城市到另一个城市之间的距离被大大缩短，等待的时间也不似过去那样漫长。工业革命的智慧创造出各式各样的新奇机器，它们昼夜不息地转动，生产出穿不完的布料、喝不完的牛奶。这些商品纷纷向人涌来，就连咖啡也失去了往日的耐心。

1901年，一个名叫巴撒瓦(*Luigi Bezzera*)的意大利人运用蒸汽原理，设计出了一款意大利咖啡机。其奥妙在于：利用水蒸气，让高压的沸水通过咖啡豆和过滤网，快速萃取咖啡豆中的精华。在整个萃取过程中，水温都必须被维持在一个高于沸点的温度，否则会导致压力不足。其缺陷就在于：咖啡渣在蒸汽的高压下被过度地冲刷，冲出来的咖啡味道异常苦涩。尽管如此，这款新异的意大利咖啡机因其快捷的制作速度和雾气腾腾的制作过程受到了众多消费者的追捧。1946年，意大利机械师阿尔基莱·加吉雅(*Achille Gaggia*)将这款蒸汽咖啡机予以改进：他为机器安装了一个活塞，整个制作过程由人摇动活塞，产生稳定压力，迫使水流通过咖啡。改进之后，萃取咖啡的压力主要来自人推动活塞产生的水压，而不是原先的蒸汽压力。因此，改进后的咖啡机只要把水加热到90℃即可。如此一来，不仅咖啡的香气依旧，也避免了咖啡因过度萃取导致的苦涩，使咖啡的口感更加美妙。

1930年，巴西咖啡豆产量过剩。堆积如山的小豆子们等待着人们开发新用途，以促销售。这个任务落在了巴西咖啡研究院的肩上。研究员们苦思未果，于是，他们找到了瑞士雀巢集团。雀巢集团成立于1867年，在瑞士沃韦拥有实验室。就在这间实验室中，瑞士科学家们耗时八年，终于研究出一种用水冲溶咖啡的方法。1937年，雀巢咖啡问世了。捷报从欧洲传来，巴西人欢呼不已：这些咖啡豆子们终于有出路了！可市场的反应却没有让他们的开心持续太久：新式速溶咖啡得不到消费者的青睐，它的销量并不好。雀巢公司为此进行了长时间的调查研究，他们发现：虽然传统的咖啡制作方法复杂繁琐而速溶咖啡方便省事，但家庭妇女们依然会选择用传统的方式制作咖啡，其原因就在于，若她们在市场上购买速溶咖啡，会被人认为不够贤惠。而更为重要的一点则是，传统咖啡的制作过程因其繁琐细致而蕴含了文化上的沉淀，人们喜欢并享受这些根植于传统的细枝末节，就算麻烦也在所不惜。如果说，雀巢公

快速消费时代，这样的宣传广告随处可见。

司的调查结果对速溶咖啡来说是一个小小打击的话，那么二战的爆发对它的打击则是毁灭性的——纳粹的炮火炸得欧洲遍地开花，雀巢的生产基地亦未能幸免。1938年，雀巢的利润还有两千万美元，1939年，这一数字缩水成只有六百万美元。然而，福祸相依是一个亘古不变的道理，谁说山穷水尽之时不会有柳暗花明的转机呢？聪明的雀巢公司于是将目光瞄准远离欧洲战场的美国，他们判断：喜欢便捷生活、追求新奇时尚的山姆大叔们一定会喜欢速溶咖啡！随着战火越烧越烈，原本袖手旁观、只售武器不参战的美国也终于被卷入战争中，准备出兵了。雀巢公司于是游说美国政府，同意雀巢成为美国士兵的食品供应商，将速溶咖啡作为美军的基本配给物资之一。也许是美国政府对南北战争时期士兵们扛着咖啡磨上战场的情形记忆犹新，速溶咖啡打动了美国政府的心。雀巢的游说成功了！至此，速溶咖啡便堂而皇之地出现在美国大兵们的餐桌上了。士兵们发现，这种方便省事的速溶咖啡味道居然也不赖！在此后的战争岁月里，速溶咖啡跟着士兵们转战南北，形影不离。二战让雀巢公司为速溶咖啡打开了一个崭新的局面。在这场既拼实力又拼心理的战争中，速溶咖啡也被当成一种武器来使用。被德军封锁的地区，常常是缺牛奶、缺面包、缺咖啡，人们处于半饥不饱的状态。英国空军驾驶战机在占领区的高空中盘旋，伺机向占领区空投下一包包的速溶咖啡“炸弹”以飨百姓。两相对比，百姓们自然会燃起对纳粹的心头之恨。盟军节节胜利，这场前所未有的世界大战终于结束了。

战后的欧洲千疮百孔，不论是这片土地，还是欧洲人的心灵。人们原先是如此天真地以为，这辆“现代化”的火车定将载着他们奔向一个光辉灿烂的未来、一个更加繁荣发达的美丽新世界，却丝毫未曾觉察到火车的刹车坏掉了！当人类在自己发明的现代化枪炮和原子弹之下灰飞烟灭，当数以百万计活生生的犹太人走向纳粹的焚尸炉，人们从现代化为自我营造的幻觉中陡然惊醒，所有关于未来的神话都破灭了！然而，生活终究要继续，更多更具体的事情摆在人们眼前：人还是要靠吃饭而活着的。于是，百废待兴的欧洲为重振经济，鼓励妇女们参与到社会工作中去。越来越多的主妇们出于实际考量，为了家庭生计，也纷纷走出家门，成为繁忙的职业女性。过去需要在家中花去整整一天时间，慢慢烘焙、煎煮咖啡，如今真是奢侈至极了。这样一来，速溶咖啡因其方便省事而占有绝对的优势，雀巢公司也在产品的广告宣传中着重突出这一特点。几乎没过多久，欧洲人就普遍接受了雀巢速溶咖啡。战火平息，几家欢乐几家愁——当欧洲沉浸在哀伤中久未平复，大西洋对岸的美国则洋溢着胜利的狂喜：作为战胜国，美国国土远离欧洲战场，因此毫发未伤；在广岛和长崎投下的两颗原子弹直接导致日本投降，军队士气大振；出售武器发了一大笔战争横财；再加上欧洲的知识精英为躲避纳粹追杀来到美国，背井离乡——美国几乎是没费多少力气，就将大笔物质和精神财富收入库中，为日后成为超级大国奠定了坚实的基础。美国大兵们胜利凯旋，同时把战时培养出的对速溶咖啡的依赖一并带回。在他们的带动下，美国民众也逐渐喜爱上了简单方便的速溶咖啡。随着政治经济实力独步天下，美国于是成为世界文化的输出国，在世界范围内，大众流行文化大行其道。简便快捷的速溶咖啡在美国文化的带动下，成为风靡世界的时尚饮料，日本、澳大利亚、泰国等国家争相效仿，人们纷纷喝起咖啡，雀巢公司大获全胜：1950年到1959年，其速溶咖啡产品的销量增长两倍；1960年到1974年间，销量再长三倍。当人们一听到“速溶咖啡”，就会条件反射般地想到“雀巢”——看样子，雀巢公司那个母鸟在鸟窝中给小鸟喂食的标志已经深深印在人心了。

如今，若你去超市卖场或是便利小店随便逛上一圈，就会发现雀巢咖啡占据了货架的半壁江山；与雀巢平分秋色的是麦斯威尔(*Maxwell House*)。“麦斯威尔”原本是一家小旅馆的名字。这家小旅馆开在美国田纳西州的首府，极具南部特色，它传统、热情、好客，在当地颇负盛名。麦斯威尔小旅馆与麦斯威尔咖啡的缘分来自一个叫乔尔(*Joe Cheek*)的杂货店推销员。乔尔出生在肯塔基州，喜欢喝咖啡。闲暇时，他总爱煮上一杯咖啡，慢慢品尝。时间一久，他就将市面上能找到的咖啡都尝了个遍，可遗憾的是，没有一种咖啡的味道能令他称心如意。于是，乔尔尝试着将不同的咖啡豆进行混合，调制出属于自己的咖啡。1870年的一天，他如愿以偿了。新调制出的咖啡味道极为醇厚浓郁，一下子就让他陶醉其中。乔尔信心满满地带着自己的成果来到麦斯威尔旅馆，向来往的旅客们提供自己的独特咖啡，而品尝过它味道的人，无不觉得它味美香浓。于是，旅馆的老板慷慨地将“麦斯威尔”这个名字赠给乔尔的咖啡，从此以后，麦斯威尔咖啡就在当地声名鹊起了。1907年，乔尔为罗斯福总统亲手调配了一杯麦斯威尔咖啡。总统先生在饮罢咖啡之后赞：The coffee is good to the last drop。话一落地，便成经典。这句出自总统的话，中文将之译为“滴滴香醇，意犹未尽”，它从此成为麦斯威尔的广告语，叫人印象深刻。这句话本身所具有的广告效应和带来的市场价值，是其他任何形式的宣传都难以比拟的。

现在，我们生活着的时代，千真万确是一个不断变幻的时代，是一个形象占据所有视觉空间的时代，是一个万花筒时代。效率至上的准则，排开一切阻挡。犹记得，孩提时小巷门口的杂货店，麻雀虽小五脏俱全。那些整整齐齐列成一排的玻璃罐子里，装满了五彩的糖果和各式点心，它们隔着玻璃，向踮起脚努力扒着柜台的小孩发出阵阵的诱惑。小孩的手中紧紧攥着五分钱，眼睛牢牢盯着糖果，口中唾液生津，心里想着：“可惜还差五分钱……”店中除了糖果点心，也供应柴米油盐，甚至五金小工具，为街坊邻居提供方便。某天，家中要是缺个酱油短根线，只要提上酱油瓶，或揣上几块钱，到小巷口的杂货店去即可。巷子里的人们来来去去时，总会经过店铺，路过时就和老板打个招呼，问声好；孩子们追着打着，风一样跑过小店，老板探出头来笑笑，喊一句话跟在奔跑的身影后面：“一群小猴子，要看路啊！”要问小店有多大年纪，认真算来，它应该和巷子里住户的记忆等长。要不是附近的一家大卖场欢天喜地开张，人们觉得小店就会一直开下去，天长日久地开下去。

那个大卖场真大呀，占了一座楼的一二三层；卖的东西真多，想得到的想不到的统统都有。人们推着购物车子，看着货架上的商品，晕头转向。不知不觉中，空空的车子被填上，需要的不需要的满满一车。与小杂货店相比，大卖场永远是灯火灿烂，空间宽敞，琳琅满目、应有尽有的商品在货架上列队招手，不停地向人发出召唤。渐渐地，人们去大卖场的次数越来越多，光顾杂货店则越来越少。终于有一天，杂货店悄悄关门了。大卖场以其强势的供应链渠道、舒适的购物环境、自由的选择权，更重要的是方便快捷的服务，挤占了小杂货店的生存空间。大卖场是我们这个时代的发明创造。除了大卖场，我们这个时代还拥有速溶咖啡、地铁、麦当劳、星巴克……大家习惯喝速溶咖啡、发电邮、传短信，享受即冲即饮、瞬时而至的快感，连等一秒钟都嫌多。而如今的爱情故事，它们的开头往往变成这样：某日偶遇心仪女孩，千方百计打探来联系方式，一则短信眨眼间传到——那磨着咖啡、等候情书的年代，真的是一去不复返了！

咖啡的恋恋情事

在人间，咖啡唯一的栖身之所乃是咖啡杯。烤烫了的杯子是再好不过的，杯底杯身筑成一圈暖暖的包围，能叫咖啡宾至如归。那些嗜饮的人啊，从来都只在乎自己的情绪。欢喜的时候，天朗气清，连风都变得和畅起来。眼窝里、嘴角边盛满笑意，装也装不下。此时，啜一口杯中咖啡，再苦也甜。换一个时候，和悦的脸庞若是笼上哀伤的表情，就算眼前春光有多么明媚可爱、繁花如何团团锦簇，皆视而不见。此时，眼神只定定停留某处，一颗泪饱满晶莹，自顾自跌落杯里。指尖下意识地捏着杯耳，将咖啡送到唇边，和泪而饮，苦涩自知，真叫人难以下咽。索性起身，将恼人的烦愁

咖啡和奶伴侣相依相融。

思绪和这杯苦苦的咖啡，一一抛却。此时，人去后，室内空静，一杯咖啡独留桌上。沉酣的空气随着暗夜的脚步慢慢逼近，一点点压下。孤独的感觉，伴随杯身渐渐冷却的热度，像丝袜上的一道裂痕，顺着腿肚子悄悄地向上爬，一丝丝阴凉。窗外，夜凉如水。黑暗中，街边的霓虹灯箱一路亮起，高歌而去。醉酒的人，在凉风里乱闯，踉踉跄跄，一下子跌坐在街沿，于是就这么坐着傻笑，看车灯如流，来去眼前。

其实，咖啡生来就带有一种孤苦的气质。然而，它的孤独不是那种故意为之的清冷气，反倒是每一次都会在杯中热热地盼望着什么，直到冷静地失望。它的醇苦，就像“有笋未出土，中已含泪痕”的斑竹，生性本如此。每当小匙轻搅，寂寞就随之从杯底旋起，幻化成月光下细长的独影和深巷里空旷的足音，然后回归静默。而静默是咖啡耐心地等候，等待某一时刻被照胆照心地合而为一。那样子，真像是“于万千年之中，时间的无涯的荒野里，没有早一步，也没有晚一步，刚巧赶上了，那也没有别的话可说，唯有轻轻地问一声：‘噢，你也在这里吗？’”（张爱玲语）。咖啡和牛奶一见钟情了。那一瞬间，所有疆界都失去了设防。它们的相爱相溶颇有一种“死生契阔，与子相悦”的神气，牛奶的乳香和咖啡的醇苦在同一个杯中恰到好处地融合，让牛奶变得深沉，让咖啡变得快乐。于是，牛奶就成了咖啡的忠实伴侣。而我们，可以在一杯完美的卡布奇诺中，用味蕾感受咖啡和牛奶的恋恋之情。

卡布奇诺是意大利浓缩咖啡加一层厚厚的起沫牛奶。杯子里是心满意足、幸福甘愿的咖啡，牛奶在它之上活泼任性地舒展。这种意大利浓缩咖啡要用专门的意大利咖啡机进行调制。因为意大利咖啡机可以提供足够的压力，使热水穿过挤压后的幼细的咖啡粉末，从而吸取到咖啡中最浓郁的部分，然后滴入杯中。杯子也是事先烤热的意大利咖啡杯，有种小而厚的瓷实。通常情况下，制作意大利浓缩咖啡的咖啡豆是阿拉比卡咖啡豆，但也不必拘囿于此，你大可以选用商店出售的几种阿拉比卡咖啡豆的混合，而不用单品豆。研磨的时候，不可过分细，也不能太粗糙。过细的咖啡粉会被过度萃取，使咖啡苦味加倍；如果咖啡粉太粗的话，咖啡就变得清淡无味了。煮一小杯意大利浓缩咖啡需要七克咖啡粉和四十至六十五毫升的水；咖啡的浓淡依水量的多少酌情而定。当从咖啡机里滴出来的咖啡开始带上略呈金黄的咖啡色时，就表示咖啡粉已经被萃取得差不多了。这种带着金黄色的咖啡液体也叫“咖啡奶油”，会在黑色的咖啡上先漂上几分钟时间，然后散开。在一杯品质上乘的意大利浓缩咖啡中，这层“咖啡奶油”不能太厚，不能太薄，也不能太淡，一切都要刚刚好。用如此讲究的方式制作出来的意大利浓缩咖啡，其浓度是普通咖啡的两倍。所以，小小一杯，足够提神。要碰到重口味的人，若嫌小杯不够，还可Double。意大利浓缩咖啡有一条不变的箴言，既可作为它的冲煮诀窍，也可作为保持其最佳风味的秘密。简而言之，是“快煮快喝”。用烤热了的小杯子盛装，趁热喝下，才能让意大利浓缩咖啡尽显其味。事实上，这箴言已经完完全全地体现在它的意大利名字上了：Espresso。在意文中，Espresso正是“快速”的意思；而它更深一层的含义则来自法文的Extress一词，表示“为您特制”。所以，当浓重的Espresso上面加了一层温和的起沫牛奶，就会成为一杯完美的卡布奇诺。人们可以从它浓、香、甜、苦的味道里，感受到咖啡和牛奶相拥的贴切，也感受到爱情。浪漫如卡布奇诺，它的名字却别有一番来历，说来亦颇为有趣。1525年，圣芳济教会(*Capuchin*)创立，不久后，传到意大利。平日里，教会的修士们总是身穿褐色道袍，头戴尖尖帽子。修士们的这种装束让意大利人深以为趣。在意文中，“头巾”就叫Cappuccio。于是，意大利人就将表示圣芳济教会的Capuchin和表示头巾的Cappuccio相结合，为这种褐色宽松小袍搭配小尖帽的装束创造了一个名字，叫Cappuccino，真是可爱至极。有一天，意大利人忽然发现，在Espresso中加入起泡牛奶之后，咖啡的颜色会变为深褐色，与修士们的道袍颜色一样；而咖啡上的尖尖奶泡，又很像是修士们头上戴的小尖帽。灵机一动下，这种Espresso加起泡牛奶的咖啡于是就有了自己的名字：Cappuccino，如此看来，又是奇妙极了。的确，这种被中文译作“卡布奇诺”的咖啡，只应意大利有：唯有单纯开朗、想象力丰富的意大利人才能发明出这种Espresso加起泡牛奶的咖啡、创造出像“卡布奇诺”这样的名字，正如意大利的设计那样，灵感不竭，领先世界。

咖啡和奶伴侣的生活是温热的，它们彼此呵护珍惜，幸甚至哉——因为，这钟情的目光出现得太迟，可爱的东西稍纵即逝，只差一点就永远错过了。然而，有时候，就算是一见钟情了，又能如何呢？泰戈尔(*Rabindranath Tagore*)在《飞鸟与鱼》中，将这种无奈和痛楚表达得真切：

世界上最遥远的距离
不是生与死的距离
而是我站在你面前
你不知道我爱你

世界上最遥远的距离
不是我站在你面前
你不知道我爱你
而是爱到痴迷
却不能说我爱你

世界上最遥远的距离
不是不能说我爱你
而是想你痛彻心脾
却只能深埋心底

世界上最遥远的距离
不是不能说我想你
而是彼此相爱
却不能够在一起

世界上最遥远的距离
不是彼此相爱却不能够在一起
而是明知道真爱无敌

爱尔兰咖啡的诞生，就像是“飞鸟与鱼”的故事。

却装作毫不在意

世界上最遥远的距离
不是树与树的距离
而是同根生长的树枝
却无法在风中相依

世界上最遥远的距离
不是树枝无法相依
而是相互了望的星星
却没有交互的轨迹

世界上最遥远的距离
不是星星之间的轨迹
而是纵然轨迹交汇
却在转瞬间无处寻觅

世界上最遥远的距离
不是瞬间便无处寻觅
而是尚未相遇
便注定无法相聚

世界上最遥远的距离
是鱼与飞鸟的距离
一个翱翔天际
一个却深潜海底

多少伤感的故事，皆藏于这香浓的咖啡中。

翱翔让飞鸟白色的羽翼在风中纵情舒展，优美自由的身姿倒映水里，也深深地印在了鱼儿的心里。飞鸟每一次轻落碧波之上的短暂歇脚，都会让鱼儿悄悄浮游水面，静静凝望。此刻，虽只隔着一个波浪轻摇的距离，飞鸟却无从知道鱼儿的用心，她旋而展翅，腾空飞翔；也永远看不到鱼儿的哭泣，因为她的目光落在蔚蓝的天空中，而鱼儿把眼泪流在了水里。

说到《飞鸟与鱼》，我想说一个关于爱尔兰咖啡诞生的故事。

十一月，爱尔兰首都，都柏林。这座欧洲北方城市，素来气候温和，然而在温和里包裹着浓烈的深情——就像它十一月的雨季，不雨则已，一雨倾盆。都柏林机场不算大，却有许多横越大西洋的飞机中途歇落此地，休息加油，整装上路。间歇时，旅客们总爱坐在机场的酒吧里，点一杯爱尔兰鸡尾酒，享受着从舟车劳顿中偷得的短暂闲暇，惬意万分。

好长的雨，下了足足有一个星期。酒保动作娴熟潇洒地上下晃着摇酒壶，他一边有一搭没一搭地与吧台前的客人聊着天气，一边不时往门外看去。今天单号，按理该有她的航班；可下雨——谁也说不准这场大雨会不会让航班取消。遇见她，是在一个多月前。隔着吧台的惊鸿一瞥，从此就让那飘飘的长发和喜悦的笑容，深深印在心里，时时萦绕，挥之不去。她总在单号的日子飘然来临，像一只有着白色羽翼的飞鸟，轻轻歇落在碧波上。她的肩上披着柔顺的长发，脸上带着醉人的甜美微笑，身上穿着空乘人员的标准制服，手中拖着黑色的小旅行箱，气质优雅地走进酒吧，在吧台前停下，点一杯咖啡，总是如此。只是有时候，咖啡的名字会随着她的心情而变，有时欢喜，有时落寞。酒保喜欢远远看她，像鱼儿静静凝望飞鸟。在这个机场的酒吧，人手一杯鸡尾酒，唯有她，眼前一杯咖啡，只静静啜饮。他直觉这个外表温和恬静的女孩，心底里应包藏浓烈的热情，就像自己所熟知的威士忌酒，亲切的麦芽香里蕴藏着不同凡响的浓烈，醉后方知。他更打心底里希望，有一天，她能喝一杯由自己亲手为她调制的鸡尾酒……在茫茫的雨幕中，酒保迷失了思绪。她终于来了。雨帘仿佛在一瞬间被谁神奇地拨开，她穿行而来，一如既往的优雅高贵，飞鸟一样降临鱼儿的眼前。酒保盼望着从她轻启的双唇中蹦出“鸡尾酒”这几个字，却仍失望：“请给我一杯咖啡。”她说道。也许她觉得威士忌太烈，不喜欢那种刺喉灼心的感觉——酒保在沮丧后恍然，又顿生灵感：或许，可以试一试在她喜欢的咖啡中加入威士忌，为她制作一杯独一无二的咖啡。

“咖啡加威士忌”的想法在灵感闪现的时候被迅速捕捉、付诸实验，过程是艰难漫长的。威士忌很烈，若要依女孩的口味，把酒味变淡却不影响威士忌本身的口感和香味，则要对威士忌和咖啡的比例予以精确严格地控制，就连入杯的顺序也十分讲究。甚至杯子，他也在细心地考量后精心选择。每一次的调配，酒保都要细细品尝，想象若是女孩在喝，她的表情该会怎样。无数次地将心比心，推倒重来，直到有一天，当他把滚烫的黑咖啡倒入微热的威士忌，那一刹那迸发出融合着咖啡醇香的美妙酒香，将他醺醉。沉醉过后是万分的欣喜：咖啡与威士忌终于完美地融合了！他终于为女孩调制出了加入爱尔兰威士忌的咖啡！就叫它“爱尔兰咖啡”吧，酒保这样想。于是，他又精心制作了一份只属于女孩的新酒单，新酒单里加入了“爱尔兰咖啡”。

绵长的雨季终于过去，冬天过半，春天依然在望。每一次，递出女孩的专属酒单之后，他依然背过身去，在吧台后专心工作；然而他的心，却比任何时候都要被热切的期盼充满，他期待她说爱尔兰咖啡。可女孩总将这个新品一眼带过。整整一年过去，女孩没有发现酒单里多了“爱尔兰咖啡”；酒保也并不提醒。

然而一年不长不短，刚好够一个奇迹的发生。这一天，女孩来了。她看了看熟悉的酒单，忽然说了一句：“我要爱尔兰咖啡。”酒保的心咯噔了一下，晃着调酒壶的手在半空中悬了几秒。呵，幸福突如其来，真叫人不知如何是好。他背过身去，取来一只厚壁玻璃酒杯，往杯中倒入热水，一次，两次，反复几次，直到玻璃杯变热；又在杯中放入一把小小的咖啡匙，冲入热水，一同预热。在玻璃杯中放入砂糖后，他才把爱尔兰威士忌倒入已经热好的玻璃杯中。威士忌中的酒精遇热挥发，已是满室生香；紧接着倒入的滚烫黑咖啡，让酒香中浮出一阵醇厚的咖啡香味，叫人沉迷心醉。此刻的他，激动不已，他小心翼翼地让奶油沿着咖啡匙的背面滑入杯中。一年了，这一年的日日夜夜，他无时无刻不在想着，可以亲手为她调制一杯爱尔兰咖啡。这些在脑海中重复了无数遍的动作，在他而言，有一种天然的熟悉。他现在是真真切切地把它们一一完成了。完成的时刻，他居然情不自禁地热泪盈眶了。女孩在吧台前等着爱尔兰咖啡。怕她看到，酒保将眼泪悄悄擦去，然后用拭泪的手指在杯口轻轻画了一圈。他转过身来，将爱尔兰咖啡送到女孩跟前，微笑说道：“久等了。”女孩优雅举杯，低饮浅尝，这咖啡第一口的味道很不一样，有种说不出的酸楚和苦涩。是的，第一口爱尔兰咖啡的味道，是思念的味道——是那种爱到痴迷、痛彻心脾，却只能深埋心底的思念；它替此时此刻站在你面前的我，终于说出的一句“我爱你”。这一刻，所有的凝望、等待和守候，都有了它们存在于世的意义。

女孩爱上了爱尔兰咖啡的独特味道，兼具了威士忌的浓烈和咖啡的醇厚。从此以后，每当来到都柏林机场的酒吧，她总会点一杯爱尔兰咖啡。好奇于它的奇特味道和制作方法，她于是向酒保请教。就这样，他们俩开始聊天，聊咖啡，聊威士忌，聊世界各地的奇闻轶事，渐渐熟悉。有一天，女孩来了。她告诉酒保自己要换工作了，不愿再过着像飞鸟一样的生活，而是想找一个地方，安安静静地住着。她对他说Farewell，酒保深知这个单词的意味，不是Goodbye，Goodbye是再见，Farewell 是再也不见。这是酒保最后一次为女孩煮爱尔兰咖啡，他只轻声问道："Want you drop some tears?"女孩不明白，酒保为何要问她加不加眼泪。

飞鸟展翅飞向远方，不再回来；鱼儿依旧潜游水底，思念满溢。当女孩来到旧金山，她寻遍这里的咖啡馆，也找不到一种咖啡，名叫"爱尔兰咖啡"。于是，她忽然意识到，这么长时间以来，爱尔兰咖啡是她的专属；爱尔兰咖啡加眼泪，是他的用心和思念。后来，女孩在旧金山开了一家咖啡馆，咖啡馆里也有爱尔兰咖啡，是女孩从酒保那里学来的。旧金山的人们很喜欢爱尔兰咖啡的味道，他们觉得这种加了威士忌的咖啡与其他的咖啡相比，味道更佳。爱尔兰咖啡渐渐在旧金山流行起来。女孩走后，酒保把那份原本专属于她的酒单拿给别的客人看，向他们推荐爱尔兰咖啡。可是，在都柏林机场酒吧里喝爱尔兰咖啡的人们却觉得，这种将咖啡加入威士忌的鸡尾酒，味道还真是够特别。融合了威士忌浓烈刺激和咖啡醇厚馨香的爱尔兰咖啡，究竟是咖啡还是鸡尾酒，仁者见仁。它另有别名，叫做"天使的眼泪"。这名字听上去带着某种纯真干净的哀伤，就像这段爱情故事一样。若要为"天使的眼泪"附上一句话作为脚注，应是"思念此生无缘人"。这就是爱尔兰咖啡

的内涵，在威士忌和咖啡的完美融合之下，饱含了鱼儿对飞鸟的深情凝望。

咖啡和牛奶的相互钟情有一种命定的稳妥，就算外面风雨淋漓，属于咖啡和牛奶的杯中世界里也总是深埋着一层宁静。加牛奶的咖啡、弄堂口的路牌、下一班地铁、昨夜的梦境……它们都是再寻常不过的日常景象，但就是这些熟悉的日常，才建立起我们对生活的确证。何来那么多险象环生呢？然而，太过熟悉的日子，好比我们手掌心里的细纹，琐碎零乱，今天与昨天总是能一一合上。日子无波无澜，越过越淡，向往的不多，无非是些意外和新奇。在一年三百六十五天中，我们为自己规定了各式各样、名目繁多的节日、庆典，借机温馨地浪漫一次，忘我地狂欢一天，然后再从绚烂中回归生活的平淡。这些浪漫的美好，这些狂欢的情绪，如平静的生活河流中泛起的一朵一朵小浪花，虽不甚热烈，却足以给我们继续前行的勇气和期许。所以，尽管节日年复一年，年年如此，我们却依旧乐此不疲。

咖啡和爱尔兰威士忌的相遇更像是一个美丽的错误。一个是提神的饮料，叫人清醒；另一个是灼心的烈酒，要人沉醉。它们明明是两条平行线，看起来永远也不会有所交集；可就在某一个横轴地点、纵轴时间的坐标系里，两条平行线的轨迹交汇了。他给的爱，孤独深沉，天使般静静守候、等待和凝望。在看似平静的外表下，实际裹藏着一颗心，真诚炙热，如威士忌那样，是平静的、深沉的，又是忧郁的、浓烈的。它那么义无反顾地投入黑咖啡的滚烫中，蕴藏着的浓烈酒香在遇热后瞬间升腾；深埋心底的思念，也在遇见此人后有了释放的出路。

同为烈酒之一的白兰地，丝毫不像爱尔兰威士忌那样带着一点自惩的意味；相反，它喜欢享乐、崇尚格调、酷爱品位。世间凡事，好像都不能入它的心眼，它倒不是看空一切，而是毫不在意；它只活在当下自己的世界里，顾自优雅。正因如此，它才是酒中贵族，是“葡萄酒的灵魂”，是社交场上的宠儿，就算在角落安静独处，也自有人或事前来与它交涉。白兰地是法兰西的骄傲，法兰西白兰地又属干邑生产的最为权威。干邑是白兰地的起源之地。这个位于法国西南部的古镇，面积约有十万公顷，其土壤非常适宜葡萄的生长。

早在公元12世纪，干邑就已开始种植葡萄和生产葡萄酒。这些葡萄酒除了在法国境内销售之外，往往还销往欧洲各国。因此，在干邑所属的法国夏朗德省的滨海口岸，常有许多外国商船停泊于此，争相购买著名的干邑产葡萄酒。约在16世纪中叶，为了尽量减少葡萄酒海运时需占用的空间，逃避出口所要缴纳的高额税金，防止因长

皇家咖啡

途运输而发生的葡萄酒变质现象，使葡萄酒的出口更加便利，且保质保量，干邑镇的酒商于是把葡萄酒加以蒸馏浓缩。他们出口的是经过蒸馏浓缩后的葡萄酒；在运到输入国之后，由当地的厂家按比例兑水，将蒸馏的酒予以稀释，然后才出售给消费者。这就是早期的法国白兰地，它是一种把葡萄酒加以蒸馏后制成的酒。荷兰人称之为Brandewijn，意思就是“燃烧的葡萄酒”(*Burnt Wine*)。17世纪的欧洲，蒸馏技术渐趋成熟，法国的其他地区也纷纷效仿干邑镇，开始蒸馏葡萄酒，此后，这一方法传遍欧洲的各大葡萄酒产国乃至世界各地。18世纪初的一场战争，让法兰西白兰地有了沉淀的时机。1701年，法国被卷入西班牙王位继承战争，法国白兰地在遭到禁运和滞销的双重打击下，销量大跌。无奈之下，法国的酒商们只能将白兰地暂时贮藏在橡木桶中，待战争结束，再作打算。橡树是干邑随处可见的一种树，人们伐之，以做各种家具容器。谁都未曾想到，就是这些再普通不过的橡木桶，竟让白兰地有了质的变化。1704年，当战争终于结束，酒商们揭开桶盖，与奇迹不期而遇：这些白兰地非但没有变质，反而从一种透明的无色变成美丽的琥珀色，晶莹剔透，气味芬芳，味尤醇和。无心插柳柳成荫的偶然，诞生了现在高贵典雅的白兰地，也确定了白兰地发酵、蒸馏和贮藏的生产雏形。19世纪，在拿破仑的庇护下，干邑地区更是发展成为世界葡萄蒸馏酒和贮藏的胜地；20世纪初，法国政府在酒法中明文规定，只有在干邑镇及其周围三十六个县市所产的白兰地，才可以被命名为“干邑”；其余地区，一律不许使用此名。从此，一举奠定“干邑”在白兰地中的地位。正如英国人所言：“所有的干邑都是白兰地，但并非所有的白兰地都是干邑。”

琥珀色的白兰地美酒，在郁金香花形的高脚杯中微漾。举杯齐眉，澄清晶亮的琥珀色散发出迷人的光泽。将之移近鼻尖，闭眼轻嗅，优雅的芳香萦绕，沁人心脾，这是白兰地的前香；轻摇杯子，琥珀色在杯中浅浅地旋转，带出错落有致的芬芳，眼前像是出现了一片阳光下的葡萄园，椴树和紫罗兰，葡萄嫩枝和香草、橄榄，还有榨过的葡萄香、带着橡木的陈酿香，这是白兰地的后香；坐在吧台前的高脚凳上，伴着音乐，舌尖与酒面的轻柔摩擦是初识白兰地的醇美滋味；接着，微含一小口，进一步接触，充分感受它的奇妙、它的醇和、它的甘冽、它的细腻、它的丰满、它的绵延、它一切的好……它的无可比拟。它仿佛有一种金沙金粉遍撒的庄重和优雅，美得让人屏息。在它面前，曾俘获无数人心的咖啡也只能凝神静观，被动等待。

咖啡在杯中，等候白兰地的到来。一支细致可爱的带钩小咖啡匙横卧杯口，钩子轻轻咬住杯沿。一颗雪白方糖在小匙的勺窝里，被琥珀色的白兰地一点点浸透、淹没，直到勺窝里蓄起浅池。当火苗靠近，浸透白兰地的方糖被点燃，在白兰地蓝色的火焰下，方糖缓缓地溶化，直至酒精挥发殆尽而它散发焦香。松开咬住杯沿的钩子，将小匙放入杯中轻搅，芳醇满溢，优雅的白兰地与香醇的咖啡在杯中轻旋，华尔兹的舞步回转，转出一阵阵诱人的曼妙芬芳。这般人间难得几回闻的芳香曾令欧洲各国的贵族们陶醉其中，因此，咖啡加白兰地是欧洲宫廷的专享；而最早饮用它的人，是法兰西人民心目中尊贵的拿破仑皇帝。

19世纪初期，几乎所有的欧陆国家都对法兰西俯首称臣，唯俄国除外。拿破仑坐在宫殿里，对幅员辽阔的俄国一直心向往之：只有控制俄国，才能征服海峡对岸的英国。善战如拿破仑，在膨胀的野心面前，不顾一切地出兵了。1812年5月，正值夏天，拿破仑率领五十七万大军远征俄罗斯。俄罗斯民族，正如孕育他们的这片广袤深邃的土地那样，具有坚毅和忍耐的性格。法军虽赢了几场战役，却赢得艰难。9月7日，已到入秋时分，和俄军的博罗迪诺一役，令法军损失惨重，阵亡人数达到七万。天气渐寒，眼看冬天要到，但俄罗斯人民拒不投降，而法军士兵们则不耐严冬。见此情形，拿破仑遂命人在咖啡中加入白兰地，用来取暖驱寒，保持军队的战斗力。然而，俄罗斯的寒冬比他想象的还要难捱，俄罗斯抵抗的游击队几乎像地鼠一样，无时无刻不冒出头来，法兰西国内此时正酝酿着一场政变——这些都大大分散了拿破仑的专心，让他疲于应付。最终，曾令整个欧洲闻之战栗的法兰西大军在激烈的战斗和酷寒的天气下，居然减少到不足三万人。失利于俄国的拿破仑班师回到法兰西，同时也带回咖啡加白兰地的新饮法。借拿破仑的威名，此一新饮法在欧洲的宫廷中逐渐流传开来，贵族们引以为尚。咖啡加白兰地——人们为这天衣无缝的搭配命名为“皇家咖啡”。的确，只有Royal一词，方显拿破仑的尊荣。

皇家咖啡，是融入高贵白兰地的咖啡，杜绝牛奶的甜腻，也拒绝平庸。仅仅只是蓝焰起舞，方糖的焦香融进酒的芳醇的一刻，已是美得不可方物，令人禁不住赞叹。入口瞬间，更是叫人不枉此生。在喝惯了咖啡加牛奶的日子里，若偶尔在咖啡里勾兑一点白兰地，营造蓝焰一样的迷人情调，那感觉真是分外好。

STARBUCKS
COFFEE

复制星巴克的脸

梅尔维尔(*Herman Melville*)大概怎么都不会想到，1851年以自己在海上的亲身经历写就的寓言小说《白鲸记》在经历七十载的沉寂之后，居然名噪世界了。这位生前穷困潦倒、默默无闻的作家，身后方才博得大名——在《世界十大小说家及其代表作》中，英国作家毛姆(*William Somerset Maugham*)给予《白鲸记》和梅尔维尔的评价之高，远在爱伦•坡(*Edgar Allan Poe*)和马克•吐温(*Mark Twain*)这两个众人耳熟能详的美国名作家之上。而让梅尔维尔更加意想不到的是，在《白鲸记》这部小说中，那位名叫“星巴克”(*Starbucks*)的第一大副，他的名字竟然会成为一家咖啡连锁店的名字。跟随着咖啡连锁店风行全球的脚步，“星巴克”这个名字为世人熟知。只是，当人们听见“星巴克”时，浮现于眼前的是一杯热气腾腾的咖啡，而断不会将它与海洋、风帆、浪花、冒险等意象进行一丝一毫的勾连。在当下的世界，星巴克演绎的是某种诸如“一夜成名”的神话：好像真的是在一夜之间，星巴克如美人鱼般从深深的海底浮出水面，将自己展现于世人眼前。追根溯源，这个神话的时间起点是在1961年，主人公是一个名叫舒尔茨的十二岁小男孩。

舒尔茨知道，自己的家并不富裕。他们住在纽约布鲁克林区的一套廉租房里。这套廉租房是由美国联邦政府资助的，家徒四壁。他的爸爸是一个老实巴交的卡车司机，成天任劳任怨地在糟糕的环境里工作，一边忍受雇主的剥削，一边却只领着微薄的薪水。杯水车薪却要用来养活一大家子人；孩子们刚好都在长身体，个个能吃；还有一个小生命在肚子里，等着来到这个现实冰冷的世界。生计的艰难和生活的重担让老舒尔茨一天到晚愁眉不展，脾气暴躁如雷。然而有一天，不幸还是降临到了这个本来就过得有些紧巴巴的家庭：老舒尔茨因为工作事故，失去了半条腿，余生都要与拐杖为伴；苛刻的老板非但没有进行足额的赔偿，反而像踢皮球一样地把老舒尔茨一脚踢开，让他丢了工作。要知道，失去工作对舒尔茨一家来说意味着失去面包，失去唯

男孩与咖啡

一的生活来源。父亲卧于病榻，只能由已经怀孕七个月的妻子挑起维持家庭生计的重担。每一天，她早出晚归，像淘金一样从市场上淘回来剩下的茶叶和最便宜的咖啡粉；一分钱更是恨不能掰成两半来花。尽管面包少得可怜，咖啡苦涩得难以下咽，然而生活终究要继续。这场不幸的打击，让老舒尔茨失去了对生活的勇气和信心，从此一蹶不振。消极的他整日借酒浇愁，喝到烂醉，脾气更是变本加厉的暴躁。小舒尔茨成了爸爸的出气筒，对他来说，打骂是家常便饭。除此之外，小舒尔茨还要时不时从母亲藏起的生活费里偷出一些来，给爸爸买酒喝。这些钱是终日辛劳的母亲一分一厘地计较和节省下来的。

1964年的冬天来临了，眼看圣诞节就要到了。城市里到处是璀璨的灯火，节日的气氛浓得像巧克力似的化也化不开。一棵一棵圣诞树被爸爸们扛回家，由妈妈们点缀上星星灯和彩色糖果，孩子们则围着它们追逐嬉闹。幸福和快乐有时候是如此简单和自然而然，有时候，却又如此艰难。贫贱夫妻百事哀。就在别家兴高采烈地准备迎接圣诞节时，舒尔茨一家却仍在为柴火和下一顿面包发愁，钱已经借到无处可借。孩子们偏偏像竹笋一样，可劲儿地长着，棉袄是捉襟见肘地尴尬，裤脚也已经接了一节又一节。短了柴火的家里，冷如寒洞。心事烦愁的老舒尔茨看着抢食面包争吵起来的孩子们暴跳如雷，大骂他们是一群吸血鬼，叫他们滚蛋。在一旁忍气吞声的母亲叹了口气，让舒尔茨带着弟弟妹妹上街，等父亲发完火再回家。

就这样，三个饿坏了的孩子，走在冬天夜里的街头，活像三只小可怜虫。街上灯火璀璨，流光溢彩。他们沿一长排高大的橱窗走着，店堂里亮着的通明灯火看起来像太阳一般温暖，可是隔着玻璃，怎么也晒不到他们身上。只有透出来的光，照着三个瘦瘦小小的身子，在地上画出千丝细细的影子。不远的街角，有一家面包房。那儿的面包炉里正飘出一阵一阵的烘焙焦香，混合了奶油的香甜味道。真香啊——舒尔茨深深地吸了吸鼻子，好像这样就能把肚子吸饱一样。面包的香味让这三个饥肠辘辘的孩子直咽口水，顺着香味飘来的方向，他们不自觉地被吸引过去。这时，他们路过一家便利店。便利店正在进行促销活动，琳琅满目的商品摆放在门口，任人挑选。在各式各样的商品中间，有一罐包装精美的咖啡。它静静地放在一堆东西中，像是在发光，让舒尔茨一下子就注意到了；它又仿佛安装了一块磁铁，牢牢地吸住了舒尔茨的目光和脚步。前一秒钟，舒尔茨的脑子里尽是大大小小的面包在旋转，而此时此刻，他那双闪亮的眼睛里映出了咖啡，左边一罐，右边一罐。他让弟弟妹妹先走，自己则寸步不移地盯着这罐咖啡。就在一瞬间，他的脑海里闪过一个念头，这个念头让他大胆地上前去，拿起咖啡，塞进自己的棉衣。正在这时，店主碰巧走出门来。舒尔茨揣着咖啡罐，拔腿就跑。他没命地跑着，心咚咚地跳着，快要从胸口蹦出来了。他既害怕又开心，然而，一种得到的喜悦还是令他激动不已：他终于可以送一个圣诞礼物给爸爸了，这样爸爸便不会一到吃饭的时间就抱怨咖啡太苦涩太难喝。

舒尔茨上气不接下气地跑到家里，把咖啡罐递到正要冲他发火的爸爸的手上。老舒尔茨有点意外，有点疑惑，他问儿子，这是哪里来的。小舒尔茨结结巴巴地回答，这是在路口捡来的，送给爸爸当圣诞礼物。老舒尔茨相信了，也许刚巧是哪个家庭主妇从商店里买了一大袋食物回家过节，没来得及发现有一罐咖啡掉在地上呢。老舒尔茨一改往日的暴躁，轻轻拍了拍儿子的脑袋，感激地说道："谢谢你，儿子！"小舒尔茨的心里这下比吃到了面包还要开心满足。他终于看到爸爸愁云密布的脸上绽开了一丝笑容，冬日暖阳一样地照进他心里。对他来说，这个圣诞节虽然没有华丽的圣诞树，也没有喷香的火鸡，但是这罐"捡"来的咖啡，足以让这一家高兴好一阵子了。小舒尔茨沉浸在咖啡带来的幸福里，渐渐把"捡咖啡"的事情忘到脑后，直到气势汹汹的便利店老板找上门来。

便利店老板是个中年男人，块头大，力气大，嗓门大。他劈头盖脸地朝老舒尔茨一顿狂骂，叫老舒尔茨赔给他咖啡的钱。小舒尔茨浑身筛糠似的抖着躲在墙角，看着爸爸一脸歉意地赔着不是，在巨人一样的便利店老板跟前变得好小好小；他几乎不敢想象自己接下来要面对怎样的狂风骤雨。于是，趁大块头老板还在不依不饶地嚷嚷时，小舒尔茨偷偷跑出了家门。平安夜的晚上，小舒尔茨在街头流浪。他边走边哭，又冷又饿又怕。他不知道自己究竟走了多久，只知道自己很累很累。于是，他躲进了一个地下通道里，睡着了。后来，母亲把他找回了家。小舒尔茨当然吃了爸爸的一顿揍。咖啡虽然诱人，却让他真正尝到了生活的苦涩滋味。他在心里暗暗发誓，要努力奋斗，总有一天要买一罐世界上最香最好喝的咖啡。

从此以后，小舒尔茨和老舒尔茨之间的话越来越少，他对爸爸的感情已经从惧怕变成了憎恨。为了分担母亲的辛苦，舒尔茨每日起早送报，放学后去快餐店打零工。严寒的冬天，他为皮衣厂拉动物皮；炎热的夏天，他帮运动鞋的蒸汽房处理纱线。这些零碎的收入除了要补贴家用，还要被老舒尔茨搜刮去买酒喝。父亲身上熏天的酒气让他感到厌恶和绝望，父子之间的矛盾越来越深。舒尔茨更加努力地读书挣钱，想着有一天能离开这个家。当舒尔茨终于以优异的成绩考上了大学，父亲却对此不屑；家里已经穷得叮当响，根本拿不出一分钱来供他继续念大学。醉酒的父亲撇着嘴对舒尔茨说道：“你已经高中毕业了，就应该去挣钱养家，还上什么狗屁大学，不要白白浪费时间！”舒尔茨对自己有这样一个父亲感到难过，难过变成愤怒，他冲着父亲声嘶力竭地吼道：“你无权决定我的人生，我决不甘心像你一样做一个卡车司机，连梦想都没有，过着朝不保夕、毫无希望的日子，我真为你是我的父亲而感到悲哀和耻辱！”

接下来的日子，舒尔茨为筹集自己的入学金四处奔走。这时，北密歇根大学向他抛来了橄榄枝。舒尔茨凭借自己精湛的橄榄球球技被这所学校的野猫球队相中，他也因此获得学校提供的奖学金。一切问题迎刃而解。在一个安静的清晨，舒尔茨简单收拾了行李，悄悄离家了。他坐上开往北密歇根大学的列车，将过去留在身后。在大学的几年时间里，舒尔茨几乎没有回过家，一方面是为节省路费，同时利用假期打工，赚取下一年的生活费；另一方面也是为了躲避父亲。他每个月都会给母亲写一封信或者打电话，但在信里和电话中却很少提到父亲。

渐渐的，舒尔茨意识到，橄榄球并不是自己未来的方向，于是他把自己的主要精力放在了学习上。在拿到商学学位后，舒尔茨成为一名推销员。为了推销出尽可能多的产品，他平均每天要打五十多个电话，跑遍曼哈顿的每一个街区，走上每一幢写字楼，敲开每一间办公室的门。他玩儿命似的工作，以此向父亲证明自己的选择没错。只是，这样暗暗较劲，在家里的父亲并不知情。三年后，舒尔茨挣到了不少钱。他往家里寄钱的同时，也特意给父亲寄去一箱上等黑咖啡豆。这箱黑咖啡豆产自巴西，价钱不菲。他似乎在用这箱咖啡豆唤起那段因咖啡而起的平安夜的痛苦记忆。舒尔茨给家里打了个电话，这是有史以来第一次和父亲聊天，寥寥数语，依旧话不投机。父亲讥诮他：“你拼了命去读大学就是为了能买得起咖啡？”舒尔茨说道：“是的，我用努力证明了自己买得起咖啡，也买得起想要的人生。而你，最好用这些巴西咖啡豆为自己泡一杯真正的黑咖啡，品尝一下苦涩的滋味究竟怎样。”啪的一声，电话被撂下，交谈不欢而散。

没过多久，舒尔茨就跳槽了。新公司是一家瑞典厨房塑料用品驻美国的分公司。十个月，舒尔茨就被任命为美国分公司的总经理。事业上小有成就的舒尔茨此时也坠入爱河：他认识了雪莉，这个聪明美丽的女子让他一见倾心。然而，从认识到结婚，舒尔茨都不曾在妻子面前提及父亲。好奇的雪莉终于忍不住问道：“你的父亲呢？他

STARBUCKS COFFEE
SALE

是做什么的？”舒尔茨愣了愣之后说道：“他去世了。”

1981年初的一天，舒尔茨忽然接到母亲打来的电话。电话里，母亲说父亲十分想念他，希望他能回家看看。他心里动了一下，然而他还是拒绝了母亲。因为当时，他正好要赶去与一个大客户谈判。一周之后，在外奔波的舒尔茨终于匆匆回到布鲁克林的老房子，等待他的是父亲去世的消息。就在母亲打电话给他的第二天，父亲因为脑溢血去世了。父亲的死瞬时掏空了舒尔茨的心，巨大的悲哀袭来，深渊般的空洞吞噬了他的心。此时，他才真切地明白，这么长时间以来对父亲的痛恨其实是源于一种更加深刻的爱。他多希望能和父亲再激烈地争吵一次，打上一架。可是，过去的时光不可能再倒流。儿时被父亲的痛斥和暴揍，如今成为关于父亲的珍贵记忆。舒尔茨破天荒地在布鲁克林住了几天。这段时间里，他陪伴着母亲，偶尔也整理父亲的遗物。属于这位酒鬼父亲的东西不多，然而就在这些少得可怜的东西里，有一个特别的木箱。这个木箱引起了舒尔茨的注意。他打开木箱，看见里面有一个咖啡罐。这个咖啡罐子已经爬满了经年累月的斑斑锈迹。它虽面目全非，却还是叫舒尔茨一眼认出来了：这不正是他十二岁那年为父亲偷来的圣诞礼物吗？为了这罐咖啡，他疯狂地跑离便利店，在平安夜像一只弃猫一样流浪街头，又遭受父亲的一顿毒打；然而这罐咖啡，毕竟曾给这个家带来过短暂的欢乐。这个生锈的铁罐牵起了舒尔茨带着伤痛的记忆，那些饱含泪水和辛酸的苦涩往事涌上心头，令人唏嘘。这时，他忽然发现咖啡罐的盖子上刻着一行字，是父亲的笔迹：“儿子送的礼物，1964年圣诞节。”揭开盖子，罐子里竟然还藏着一张揉得皱巴巴的纸，是父亲给他的信，写在他上大学的那一年。信中说道：“亲爱的儿子，作为一个父亲我确实失败，既没有给你一个好的生活环境，也没有办法供你上大学，我的确如你所说是一个粗人。但是孩子，我也有自己的梦想，我最大的愿望是能够拥有一家咖啡屋，能够穿上干净的衣服，悠闲地为你们研磨和冲泡一杯浓香的咖啡，然而，这个愿望我无法实现了，而我希望你能拥有这样的幸福。可是我不知道怎么让你明白我的心事，似乎只有打骂才能让你注意到我这个父亲……”这是一个被儿子痛恨的父亲第一次向儿子袒露心扉。这对父子就像两只身上长满刺的刺猬，明明互相关心深爱，可一旦彼此靠近，又会被各自身上的刺所扎伤。

也许是父亲的信隐隐地在舒尔茨的心里起了作用。1982年，舒尔茨来到星巴克，成为这家咖啡烘焙公司的市场和零售总监。创立于1970年的星巴克，最早只是一间出售咖啡豆的小店。小店是由三个年轻的大学毕业生在美国西雅图开办的。当时，为了给这家店取一个好名字，三个年轻人真是绞尽了脑汁。其中一个臭皮匠说，要不就叫Starbucks吧，好听又好记。于是，“星巴克”这个名字就从《白鲸记》里被借用了出来，成为咖啡店的名字。1973年时，星巴克从一家店铺增加到三家，专门向家庭出售烘焙好的咖啡豆。

1983年，也就是舒尔茨在星巴克任职的第二年，星巴克的店铺数量又从三家扩展到六家，成为华盛顿州最大的精品咖啡豆烘焙商。也正是这一年，舒尔茨代表公司去意大利米兰出差。

在名为《全心投入》的公司日记中，舒尔茨回忆了那个早晨，当他走进米兰的一家浓缩咖啡吧时，舒尔茨看到“在柜台后面，一个高高瘦瘦的服务员热情地向我问好，当时他正在压下一个金属把手，随即一股蒸汽带着嗞嗞声冒了出来。他把盛在一个小小的陶瓷咖啡杯里的浓缩咖啡递给旁边三个人中的一个，这三个人并排站在柜台旁边。然后端上来一杯像工艺品一样的卡布奇诺咖啡，上面完美地蒙着一层白色的泡沫。服务员的动作如此优雅，就好像他同时在磨制咖啡豆、压制浓缩咖啡和蒸汽牛奶，而同时还跟顾客进行愉快的交谈”。对此，舒尔茨发出了一句由衷地赞叹：“这情形真是太棒了！”他欣赏米兰咖啡吧将咖啡的制作过程像仪式一样在顾客面前予以展现，同时，他也惊羡咖啡吧已经拥有自己稳定的顾客群。这些常客已经把咖啡吧作为自己日常生活的一部分了。久经商场的舒尔茨，在一刹那有了灵感的闪现：何不将星巴克改造成意大利式的咖啡馆，让它从出售咖啡豆变为出售现成的咖啡饮料呢？从米兰返回西雅图后，舒尔茨向老板陈述了自己的想法，然而，这一想法却遭到公司高层的拒绝。意大利咖啡吧的操作过程和浪漫情调给舒尔茨留下了挥之不去的印象，自信满满的他坚持自己的想法，毅然决定离开星巴克。他要开办自己的咖啡馆！这一离去，并非让舒尔茨和星巴克之间缘尽于此，反而是另一段更深刻缘分的开始。

舒尔茨在市中心的咖啡馆名叫日常咖啡馆，店里出售一系列热牛奶咖啡，由牛奶和咖啡按不同的比例兑成。比方说，卡布奇诺是牛奶和浓缩咖啡一比一；拿铁则是一点点的浓缩咖啡加入大量的牛奶。除此之外，店里循环播放着轻松的爵士乐，服务员穿着T恤而非西装革履，这些都为日常咖啡馆营造了舒适和随意的氛围。与米兰咖啡吧顾客站着喝咖啡相比，舒尔茨想让美国人坐在日常咖啡馆里品尝咖啡，让日常咖啡馆变成美国人的社区聚会之地。在吸收意大利咖啡吧的经营方式和经营理念的基础上，舒尔茨通过改造和运营自己的日常咖啡馆，积累了丰富的经验。

1987年，当舒尔茨听说星巴克正在被出售的时候，他决定从原先的雇主手里将它买下。从此，霍华德·舒尔茨(*Howard Schultz*)这个名字就与“星巴克”紧紧地联系在了一起。对舒尔茨来说，星巴克可谓是醉翁之意不在咖啡，而在于通过早已有之的古老咖啡，在人们的生活中营造一种氛围、塑造一种风格。而这种被赋予咖啡的情调和感觉则变成一件商品，销售给可以消费它的人群。与其说星巴克是在出售咖啡，倒不如说是出售一种浪漫的情怀和风格。用舒尔茨自己的话说，星巴克是致力于“发明一种商品，拿出一种古老的、了无新意、平淡无奇的东西——咖啡——然后在它周围编制浪漫情怀和社区概念。用一种历经沧桑的氛围、一种风格和一种知识吸引消费者”。

在投入四百万美金的巨资之后，星巴克开始了它扩张的步伐：从西雅图到波特兰、洛杉矶，再到纽约、丹佛和芝加哥……舒尔茨使用一个高度完善的商业模式在全美范围内复制星巴克。他为星巴克雇用了许多管理人员，这些管理者们曾经就职于麦当劳、肯德基、百事可乐等知名的品牌，他们为年轻的星巴克带来了丰富的连锁店商业知识和管理经验，使它少走了很多弯路。这一套经验包括：如何寻找地点、如何确定所在地点的货源、如何在所有的门店分发相同的产品、如何雇用和训练员工、如何让门店进行自我复制。事实证明，这一模式是行之有效的：短短几年的时间，星巴克已经成为一个驰名全美的连锁品牌，其绿色商标上一条漂亮的美人鱼从海洋中钻出来，钻进美国人的生活里。然而，美人鱼的目标是要游向更远的地方：1994年，日本和新加坡的星巴克开张；2003年，星巴克的足迹遍及美国以外的全球三十个国家。在新西兰、中国、泰国及阿拉伯地区，你都能看到星巴克从早到晚地顾客盈门。星巴克的崛起是如此的迅速和史无前例，以至于许多商业投资分析人士不得不对它另眼相看。然而，成功如星巴克，直到2004年才在巴黎开出了在法国的第一家分店，远比英国、西班牙要晚。舒尔茨如是说道：“我们带着对法国咖啡社会极大的尊敬和钦佩，宣布进入这个市场。”的确，在法国这个浸透了家庭咖啡馆浓香的国度里，星巴克没有理由不小心翼翼。2003年，在美国市场上，星巴克的规模是其竞争对手的二十多倍；其全球利润超过了四十一亿美元。

正如全世界的麦当劳、肯德基都长着属于自己的同一张脸——一模一样的桌子、椅子、墙壁、地板、柜台、菜式，甚至洗手间，在这个被法兰克福学派称作是“机械复制的时代”里，全世界的星巴克也依照着同样一张面孔、遵循着同样一个模式，被不断地复制：不管在英国伦敦还是在日本东京，不管是在北京故宫还是在巴林群岛，

星巴克给人的印象就是如此，小资和都市化。

星巴克跨越经纬，被精确无误地从一个地方复制到另一个地方；其复制的思路，一言以蔽之，就是靠近消费人群的地点、优质可口的咖啡以及考究的内部装饰。我们能找到星巴克的地方，无外乎飞机场、大型购物中心、市中心的繁华大街、城市中央广场上。这些地点聚集了相当数量的星巴克目标消费人群：能坐飞机、购物，证明他们收入不菲；这些人已经拥有了一定的社会地位和文化品位。星巴克于是就用浓郁的咖啡香味和高标准的内部装饰吸引这些人的到来：沙发和扶手椅邀请着人们坐下休息，聆听轻松的音乐；那些有品位的艺术品装点着咖啡馆的空间；放置于侧的书报杂志则暗示着人们，在这个惬意的环境里，你可以坐在沙发上，一边聆听音乐、品尝咖啡，一边阅读和写作。在星巴克通过咖啡香味塑造的嗅觉背景和音乐塑造的听觉背景里，人们进入了一种自我想象的空间，这种想象与历史和文化产生某种遥远的勾连：在咖啡馆，听音乐、品咖啡，不正和历史上那些在咖啡馆写作、看书、辩论的著名作家、哲学家、画家一样吗？它是如此优雅，流露着浓厚的文化意味，以至于星巴克成功地将自己和高雅的艺术文化品位相联系，成为体现城市优雅风尚的一个所在；进出星巴克，在人们的眼里，也成为一种崇高社会地位的象征。

不过，有人也曾讥笑星巴克，说它卖的咖啡“不是加入了热牛奶的咖啡，而是掺了咖啡的热牛奶”。的的确确，和那些古老的咖啡相比，星巴克在咖啡中加入了大量的牛奶和糖，用甜腻冲淡咖啡自身的苦涩，让它更加适合人们的日常口味。而人们在想起星巴克的时候，脑海中出现的只是一杯热气袅袅的“咖啡”形象，而丝毫没有“牛奶”什么事。因为，星巴克从始至终都在努力对咖啡进行铺天盖地的宣传；这一努力成功地引

导了人们对咖啡和出售咖啡的星巴克予以一种浪漫情调的想象，而牛奶，就这样被悄悄隐去了。与作为古老饮料的、历史悠久的咖啡相比，牛奶无疑是一种更为晚近的食品，它乳白的颜色很容易让人想起哺乳、母爱和滋养——有别于咖啡浪漫的内涵，也和星巴克所要传达给消费者的核心理念大不相同。所以，尽管星巴克公司每年都要消耗掉数量巨大到令人咋舌的牛奶，然而在星巴克门店的布置和宣传里，丝毫见不到哪怕一滴牛奶的影子。比如，星巴克的柜台上常常放着介绍咖啡的小册子，让顾客自取阅读；这些小册子向顾客提供了关于咖啡的丰富知识，它们以一种优雅的方式被描绘出来：咖啡豆烘焙指南讲述着上等咖啡豆的故事，咖啡豆生产指南勾画出了咖啡的世界地图，浓缩咖啡的制作指南则向顾客描述一种十分完美的经验。这些摆放在柜台之上的小册子预先假设了：所有进入星巴克的人们都对咖啡的知识和历史充满着浓厚的兴趣和十足的好奇；通过这些丰富知识的描绘，星巴克对他们的好奇心不遗余力地加以赞扬和鼓励。相反，在星巴克的门店里，你完全看不到对牛奶产地、营养成分和风味等诸如此类的介绍。如此一来，星巴克就让人们只把关注的焦点放在咖啡之上，从而成功转移了人们的视线。除此之外，星巴克门店的墙壁还往往被刷上一层泥土的颜色，在这暖暖的色调中，间或错落有致地夹杂着大自然的绿色；一片片嫩绿的叶子在这一象征泥土和绿树的底色中活泼地舒展，看起来如此清新天然、叫人可亲可近。

在强调速溶、视觉、体验的现代城市环境中，星巴克自转型之日起，就不是，也不可能是一个单纯的出售咖啡之地。尽管舒尔茨对社会学家欧登伯格(*Ray Oldenburg*)的“第三空间”说法赞赏有加，甚至有意把星巴克打造成为这样一个地方，让它成为美国人在家庭和工作之外的一个社区聚会的场所：在这个“第三空间”里，民众阅读争辩，不抱成见地交往和攀谈，就像回到咖啡历史上的黄金年代那样——但这仅仅只是一个美好的想法而已。还是法国的空间理论家马克·奥格说得更为确切，这些不断复制着自身的星巴克咖啡馆实际上可以被称作是“非地方”。如机场、购物中心、高速公路等地一样，星巴克们最大的特点就是重复建设，每一个地方和另一个地方都长着同一副脸孔。在这些“非地方”，根本不存在什么健康的社会生活。说来也是，只要你稍微在星巴克里坐上一会儿，就可以看见：人们坐在舒适的沙发上，眼前是一个可以用来无线上网的笔记本电脑和一杯说不清到底是咖啡还是牛奶的热饮；没有人在这里说话，更别提什么高声争辩了，因为人们的视线总是一动不动地盯着十来寸的电脑屏幕，而选择对周遭的现实世界视而不见。想当年，生动活泼的维也纳大咖啡馆、嘈杂喧闹的伦敦街区里那些工人咖啡馆、法国的经典街头咖啡馆都独具一格，各有各的好。

然而，就像儿时巷口的小店被大卖场挤压到无处容身，那些象征着古老咖啡馆之生命力的鼎沸声响，也日渐淹没于千篇一律的星巴克海洋里了。谁叫我们是生活在这样一个麦当劳化的时代呢？谁让我们的城市是一个让人和人之间彼此疏离的空间呢？每一天，我们都能在地铁上、街道边、咖啡馆里碰见不计其数的人；但我们和这些人都像是在作着无规则运动的原子，于某个地点交汇，然后彼此散落各地，毫无关联。再想想，晚年深居简出的张爱玲最后死在纽约寓所的地毯上，过了好久之后被人发现——也只有在纽约这样的大都会里，才能发生这等事吧。

第三章 谁家咖啡馆

哦，才子

在时间中穿行，流去的种种皆化作一段段历史。那些曾在世上鲜活跃动的生命，若被置于历史的长河之中，竟是朝生暮死的短暂。然而，正是这些虽短暂却华丽如蝶的生命，让人不禁目眩神迷，它们扑扇的彩翅彰显了人类艺术灵思的神秘与极致，也暗示着人类创造之可能性的全部答案。时间向前，历史的长河缓流，那些记录下人类灵与肉的细腻笔触，那些拓宽了人类思想深度的伟大头脑，那些描绘出生命姿色的油彩画笔，印在时间的足底，深深地嵌入历史的河床，成为人类集体记忆中难以磨灭的印迹。时间的每一个足音都笃定得叫人相信：只要太阳照样升起，只要还有风在吹，那些过往，不是逝去，而是延续。当我们以咖啡馆为钥，打开记忆的门锁，一抬头便能仰见人类的夜空，群星在此灼灼闪光。在每一颗亮着的星星背后，是一个个美丽的名字；风吹梦杳，书页中、唇齿间，这些名字恒久流传，散发出古老沉厚的馨香：巴

这种凌乱却极居家之感的咖啡馆，在百年前是作家、哲学家们思想火花碰撞之处。

尔扎克、波德莱尔(*Charles Pierre Baudelaire*)、王尔德(*Oscar Wilde*)、马雅可夫斯基(*Mayakovski*)、阿登伯格(*P.Altenberg*)、卡夫卡(*Franz Kafka*)、弗洛伊德(*Sigmund Freud*)、尼采(*Friedrich Wilhelm Nietzsche*)、海明威……他们是一箪食、一杯咖啡、一首诗，贫也不改其乐，是所谓的“宁为宇宙闲吟客，怕作乾坤窃禄人”。

奥地利著名作家茨威格(*Stefan Zweig*)在为巴尔扎克立传的时候，不能不对这位仁兄的咖啡瘾惊叹三分。在《巴尔扎克传》中，茨威格写道：“近二十年喝了五万杯浓咖啡……除大量剧本、短篇小说和杂文之外，他还写了几乎本本都属上乘之作的七十四部长篇小说。”如此海量，堪称豪饮；咖啡下肚，文思泉涌。煌煌如《人间喜剧》，其中的每一个长短篇，无不佐以咖啡写就。巴尔扎克也乐于自我调侃，说自己的书都是在成了河的黑咖啡帮助下完成的。对巴尔扎克的嗜好，朋友们亦十分了解；他们常愿意陪伴他跋山涉水地穿越好几个街区，只为购得一点咖啡豆用以充当这台写作机的动力燃料。在传记中，茨威格提及朋友对巴尔扎克的一段有趣回忆：“他喝的咖啡由三种不同种类的咖啡豆组成：波旁豆、马提尼克豆和穆哈豆。巴尔扎克从蒙特布朗街买来波旁豆，从老奥特璃戴街买来马提尼克豆，而从圣日耳曼旧郊区的大学街买来穆哈豆。虽然我多次陪同他进行这种采购的远征，但却忘了这个商人的名字。这种远征每次都要走上半天功夫，穿过整个巴黎，但对巴尔扎克来说，为了弄到好的咖啡，却是不厌其烦的。”巴尔扎克对咖啡的这种近乎痴迷的执著，乃源于咖啡能给予作家的独特体验：“咖啡泻到人的胃里，把全身都动员起来。人的思想列成纵队开路，有如三军的先锋。回忆打着旗帜，跑步前进，率领队伍投入战斗，轻骑兵跃马上阵。逻辑犹如炮兵，带着辎重车辆和炮弹，隆隆而过。高明的见解好似狙击手，参加作战。各色人物，袍笏登场。纸张上墨迹斑斑，这场战役始终倾泻着黑色的液体，有如一个真正的战场，笼罩在黑色的硝烟之中。”头颅中是弥漫着咖啡硝烟的战争乾坤，笔下是浸透了喜怒哀乐的人间百态——这是咖啡带给巴尔扎克的灵感奇迹，也叫后人得以领略巨匠的文学大造。唯有咖啡，别无他物。当巴尔扎克的遗著《司汤达研究》终于出版面世时，人们在这本书的封面上看到了一把咖啡壶，正是它虔诚地陪伴作家度过一生的时光；封面上另有几句题记，如是写道："就是这把咖啡壶，支持他一天写十六七小时的文章。心脏受伤，活到五十岁去世，骨头都快因喝咖啡而变成黑色的了。”这位五十一岁就去世的大文豪却自诩为“鹅毛笔与黑墨水的苦役”。终其一生，作家迷恋之物有二：大他整二十二岁的情人贝尔尼夫人(*Laure de Berny*)和陪他挑灯写作的苦咖啡。无独有偶，作为英国湖畔派诗人之一的柯勒律治(*Samuel Taylor Coleridge*)也对咖啡沉迷有加。晨起时分，这位生性敏感多情的诗人总要喝上一杯浓浓的咖啡，让柔和的液体经由喉咙滑进肠胃，以此开始他充满激情的美好一天。

若说咖啡是作家和诗人不竭的灵感源泉，那么咖啡馆便成为才子们笔下生花的绝佳场所，戏里戏外皆是如此。当“天鹅绒咖啡夫人”洛克福德身着昂贵的天鹅绒，仪态万方地走近国王，包括国王在内的所有在场人士都为她所呈现出的美丽和富有所深深折服。在小说《穿天鹅绒的咖啡馆女店主》中，这位闻名遐迩的咖啡馆女店主被描绘成“英国的凤梨”——就像英国凤梨包含了世界上所有美味水果的风味那样，在咖啡馆女店主洛克福德的身上也集中了女性的所有魅力。这使她的咖啡馆成为城中的一个风雅场所，每天往来进出这里的许多时髦人士便是这种风雅的附庸之人。而在《考文特花园惨案》中，诗人亨利·菲尔丁(*Henry Fielding*)在序幕中就反问道："哪个浪子不知道金氏咖啡馆？”言下之意是：金氏咖啡馆是浪子的天堂。这家位于考文特花园的咖啡馆，其主人名为莫莉·金，是城里最放荡的女人之一。她与一些声名狼藉的名妓为友，在浪子们看来，也是颇为吸引人的一只猎物。很快，这家小咖啡馆就成为年轻浪荡子和漂亮小姐们的私会之地，人们常道："考文特花园市场的一个店子，连所有不知道床为何物的先生们都知道这个地方。”既然，浪荡子有容他们扎堆、供他们调情的咖啡馆，那么同为有闲者的诗人们，自然也拥有属于自己的才子咖啡馆。

罗素街是伦敦城里一条紧邻着剧院的宽阔街道，从女修道院花园穿过广场便可走到。这条街之所以特别，是因为在它之上星罗棋布着大大小小的咖啡馆。由于离剧

Bar
RUE
L'ARBALETE
Chèque Déjeuner
LA SOURIS DEGLINGUEE

院近，这里便成了才子和诗人们经常聚会谈天的地方，比如，独步天下的桂冠诗人约翰·德莱顿(*John Dryden*)、皇家史料的编纂者威廉·豪威尔(*William Howells*)、著名演员亨利·哈里斯(*Henry Harris*)……以他们为首的一批作家就常聚在罗素街和巴乌街拐角的一家名叫维尔(*Will*)咖啡馆的地方。当然，在众多的才子中，最引人注目的便是诗人德莱顿，此地为他而设的专属宝座使人一眼看出这位诗人在人群中的领袖地位。宝座会随着季节的变换而更换位置：冬天靠近火炉边取暖，夏天则在阳台上看街边风景。不变的是，宝座四周常年围绕着许多诗人和剧作家。渐渐地，这家咖啡馆的名声越来越响亮。许多怀揣文学理想的青年人慕名争相到来，以期结识文学界的圈中人。对这些初生牛犊来说，只要能进入维尔咖啡馆的小圈子，成为围坐在德莱顿宝座周围的人之一，就意味着一脚跨进了文学圈。亚历山大·蒲伯(*Alexander Pope*)就是这众多新人中的一个，他无论如何都不会忘记自己初次被带到咖啡馆拜见德莱顿的那幕场景：严肃的气氛、庄重的神情和仪式一样的动作。咖啡馆的桌子上满满地铺着手稿和其他一些待发表的文章；除此之外，还有一些如政府公报、时事通讯之类的纸张。而这位桂冠诗人就坐在人群中央，狮子一般散发着领袖的强大气场，辐射至整个咖啡馆。才子们落座四周，翘首等待这位领袖诗人对那些诗歌、讽刺文章以及各种各样的韵文的独到品评。对新人而言，来到咖啡馆并不意味着就此进入这一文学圈的核心，只有当德莱顿从自己的那个超大型鼻烟盒中挑出鼻烟，传递给新来者使用时，才证明此时新人已经获准进入这个圈子——挑鼻烟、传递鼻烟这一系列如仪式一样神圣的动作是唯一的许可标志。当时经常出入维尔用咖啡馆的一个青年后来回忆道："维尔咖啡馆跟许多老房子一样，也有一道规矩刻板的楼梯。在冬天，紧靠阳台和壁炉的位置是客人心目中的'嘉宾座'。为了方便客人，咖啡馆将两个大堂合为一体，客人们根据各自不同的聊天主题，分别围坐在摆在不同位置的咖啡桌旁。咖啡馆内文人聚集的高雅氛围，吸引了越来越多的客人。这里的聚会通常是从晚上剧院散场后开始的，直到深夜，你在这里都能听到精彩的谈话，看到名人们平易、懒散地坐在那里，惬意地闲聊，似乎将他们贵族的作派和傲慢都留在了家里。"维尔咖啡馆在伦敦文学圈内首屈一指的盛名一直持续到德莱顿去世。这位生于英国北安普敦郡的"桂冠诗人"在英国文学史上创造了一个属于自己的"德莱顿时代"，他的一生创作了将近三十部喜剧、悲喜剧、悲剧以及歌剧，是与莎士比亚齐名的大师。他不仅为诗歌创造新理论，也以自己的智慧为后人留下了许多隽言：天才与疯子之间，只有一步之遥；要想当

伦敦泰晤士河风情

典型的英国绅士

先生，先要当学生等等。不久之后，罗素街上开了另一家汤姆(*Tom*)咖啡馆，经营这家咖啡馆的是的当时一位赫赫有名的船长托马斯(*Thomas*)。德莱顿的去世让维尔咖啡馆的才子们似乎处于一种群龙无首、失去凝聚力的状态，接着，他们便接连从维尔撤退，转而来到罗素大街17号的这家汤姆咖啡馆，以延续当年维尔咖啡馆的文学盛事。在很长一段时间之内，汤姆取代维尔，成为伦敦城里颇负盛名的文学咖啡馆。1712年，在维尔咖啡馆的正对面，布顿(*Button*)咖啡馆开门迎客了。这家咖啡馆之所以声名鹊起，是借了约瑟夫·爱迪生(*Joseph Addison*)的名气，而让它一鸣惊人的则是1715

年发生在它和维尔咖啡馆之间的一场面对面的激烈论战。这场交锋的起因是荷马史诗《伊利亚特》的两个译本，分别由作家蒲伯和提凯尔译出。维尔咖啡馆的“蒲伯派”和布顿咖啡馆的“提凯尔派”围绕着这两个译本进行了一次唇枪舌战，结果自是不相上下。然而，正是经由这样充分的争辩和讨论，这部伟大的文学作品诞生了它绝佳的英文译本。1751年，《鉴赏家》杂志的主编在女修道花园广场东侧的拱廊下创办了贝德福德(*Bedford*)咖啡馆，与剧院仅一墙之隔。因此，咖啡馆的墙上贴满了隔壁剧院的节目单。就像它的主人那样，这家咖啡馆所流露出的温文尔雅的气质很快吸引了新一代英国作家的到来，他们将此地变为英国文学和戏剧批评的圣地。英国的作家才子们通过不同的咖啡馆打造各自的形象，几乎每一家咖啡馆都宣称自己代表一种文学主张和某个价值标准。在才子们热情地带动下，文学咖啡馆之间的竞争日趋激烈。这也意味着，咖啡馆通过自己建筑学上的空间为诗人们构筑了一个文学意义上的批评空间。诗人们将自己的诗作集合成诗选，或是一部合集；散文家们则一改往日单独散漫的作风，居然也在杂志上联合发表作品；更甚者，某些诗歌团体还尝试着集体创作。当作品的署名栏上不再是某个作家孤零零的名字时，当这些名字在团体中、在合集中、在期刊中并列出现时，这些诗人和批评家们就成为一个整体的存在。与往日的不同之处在于，成为咖啡馆的团体后，他们再也不需标新立异地设计自己。在这个意义上，现代文学批评终于在咖啡馆里诞生了。

与英国咖啡馆肩负的“文以载道”的重任不同，巴黎的咖啡馆一开始并没有表现出对诸如文学、新闻、政治乃至商业的丝毫兴趣；相反，它只是一个供人们愉悦身心的消遣之地，轻松随意。在狂欢节或是博览会，法国人尽情玩乐，放肆得找不着北；在交易所或是法庭，他们又往往正襟危坐，严肃拘礼；而只有咖啡馆里才存在一种真正的放松和惬意，细水长流地洗濯工作劳累和过度享乐的疲惫身心。当法国的作家们渐渐喜欢上用浓重的笔墨来描绘这些咖啡馆，当人们也越来越多地在戏剧、诗歌和小说中读到咖啡馆时，巴黎的咖啡馆就在这些文学性和艺术性的描绘中与巴黎上层社会优雅得体的文化紧密地联系在一起了。在小说《拉莫的侄子》中，著名的启蒙主义作家狄德罗(*Denis Diderot*)就特意把故事的发生地点安排在皇宫的摄政咖啡馆里。而闲吟诗人波德莱尔则在散文诗《穷人的眼睛》中描绘了一座富丽堂皇的咖啡宫殿。这家咖啡馆坐落在奥斯曼林荫大道上，厅堂里陈列着的镀金女像和墙壁上大片大片的镜子在

煤气灯的照耀下发出万道金光，几乎要灼伤人眼。通过穷人的眼睛所见，波德莱尔也禁不住对这家豪华辉煌的咖啡馆发出一阵惊叹。但惊叹背后，则是诗人更为深刻的隐忧：尽管咖啡馆为人们带来了富于魅力的生活气息，但咖啡馆在无形之中建起的门槛将使城市里的阶级、性别和权力产生明显地分化。

波德莱尔借穷人之眼所见的咖啡馆是1848年革命失败之后所建的诸多咖啡馆中的一家。当时，法国的社会主义运动转入低潮，各组织团体分崩离析；塞纳省省长奥斯曼对巴黎进行了大刀阔斧的改建，整个城市的面貌从此焕然一新；伴随着金融和信贷市场的空前繁荣，整个法国似乎都处于极其富庶和繁华的景象中。在林荫大道上，大型百货商店和时髦的咖啡馆争相开张；此外，街上坐落着许多新修建的豪华宅邸和公馆，它们不是自我标榜浓郁的巴洛克风格，就是以传统的古罗马风格自居；街道被拓宽了，马路两边用木头或是碎石砌出人行道，间或放置长椅供行人休憩；城市的煤气灯光将这个时代里金钱至上的欲望照得无处遁形，所有的一切在资本的支配下都显得赤裸裸：古典时期的音乐严肃不再，轻歌剧堂而皇之地将它取代，绘画仅仅沦为装饰，而文学则被用来消遣。在这个时代里，鲜有人愿意掏钱资助艺术了。在对现状的万般无奈之下，尴尬的艺术家们也只好躲进文学咖啡馆的小天地里。当时最有名的就是一家名为“殉道者”(*Brasserie des Martyrs*)的咖啡馆，位于布雷达街和纳瓦兰街的拐角处。有人曾在1857年写道：“如果除了殉道者咖啡馆，整个巴黎都被焚毁，那么，只消使用咖啡馆中那些幸存者的聪明才智，就可以建成一座令人心驰神往的新城，不过它的面貌就不会跟奥斯曼设计筹划的一样了。”作为第二帝国时期最主要的咖啡馆，在这里能碰见的人还真不少：蓄着胡子、秃着脑门的亨利·米尔热(*Henry Murger*)，整日带着忧郁神情的夏尔·波德莱尔，像个农民一样的现实主义画家居斯塔夫·库尔贝(*Gustavo Courbet*)，当时不甚出名的克洛德·莫奈(*Claude Monet*)，否认太阳存在的天文学怪才亚力克西·莫兰(*Alex Molen*)……还有其他一些敢于与官方抗争的激进作家、诗人、画家，以及一些拼了命想要抓住青春尾巴的模特儿们。殉道者咖啡馆的侍者也许是19世纪50年代巴黎城中最忙碌的一群人，他们除了个个机智敏捷、对答如流之外，还要在楼上楼下来回奔跑，穿梭游走于店堂的橡木桌之间，为这些文人们奉上称心的服务。虽然咖啡馆的房间是高大宽敞的，煤气灯也熠熠闪烁，长沙发和橡木桌颇有些讲究，然而这里终日声音嘈杂、云吞雾绕，就算镜子再亮，镀金的线脚再华贵，它们也同人造花、女像柱和墙上悬着的图片一起，在这样纷杂的环境中黯然

失色。难怪龚古尔兄弟(*Edmond de Goncourt&Jules de Goncourt*)在评论起这家咖啡馆时一脸不屑："殉道者咖啡馆就像个下等酒馆，是一些软弱无力、言行不一的人士汇集的洞穴，这些不知其名的大人物和不少波西米亚小报记者，都尽力想要在那儿拾到一枚新的五法郎硬币或一个陈旧的念头，而受到他们辱骂的那些人却不得不沉默寡言，努力工作，在孤独中奋战、生活和死亡。"然而，这毕竟是全法国第一家能让才子文人们过一种真正的波西米亚式生活的咖啡馆。在一个美好的夜晚里，枝形吊灯从天花板垂下发出明亮耀眼的光，亨利·米尔热会在灯下坐着，光亮的脑门被灯光一连炙烤好几个小时；和他坐在一起喝咖啡的是画家居斯塔夫·库尔贝，这个现实主义画师吃起东西来就像蚂蚁一样慢，还时不时发出一阵大笑，笑过之后便开始大发议论，他话中的观点让人一听就知道这是一个狂热的社会主义分子；有时候，波德莱尔也在，他的外表比起其他两位来显得更加引人注目。泰奥菲尔·戈蒂埃(*Thophile Gautier*)在《回忆波德莱尔》中写道："他头发乌黑，有几绺罩在奇白的前额……眼睛颜色如西班牙烟草，深邃而且炯炯有神，显得过于专注……唇部曲线有如达·芬奇名画《蒙娜丽莎》中的笑容那么富于魅力，还带有冷讽的意味。他的鼻子细巧、高雅，有些拱曲，鼻孔颤动着，似乎总是闻到一股淡淡的芳香……令人想起他的名句'我的灵魂在芬芳中飘荡，犹如他人的灵魂飘在音乐上'，他上穿朴素闪亮的黑外套，下着栗色裤子、白袜、精致皮鞋。整个来说，衣着外表无懈可击，而且几乎带有一种英国式的简洁风味。他身材瘦削，样子潇洒，头发理得光光的，好像正准备上断头台，默默想着他所欠的债务或是对《恶之花》的起诉。" 但是，亨利·米尔热、居斯塔夫·库尔贝以及夏尔·波德莱尔同在殉道者咖啡馆的夜晚毕竟不甚经常；更多时候，波德莱尔总是漫步在巴黎的拱廊街下，邂逅周遭的一切，感受这个令人着迷的新天地。

十几岁时身无分文的波德莱尔只能去拉丁区一些并不上等的咖啡馆里游荡。当这个少年彷徨地走在灯光黯淡的拉丁区街道上，那迂回曲折的路和肮脏不堪的街沿让他稍微有一点儿烦躁。不过，这毕竟是雨果(*Victor-Marie Hugo*)住着的地方！如此一想，感觉倒也不错。直到1842年，成年后的波德莱尔忽然获得了一笔巨款，这笔钱让他一夜之间拥有了进出上层社会的资本。在塞纳河右岸的住所里，波德莱尔极尽可能地为自己的生活营造一切情调：来自东方的香料为室内制造出奇异的香氛；在这种氛围里，镶着金边的书籍在架子上紧紧相挨，琥珀色的葡萄酒装在细长优雅的瓶子里等待品鉴，长毛的地毯服贴着地面踩上去悄无声响……这所有的营造都让波德莱尔心情愉悦，并且，他也愿意将这种愉悦带去那些文学咖啡馆里，用或出彩、或出格的言辞博得众人的注意。某一天，卷发蓄胡的波德莱尔身着漂亮的外衣，走进一家高级咖啡馆，顿时引来众人的侧目：天啊，他真好看，就像是从古代画像里走出来的人物！人们纷纷用那种只在看巴尔扎克或是缪塞时才有的眼光来仔细看他。另一天，他要是穿过卢森堡公园，从离公园最近的一扇门走入塔布雷咖啡馆(*Tabourey*)，这家安静的咖啡馆立刻就会被调动起一种好比是戏剧开场前的躁动情绪。他若挑了位置在一张桌边坐下，那么他的桌子周围就会坐上很多人；这时，他就会清清嗓子，开始热情忘我地就一个政治或是美学观点滔滔不绝地发表一通议论。当众人听得正酣，频频点头以示赞同时，他又戛然而止，转身对望着自己的年轻女子含情脉脉地说道："小姐，你知道我想做什么吗？我渴望能在你雪白的肌肤上咬一口。恕我冒昧，我要告诉你我想怎样跟你交欢。我想把你的双手捆在一起，缚住你的手腕，把你吊在我房间的天花板上……”语出惊人，众人皆为此错愕不已。不解诗人品性的人，往往会觉得他这种反常的行为不但惊世骇俗，而且卑鄙下流。他却仿佛事不关己，用手指着碟子上的乳酪，懒洋洋地说着：“你是不是觉得它的味道有点儿像是小孩子的脑髓？”有时候，他兴之所至，也会当众即兴地吟诵出一些带有某种施虐性质的奇异诗句；这些诗句后来大多被收进了他著名的诗集《恶之花》中。终于，到了1844年时，波德莱尔的家庭将他生活费的供应减少到每月二百法郎。于是，他就成了塞纳河左岸咖啡馆里的一员，与其他作家、艺术家等一起分享着波西米亚式的生活，共同经历贫困和默默无闻的命运。这些文人和艺术家是一群想过资产阶级生活而不能的人，他们中的许多人其实仍是希望自己能够穿着华美地就餐于豪华饭店中，还有一些人则用鸦片、大麻或是酒精营造自己的迷幻天堂，过着众人皆醒我独醉的遁世生活。他们胸怀八斗之才，沉湎于浪漫主义的幻境里，而现实终究残酷冰冷，叫人不敢触摸。随着劳动越发专门化，每个工人都像大机器里的螺丝钉一样，在流水线上日复一日地做着机械的活计，艺术家再也无法通过出售自己的作品来维持生计，日子越来越不好过。直至19世纪40年代，巴黎街头出现了大批失业的艺术家，其数量之巨，堪称为一个“波西米亚文化界”。

“波西米亚人”这个名词早在1830年就被巴尔扎克写进自己的杰作《幻灭》中——在第二部《外省大人物在巴黎》的一个场景里，巴尔扎克就已经用上了这个词。波西米亚人常常叫人联想起放荡不羁、流浪、贫穷、居无定所等诸如此类的词。若非要为波西米亚人找出一个特定的形象来，那么吉普赛人则是再合适不过的了。这个逐水草而居的民族，其日常生活本身就是一场富于机智娱人娱己的盛宴，占卜、魔术、游吟……他们的生活哲学是：时间是用来流浪的，肉体是用来享乐的，生命是用来遗忘的，灵魂是用来歌唱的。这些波西米亚文人与吉普赛人固然有诸多相似之处，然而也存在两大不同：一个波西米亚文人并不一定非要四处流浪，他可以驻扎在塞纳河左岸拉丁区的咖啡馆里；他可以贫穷到一无所有，不得不忍饥挨饿，也可以时不时地获得一笔个人收入。这些蔑视社会的波西米亚文人们提出了“为艺术而艺术”的口号，然而，这也只是一个凌虚高蹈的理想观念。

除了殉道者咖啡馆，莫米咖啡馆也是亨利·米尔热等波西米亚文人们常常光顾的地方。米尔热是一个画家的儿子，在文学方面颇具天资和抱负，他有许多和他一样身无分文、经常挨饿的朋友。他嗜饮咖啡，不知道究竟是这一嗜好让他养成通宵写作的习惯，还是由于通宵写作让他终日离不开咖啡。沉静的夜晚，尤适合独坐静思；灵光闪现，信笔游走纸间；有无数杯浓香的咖啡和四周的烛光陪伴，这样夜间的写作，极具浪漫的感染力。但是，米尔热还有一个同屋。终于有一天，忍耐已久的同屋忍不住向他摊牌："你应该早上五点钟起来，喝上一大瓶冷水。"未果——米尔热对咖啡已经上了瘾。在他的回忆录《波西米亚人的生活场景》中，米尔热写道："咖啡是阿拉伯的一种土生植物，它是被一头山羊发现的。它的服用价值给传播到欧洲。伏尔泰以前每天要喝七十杯。我喜欢喝不放糖的滚热的咖啡。"1861年，米尔热死于一种神秘的紫癜。尽管许多人都认为他是自杀而死，龚古尔兄弟还是将米尔热的死归因于贫穷潦倒和苦艾酒。他们言之凿凿地认为，早在死之前，米尔热的身体就已经垮掉了。米尔热的结局是对波西米亚式生活献上的一份贡品。六年之后，因为梅毒全身瘫痪的波德莱尔几乎与外界隔绝。在这之前，他虽然也常去咖啡馆，却只是为了一个人坐在那里静静默想，完全不似从前语出惊人的波德莱尔。人们从他嘴里最常听见的一句话则是："真他妈的见鬼！"1867年8月31日，波德莱尔死在母亲的怀里，享年四十六岁。这位自称以"欣悦与恐惧培养歇斯底里"的诗人，最后葬在他的继父身边——这位他曾想拿把枪毙掉的继父。而至于居斯塔夫·库尔贝，他一直对艺术和巴黎公社抱有十足的幻想，他想通过艺术解救自己的波西米亚文人朋友们脱离现实的苦海，为他们建造一个社会主义的天堂，然而这一切终究没有实现。波德莱尔死后，又过了六年，库贝尔也死于被放逐瑞士的孤苦生活。而其他一些波西米亚文人们的命运似乎注定也逃不开他们所走的路——要么厌世自杀、要么精神错乱、要么遭受放逐。不得不承认，波西米亚主义的确是个能产生迷人魅力的不竭源泉，它所有的放荡不羁、特立独行、凌虚高蹈，皆是对抗这个社会的诸种手段。巴黎塞纳河左岸的文人咖啡馆就这样被深深地烙上了波西米亚风格的印迹；只不过，当年孤苦无助的文人们在无奈之下的咖啡馆生活方式，如今却变成一种时髦风尚。

同样，19世纪晚期的维也纳咖啡馆也在奥地利的社会和文化生活中占有重要的一席之地。那些装饰豪华的咖啡馆对作家、艺术家和知识分子们尤具吸引力：以古斯塔夫·克利姆特(*Gustav Klimt*)、埃贡·希勒(*Egon Schiele*)、奥斯卡·考考斯卡(*Oskar Kokoschka*)等人为首的一批画家，以阿道夫·卢斯(*Adolf Loos*)等人为核心的建筑家们，还有包括阿尔弗雷德·波尔加(*Alfred Polgar*)、阿瑟·施尼茨勒(*Arthur Schnitzler*)

等在内的作家群体，以及其他难以计数的记者、律师、教师和商人……他们在咖啡馆的谈天、阅读和写作不仅把这里变成了一个可以品尝美味的咖啡、获得最新资讯和进行社会交往的绝佳地方，也把它变成了世纪之交奥地利乃至整个欧洲思想生活的中心。正如后人的评价："奥地利的文学现代主义与维也纳的咖啡馆形成了一个不可分割的整体。"可以说，正是在这些咖啡馆所构筑的温暖摇篮里，奥地利的现代文学才得以萌生滋长。这里不仅聚集着众多知名作家，也有许多报刊杂志的编辑以咖啡馆为编辑部，在此讨论选题，还有为数更多的文学青年由于囊中羞涩、居家简陋而来到此地，一来为享受这里美好惬意的氛围，二来是多多结交朋友，与编辑保持联系，说不定哪天就能撞上识马的伯乐。对异乡人来说，咖啡馆无疑是他们在维也纳的生活中心和文学根据地；如若生活实在拮据难以负担咖啡钱资，则常有同伴甚至是咖啡馆的招待慷慨解囊予以相帮。如此一来，这些作家们便抱团形成一个密切的咖啡馆团体，从而发展出属于自己的文学流派；久而久之，便形成了所谓的"咖啡馆作家群"。

纵观维也纳的作家咖啡馆，大致可将它分为三个时期：19世纪中叶至19世纪末期的格林斯坦咖啡馆(*Café Griensteidl*)时代、20世纪初到一战结束后的中央咖啡馆(*Café Central*)时代以及一战后的绅士咖啡馆(*Café Herrenhof*)时代。

格林斯坦坐落在奥地利皇宫后门的密歇尔广场上，地处维也纳城的正中心。格林斯坦一开始并非作为作家咖啡馆而存在。早在1848年欧洲革命运动风起云涌时期，它为民主派人士提供聚会场所，是一家颇具政治色彩的咖啡馆。这里汇集了上百种来自欧美各国的进

维也纳街景

步新闻报刊。每当有任何关于革命的激动人心的消息传到这里，总会引起咖啡馆客人们的一番激烈讨论。1848年2月，法国再一次爆发起义，推翻复辟的王朝，在维也纳格林斯坦咖啡馆里的人们也显得热情高涨，激动万分。受到鼓励的维也纳人民在法国大革命的鼓舞之下于3月爆发了武装起义，战火接连燃烧至意大利北部、匈牙利和捷克等地。然而，这场燃遍欧洲的革命之火迅猛有余而后劲不足，保守派和顽固势力联合起来，对革命进行绞杀。无数人为民主的理想流血、牺牲，然而希望依旧渺茫。残酷的现实让人们渐渐失望，格林斯坦也渐渐心灰意冷了下去。于是，它就从一个充满政治激情的咖啡馆变成一个不问国是的文化咖啡馆。人们不再热衷于时政，而只愿埋首故纸堆，谈谈诗歌的创作或是哪位作家新问世的作品，从中寻找一点乐趣和安慰。这样的情形一直持续到1897年，房管局的一纸令文让格林斯坦咖啡馆夷为平地。尽管当局拆除咖啡馆的理由颇为正当：这座建筑确实已经垂垂老矣，危及人身安全，不得不拆；然而即将在新址上拔地而起的是一幢银行大楼，而作家们从今往后则要流离失所。面对如此情形，二十岁的文学青年卡尔·克劳斯(*Karl Kraus*)写下一篇声讨当局拆房行径的战斗檄文。这篇题为《被拆毁的文学》以其犀利的笔锋和独到的观点在维也纳掀起轩然大波，同时也向文学界展现了一颗冉冉升起的文学新星。这位青年作家在文中不无忧虑地预见到一个时代行将结束，资本大行其道，文学被迫让路："作家们被他们从最后一片乐土驱赶到了街上，创作上的知己和精神联系被粗暴地割断了，未来的文学面临着一个无家可归的时代。"人们之所以对格林斯坦的失去表现出一种失落甚至是愤怒，其原因在于格林斯坦让整整一代维也纳诗人、艺术家、学者和思想家在此呼吸着自由开放的空气，在这里，风能进、雨能进，但国王不能进。格林斯坦的拆除似乎意味着自由开放和民主的讨论将渐渐离作家们远去。属于格林斯坦的时代终究还是结束了！

在下一个属于中央咖啡馆的时代来临之前，这中间的一长段时间里，维也纳的文人经历了一段无根的漂泊状态。中央咖啡馆与格林斯坦同处一街，由费尔斯公爵的宫殿改建而来。1876年，宫殿临街的一部分被重新修葺、装饰，摇身一变成为豪华的高级咖啡馆；优雅高贵的它很快成为维也纳上层社会名流所喜爱的聚集之地。自从格林斯坦被拆后，流离失所的作家们逐渐来到这里，为中央咖啡馆增添了浓厚的艺术气息，将它变为欧洲著名的文学沙龙。中央咖啡馆有一扇十分气派的大门沿街而开，宽敞明亮的大厅赫然于人眼前：一根一根高大的圆柱支撑着彩绘的拱形屋顶，吊灯自顶上悬下，灿若太阳。桌球台一字排开，咖啡桌椅在球桌之间摆放严整。灯光下，绿色的桌面上，锃亮的小球在滚动着，球与球碰撞一起的时候，发出清脆的亲吻声。穿过大厅，走完长廊，眼前的景象豁然开朗：又一个庭院大厅呈现在眼前。与前厅的流光溢彩迥异的是，这个大厅里充满了自然光线，因为仰头便是一个三层高的巨大敞开式天井，为庭院采集到了足够的阳光；庭院里几十张咖啡桌齐齐排列，三面环绕的罗马式拱廊将它们纳入其中，这些桌椅就像在舞池里优雅旋转。走过庭院，后面还有大理石铸就的台阶一路引上二楼的大厅。二楼是一个露台，在此可以俯瞰庭院里所有的咖啡桌和坐在桌边的人。移居中央咖啡馆的众多作家中就有因批判檄文而声名远播的卡尔·克劳斯。但是，这位以批判见长的作家实在很难见容于这个属于贵族的温文尔雅的圈子。热衷于针砭时政的他主办过批评杂志，写过战斗檄文，以至于就快要把整个维也纳的上流社会都得罪光了。因此，卡尔·克劳斯也常常会吃上一顿暴打或是受到一些莫名其妙的围攻。不得已之下，他就把自己的战斗根据地转移到另一家咖啡馆去了。而真正在中央咖啡馆里声名鹊起的作家是一个名叫阿登伯格的三十一岁“文学老生”。他的成名，颇带有几分千里马被伯乐相中的眼缘。那一天对阿登伯格来说，与往常似乎并无不同。当他走进咖啡馆，按照习惯，在庭院里找了个位置坐下，顺手拿起当天的报纸，一头扎进去读了起来。这时，一条“一个十五岁的少女在去学钢琴的路上不幸遇害”的新闻吸引了他的注意。读罢这则令人扼腕的消息，阿登伯格的心里受到很大的震撼。他拿过桌边的记事条，情不自禁地在上面写下了一首诗，诗的题目就叫做“地方新闻”。恰逢此时，在文学界早已是声望卓著的心理小说大师施尼支勒(*Arthur Schnitzle*)与自己的朋友走近大厅。施尼支勒看见桌边坐着一个正埋头苦写的人，便不无好奇地走到阿登伯格的身旁，拿过他手中的记事条，一读之后竟对此大加赞赏。就这样，情之所至的即兴作品得到了咖啡馆文学前辈的褒扬，成为阿登伯格跨入文学圈的敲门砖——在大师的推荐下，阿登伯格在第二天就进入了云集著名作家的文学作品朗诵会；三天之后，主编写信给阿登伯格，邀请他为《时代周刊》写稿；而卡尔·克劳斯则把阿登伯格的文章举荐给德国柏林最大的出版社……在前辈们的联合鼎立推荐下，饱怀诗才的阿登伯格终于为世人所知，成为维也纳一个耀人眼目的天才作家。多年之后，阿登伯格回忆起改变了他一生命运的那一天时，写道：“当时如果不是‘中央咖啡馆’，或者我在那张记事条上没有写诗，而是写我几个月没付的咖啡账单的话，施尼支勒不可能会注意到我的文学才能，别的作家也不会认识我。”亦或许，千里马常有而伯乐不常有：当时如果不是碰到慧眼识人的施尼支勒，阿登伯格也许还会一直在文坛上沉寂下去，苦苦等待机会女神的眷顾。成名之后的阿登伯格依然如故地生活在中央咖啡馆里，十年如一日。他给别人留通讯地址时，总是写上咖啡馆的地址，一直到去世。阿登伯格与中央咖啡馆侍应生之间的感情，不像顾客与招待，更像是主人与童仆。平日里，招待要替他收寄到咖啡馆里来的信件，替他收洗衣店送过来的衣服，替他传呼电话、留言；若有一天阿登伯格出门而恰好有朋自远方来，招待要替他招呼；当这一天阿登伯格灵感涌现，需要安静的环境来写作，招待则要替他婉拒一切来访之客；在每一天的不同时间里，按照作家情绪的喜怒和他正做之事，招待要悉心送上不同的咖啡或者点心，每一样都要悦作家之心。中央咖啡馆之于阿登伯格，不仅是成名之地，也是作家的工作室、休闲区、会客厅，更确切地说，乃是他的精神得以栖息之地。在那篇著名的诗歌中，阿登伯格写出了自己的心声：

> 你有烦恼，不管是这个，是那个——到咖啡馆去！
> 你因为某种理由感到迷惘——到咖啡馆去！
> 你有扯破的靴子——到咖啡馆去！
> 你只赚四百克朗，却花了五百克朗——到咖啡馆去！
> 你是对的，很节省，但自己却什么也没有——到咖啡馆去！
> 你觉得没什么事能让你觉得有趣——到咖啡馆去！
> 你想自杀——到咖啡馆去！
> 你恨人类，而且鄙视人类，但无法离群索居——到咖啡馆去！
> 别人不愿再借钱给你——去咖啡馆！

彼时的欧洲天空早已密布着战争的浓云，第一次世界大战如将要离弦之箭，只待一触即发。世纪末的维也纳，在各个领域皆是人才辈出，百花齐放，文化成就攀至峰顶，堪为欧洲现代派思想和文学的发源之地。许多外省乃至外国的作家、思想家为躲避战火，纷纷逃到当时相对安全的维也纳。他们聚集在咖啡馆里，关起门来，两耳不闻窗外事，只关注眼下自己的文学和艺术。到了傍晚时分，中央咖啡馆集中了当时知识界的诸位大家，如哲学家维特根斯坦(*Ludwig Wittgenstein*)、俄国流亡诗人托洛茨基(*Lev Davidovich Bronschtine*)、心理学家弗洛伊德等人，探求分析哲学、本我自我超

我之类的学术名词，而对当时的战事置若罔闻。1918年，第一次世界大战的战火终于要熄灭了，而奥地利成了战败国。受到打击的奥地利皇帝一病不起，不久之后病逝，曾经不可一世的哈布斯堡王朝在瞬间崩塌。一个古老的王朝在内因和外因的共同作用之下寿终正寝。这一年八月，隶属于奥地利的匈牙利宣布独立；接下来的九月，维也纳社会民主党和基督民主党马不停蹄地在国内发动革命，整个维也纳城的革命情绪被调动起来。此时，不问世事的中央咖啡馆被全民高涨的革命热情甩出了时代的潮流："三天后，中央咖啡馆的客人忽然减少了一半，所有开放的、拥有革新意识的作家都告别了这里，搬到街对面的新咖啡馆里去了，只有老一辈的僵化人物还继续留在过去的影子里，留在中央咖啡馆里。”

绅士咖啡馆是继格林斯坦和中央咖啡馆之后的维也纳第三代作家咖啡馆。这个咖啡馆有着维也纳的外表，但骨子里却是彻头彻尾的布拉格——一大批年轻的布拉格作家长期在绅士咖啡馆里安营扎寨：卡夫卡、凡尔法(*F.Werfel*)、茨威格、霍特(*J.Roth*)……这些作家之所以背井离乡来到维也纳，乃是由于他们的犹太人身分。可以说，如果没有犹太人也就没有奥地利文化如今在世界上的影响力，那些你所能想起名字的大师，他们的身上都流淌着犹太民族的血液，心理学分析大师弗洛伊德、现代派音乐鼻祖勋伯格(*Arnold Schönberg*)、马勒(*Gustav Mahler*)、画家克利姆特……然而，犹太人的身分既是一种天资的赐予，但同时也意味着灾难。这些逃难的布拉格作家来到维也纳的绅士咖啡馆，并在此形成自己的思想，发展和繁荣了现代主义文学；这似乎又是另一种卡夫卡式的荒谬。就像1914年8月2日，卡夫卡记在日记里的两句话：“德国向俄国宣战。——下午游泳。”将重大的军事事件和无关紧要的生活细节相提并论，一个破折号扭转了从宏大到细小的全部乾坤；这样的日记在旁人看来多少有些奇特，然而却是理解卡夫卡所有作品的一把钥匙，也是理解这些布拉格作家的关键所在：当战争给欧洲这片土地带来了前所未有的灾害和苦难，危机之中的人们仍然过着自己的日常生活。那些伟大的革命理想、真理的至高无上，给人带来狂热，令人头脑发昏。卡夫卡则用最平实的语言和最简洁的方式写下自己的看法：和平的生活和一张安静的床是人生在世的最后凭借。另一位捷克作家伏契克(*Julius Fučík*)在《绞刑架下的报告》中谈到，有一次要被带去审查，当自己从与世隔绝的监狱世界里跨出，然后穿过城市时，眼前所见的情景让他感动万分：“那是在美丽的六月里，空气中弥漫着菩提树和迟开的槐花的芳香。那是一个星期天的傍晚。通到电车终点站的公路上，挤满了郊游归来的川流不息的人群。他们喧闹、嘻笑，被阳光、水和情人的拥抱弄得幸福而疲倦。尽管死神时刻萦绕在他们身旁，捕捉着新的牺牲者，可是从他们脸上是看不出来的。他们一群一群地聚在一起，像兔子一样活泼可爱。真像一些兔子啊！你可以随心所欲地从它们当中抓出一个人来，那其余的就会退缩到一个角落里去，但过不了多久，它们又会继续带着自己的忧虑，带着自己的快乐，带着它们对生活的全部愿望奔忙起来。……这就是生命。我在这儿见到的生命，归根结底同我们在监狱里的生命是一样的，同样是在可怕的压力之下但是不可摧毁的生命。人家在一个地方把它窒息和消灭，它却在几百个地方冒出新芽来，它比死亡更加顽强。”在绅士咖啡馆，布拉格作家们暂时得到了安宁。对霍特来说，绅士咖啡馆称得上是他的心灵寓所。这个作家的灵魂跟着自己的身体在欧洲各国的旅店里漂泊一生，然而一来到绅士咖啡馆，他的内心就会变得平静无澜。他喜欢在离绅士咖啡馆不远的一家旅店里住下，起床之后可以走到这里来吃上一顿早餐；然后就在这里坐着不走，直到晚上咖啡馆打烊。在这里，霍特拆阅从各处寄到这里给他的信件，然后一一回复；还能翻阅欧洲的各大报纸，或者与三五个好友放松交谈；当然，最主要的还是写作。而另一位作家凡尔法的声誉不但来自于他文学上的才华，更来自他的交际花夫人“阿尔玛”。这位夫人有着令人屏息的美貌和出众的气质，并以此征服了无数绅士们的心。马勒、画家考考斯卡等人都曾拜倒在她的石榴裙下。而她更为吸引人之处则在于，她拥有全城最引人瞩目和令人羡慕的沙龙，聚集了维也纳的许多名流和文化圈中的才子。但是，这位嗜好咖啡的作家凡尔法还是改不了自己的旧习，他仍喜欢流连在绅士咖啡馆里，在此一边喝咖啡一边与好友闲聊。或许，某一个新的想法就在啜饮和交谈之间于脑海中浮现。与沙龙相比，咖啡馆的气氛更加自由开放、不造作，与作家的脾气秉性更为切合。正如茨威格所说的：“咖啡馆是一个真正民主的俱乐部，谁只要花一杯便宜的咖啡钱，就

可以坐在这里几个小时，阅读平时很昂贵的报刊，查阅各种百科全书和词典，工作、写作，或者跟同行交流。毫无麻烦和窘迫地认识自己领域里的拔尖人物，以及最新的思想……”然而，来咖啡馆的人中，功成名就的毕竟是少数，绝大多数还是许多空怀才华而不遇的文学青年。羞涩的钱囊往往让他们连一杯咖啡的钱都不能给足。但他们依旧是咖啡馆中的常客，其原因在于：咖啡馆中有免费的报纸可阅、也常聚集着编辑，这让他们最大限度地接近文学圈；咖啡馆的装饰尽管不甚奢华，但至少比他们租住的居室要强过百倍，而充裕的暖气供应让他们可以捱过漫长的冬季；再则，咖啡馆中民主自由的风气也正是这些热血的青年们所追求的氛围。而至于咖啡钱资，倒不必担心。因为咖啡馆可以给穷作家们赊账，咖啡馆里的另外一些手头宽裕的客人或者是咖啡馆的招待偶尔会解囊相助。然而更多的资助则是来自绅士咖啡馆的后院，这里常年聚集着维也纳金融界和实业界的阔绰牌迷们。这些大亨也是犹太人，他们经常愿意帮助这些穷文人，在无形中形成了一个“赞助俱乐部”。比如，维也纳至今仍在运作的“穆齐尔文学基金会”，它之所以得以成立，乃是源于作家罗伯特·穆齐尔(*Robert Musil*)。正当作家在创作《没有个性的人》的过程中，生活的贫困让他无以为继，创作几度面临中断。穆齐尔的作家朋友们虽然都不富裕，但仍向他伸出援手。然而，这样的资助毕竟有限。最后，还是由绅士咖啡馆后院的一对热心艺术的犹太银行家夫妇出面。为了让作家能够安心写作，银行家夫妇奔走联络，最后募得一笔不菲的资金，为作家成立了一个基金会，名为“穆齐尔文学基金会”。穆齐尔伟大不朽的文学作品终于问世了，这部杰作堪称西方现代文学的里程碑。如今的“穆齐尔基金会”依旧以支持年轻作家为宗旨，为维也纳文坛做出了不朽的贡献。但并非所有来咖啡馆的作家都能像穆齐尔这样好运。乞丐诗人克尔茨纳维基斯(*Krzyzanowsky*)在移居绅士咖啡馆之前，也曾是中央咖啡馆的常客。但是他在咖啡馆所消费的一切账单都由他的朋友们来支付。尽管后来到了绅士咖啡馆，但克尔茨纳维基斯有时候还是会去中央咖啡馆看看，找留守那里的熟人朋友聊聊天。由于经常两边奔跑，如果一天不出现恐怕是到另一家咖啡馆去了呢；再加上，几乎没有人知道他的确切住址——直到有一天，两边的人都发现克尔茨纳维基斯好像已经很久都未露面了，这时大家才担心起来。几经周折之后，克尔茨纳维基斯的咖啡馆朋友们终于打听到他在贫民区的住址，于是他们一起找了过去。当与诗人合住的捷克小学徒打开房门，看见门口那些衣着不凡的访客时显得十分惊讶。寻访者从这位小学徒的口中得知，诗人因为不幸感染上严重的风寒，一连卧床几日，由于无钱买药，已经去世了。在他死之前的最后几个小时里，诗人还一直跟小学徒嚷嚷着要回中央咖啡馆和绅士咖啡馆看一看，说那是他最后的安慰了。但是小学徒以为这只是诗人在病中的胡言乱语，贫穷的诗人怎么可能终日在咖啡馆里，与那些文化名人们为友。当开门看见眼前的这些人时，小学徒相信了。就这样，在克尔茨纳维基斯的葬礼上，原本意见不合的中央咖啡馆和绅士咖啡馆的常客们首次站在一起，悼念他们共同的朋友。

从格林斯坦咖啡馆到中央咖啡馆，再到绅士咖啡馆，这三代作家咖啡馆在革命的热情和战火的燃烧之下，于不同的时代里一路承载着文学的命脉，令艺术的精髓薪火相传；这三代作家咖啡馆存在着一套自我支配的逻辑和运行的法则：它们是公正的，管你是贫是富，来者皆是客；它们是无私的，从客人到招待，不论是否相识，如果你囊中羞涩，自然有人帮你解围；它们尊重文学和艺术，也珍视人才；它们深知，一个社会不能穷到只剩下金钱，更需要文学和艺术的繁荣；如果说金钱短缺带来暂时的物质贫穷尚能克服的话，那么丧失了文学和艺术所导致的文化贫困才更加可怕。而现在，曾被推倒的格林斯坦咖啡馆已经复原，中央咖啡馆依旧留着百年前的牌匾，绅士咖啡馆的窗外春光明媚灿烂……在这里，所有的一切安静到仿佛都不曾改变：战争像是从未来过，十年、五十年、一百年的时间仿佛凝滞于此，那些深锁之眉、握笔之姿，那些笑语和欢声，近切得如同眼前这杯热气浮动的浓咖啡，可感可触。

一战之后的德国文学是印象主义的世界，而艾萨·拉丝克-舒勒(*Else Lasker Schüler*)是其中的杰出代表。艾萨是一位多才多艺的艺术家，她是女诗人、剧作家，也是画家。她生性敏感多情，崇尚个性，鼓吹自由；身为作家和艺术家，艾萨无疑是成功的；然而作为妻子和母亲，她的性格却导致了家庭的悲剧。这位女诗人创作的所有灵感，皆源自于自己的犹太人身分。艾萨的第一场婚姻持续了九年的时间，生有一子，然而因为个性不合，她与丈夫离婚了。离婚后不到半年的时间，艾萨在柏林的咖啡馆遇到了比自己小十岁的评论家瓦特·瓦尔登(*Herwarth Walden*)。两人一见钟情，迅速坠入情网。与法国的殉道者咖啡馆、莫米咖啡馆一样，德国柏林的狂想咖啡馆也曾一度聚集了大量的波西米亚艺术家。这家咖啡馆小小的，开在一幢房子的底楼。嗜好吸烟的艺术家们常在这里吞云吐雾，以至于房间矮小的墙壁上被熏上了一层层斑驳的印痕，上面倒挂着一些廉价的高脚杯；天花板也未能逃过一劫，上面日积月累了黑

骏骏的尘灰。店小人多，嘈杂不堪，里面的空气分外浑浊闷热。然而，恰恰是因为它房间的低矮、它劣质的石膏板吊顶、它的嘈杂闷热、它的狭小拥挤，使得来到这里的年轻艺术家们感到宾至如归。他们崇尚一种浪漫自由的氛围，觉得只有这样才令人舒适亲切；那些学院派风格的艺术画廊只会令人感到造作和拘谨，而冬天的家里则冷如寒窖，叫人一刻也待不下去。1899年，这个波西米亚风格十足的狂想咖啡馆(*Café Größenwahn*)举行了一场轰动的婚礼，女诗人艾萨和评论家瓦尔登结婚了！婚后，两人依旧以狂想咖啡馆为家，并在这里创建了一个艺术家协会，协会的成员包括俄罗斯画家康定斯基(*Kandinsky*)。康定斯基创作于1909年的第一幅抽象画作名为《即兴创作》，其灵感就源于自己在某个黎明时分，一脚跨出狂想咖啡馆的瞬间感悟。而艾萨人生中的第二次婚姻又以失败告终了：由于女诗人的性格过于刚硬，瓦尔登在1908年与她分道扬镳。1912年，时年四十三岁的女诗人遇到了二十六岁的小说家古特弗莱德·本恩(*Gottfried Benn*)。这个既年轻又富有才情的小说家点燃了艾萨心中似乎已经熄灭的浪漫火焰。在爱情的滋养下，女诗人灵思如泉涌，与小说家互通情诗，篇篇佳作。爱情得意的她，在生活上却是一贫如洗。终其一生，艾萨都过着十分拮据的生活。她的经济来源除了写诗之外别无进账，日常开销有时需要依靠朋友的接济。狂想咖啡馆的老板是个惜才之人，他想方设法地游说咖啡馆里一些经济宽裕的客人为穷艺术家们付账，也为那些富有才华却贫困潦倒的艺术家寻找固定的赞助人。有不少咖啡馆的客人欣赏某位作家或是艺术家，也乐意为他们付点咖啡钱资。但这些热心的人与老板达成协议，为了照顾艺术家的自尊心，要老板替他们永远保守这个秘密。所以，咖啡馆里的作家们从来不曾知道，究竟是哪一位客人替自己付了钱。然而这样的日子很快就不复存在了，狂想咖啡馆换了主人，新老板是一个彻头彻尾的商人，锱铢必较。他不仅将原先狭小的咖啡馆扩大了几倍之多，还装修一新，让原来那种波西米亚式的颓废感觉荡然无存；除此之外，他对无力付账的艺术家们更是毫不客气。1917年夏天的一个晚上，艾萨因为无钱付账被老板轰出了咖啡馆。性情刚烈的女诗人视之为奇耻大辱，她旋即写了一封公开信质问老板，信中说道："你也不好好想想，假如一位女诗人有钱消费的话，那么她还能成为女诗人吗？"这封信虽有一段无视贫穷的凛然傲骨，却仍旧打动不了商人的铜钱心。站在街心的艾萨瞬时变得茫然无措，她曾经可是咖啡馆皇后，而现在却被人赶了出来；此刻她无比怀念原来的老板，怀念过去的那些日子。恼羞成怒的艾萨于是号召同伴们不要再去这家咖啡馆，也恶狠狠地对新主人下了诅咒，诅咒他不得好死！1938年是德国犹太人的寒冬，纳粹政府开始迫害犹太人，艾萨被剥夺了国籍。流离失所的女诗人先后三次来到巴勒斯坦，寻找民族的根和自己的皈依。1944年，女诗人在饥寒的窘境中去世，她的棺木上被覆盖了橄榄枝，她的遗体被葬在耶路撒冷这个至今仍不太平的地方。

相比女诗人艾萨的不幸，爱尔兰作家王尔德可真是活得潇洒自在。风流倜傥的他奉行纨绔主义，并且也誓将它进行到底。王尔德是爱尔兰人，但却如吉普赛人那样天生喜欢流浪。他的足迹遍布英国伦敦，在那儿的咖啡馆里收获了一众崇拜者后，给他们留下了一个离去的潇洒背影；他到北非的阿尔及利亚，带作家纪德(*Charles Gide*)一起，度过了几天意义非凡的时光；他来到巴黎，人们在塞纳河左岸的各家咖啡馆里看见他如魂般飘荡……他也曾旅居瑞士、意大利。有人说，王尔德是个不折不扣的浪子。此话不假，不过更确切地说应该是：王尔德是一个带着使命的浪子，女人男人都会爱上他。可已经结婚育儿的他，所有的兴趣却都在男人的身上。根据萧伯纳(*George Bernard Shaw*)的回忆，王尔德的弟弟曾在法庭上为他辩解道："他并不是一个品德败

坏的家伙，不管在哪儿，你都可以把女人放心交给他。”谁知道这是不是萧伯纳因为嫉妒自己的这位同乡作家而杜撰出来的，但这句王尔德式的妙语也昭告人们：这家伙是因为同性恋被关进牢里去的！1891年，当三十七岁的王尔德在英国伦敦的皇家咖啡馆碰见二十一岁的艾尔佛瑞·道格拉斯勋爵(*Lord Alfred Douglas*)时，立刻为后者所深深吸引。年轻的勋爵有着一头卷曲的金发，碧蓝的眼睛纯净不染纤尘，叫人一下子有一种深陷其中的无力和绝望。王尔德向道格拉斯写去了一封热情洋溢的情书，他极尽华美之词，对这个天使般的美少年表达爱意：“……你玫瑰花瓣似的红唇塑得令音乐疯狂，更令亲吻疯狂，真是奇妙！你细嫩的金色灵魂踯躅于激情与诗歌之间。希腊时代的雅系托斯也不会像这般被爱神纠缠。”醉心爱情的王尔德此时还并不知道和道格拉斯勋爵的这场相遇是自己悲惨命运的开始。1895年1月30日，王尔德的剧作《理想丈夫》在伦敦首演，获得威尔斯亲王亲临现场的尊贵待遇。要知道，当时的王室成员鲜少在这类活动中露面。看过表演的威尔斯亲王对这部戏十分赞赏，他要求这出戏从头到尾每一句台词都修改不得。2月14日，王尔德最伟大的一出喜剧《不可儿戏》上演，这也是作家的最后一出戏。此时的王尔德，在事业上已经攀上高峰。就在演出后的第四天，也就是2月18日，道格拉斯勋爵的父亲昆斯伯瑞侯爵设下圈套，在王尔德的俱乐部留下一张卡片，上面写满了不堪入目的字眼。十天之后，王尔德收到这张卡片，并随即向法庭申请逮捕侯爵。然而事情就在这里发生了戏剧性的逆转：1895年4月6日，侯爵被审判无罪，而王尔德却被监禁，这一关就是两年时间。在狱中的王尔德对道格拉斯勋爵思念万分，监狱的管理每次只给这位情思满溢的作家一张可怜的纸片，所以作家的信总是一气呵成，毫无修改。尽管如此，这封名为《狱中书》的长信却堪称一篇优美的散文大作。1896年，王尔德的妻子前来探望丈夫，这也是夫妻俩最后一次见面。1897年，获释后的王尔德萌生了为两个孩子与妻子复合的想法，此时，老情人道格拉斯主动表示要与王尔德重修旧好。最后，王尔德的抉择是放弃孩子，与道格拉斯在一起。于是，在法国居住了一段时间之后，两人又同去意大利游玩；几个月后，王尔德和道格拉斯再度分手。1899年，王尔德的妻子在等待的伤心和绝望中离世，他的两个儿子最后也只能隐姓埋名地过活。1900年11月30日，王尔德病死于巴黎的阿尔萨斯旅馆，一开始被葬在巴尼厄公墓；直到1909年，作家的遗体才被移到巴黎的拉雪兹神父国家公墓。在那里，王尔德长眠至今。在这方墓地上有一座小小的狮身人面像，是根据王尔德的诗集《斯芬克斯》中的描绘雕刻而成的，而墓碑的基座上则

满是吻痕。诺贝尔文学奖得主、著名作家纪德回忆了他与王尔德相识的感受。1891年的冬天，年方二十二岁的纪德第一次见到了三十七岁的王尔德，王尔德唯美的谈吐和巧妙的话语让纪德手足无措，他感到自己“像是失去了童贞”。1985年，在北非阿尔及利亚首都阿尔及尔的一家咖啡馆里，两人再度相遇。纪德回忆道，那一天，一个令人惊叹的美少年走到桌子前面为他们吹长笛，随后，另一个端咖啡的男童仆也加入了演奏：“那男孩的眼睛又黑又大，有一种抽印度大麻者的慵懒倦怠；他的肤色像是橄榄；我称赞他修长的手指，少年瘦颀的身材、白色短裤外细长的双腿……”走出咖啡馆后，王尔德在纪德的耳边轻声问道：“你喜欢那个小乐手吗？”纪德点了点头。第二天，王尔德便带他来到一间位于热闹街区的两室公寓里。没过多久，一个陌生人带进两个少年，他们的脸隐在斗篷里。纪德的心一直狂跳，他隐约觉得有什么事情要发生：“我非常兴奋，并没有感觉到良心的不安，也没有任何后悔。当我赤裸的双臂紧紧拥抱这个美少年时，我该如何形容当时狂喜的感觉——如此狂野、如此热烈、如此淫荡？”这个被纪德拥抱着的美少年就是那天吹长笛的男孩儿，而跟着王尔德到房间里去的是另一个男童仆。王尔德结束了牢狱之灾后便离开伦敦移居巴黎。“在巴黎，只要他一来，他的名字就口口相传；人们传咏着几个荒诞的传闻。王尔德还是一个吸全过滤嘴香烟的人，他在街上散步时，手里拿着一朵葵花，因为他对欺骗上流社会的人很在行，他懂得如何在他真正的人格外面罩上一层有趣的幻影，他扮演得有声有色。”他时常在纪德的陪伴下去花神(*Café de Flore*)喝咖啡。一次，王尔德跟纪德说：“你去告诉老板别再收我们的钱了。我会让这间咖啡馆名声大震。”到后来，老板实在是怕了王尔德，一看到他来，就从后门悄悄溜走。王尔德在花神写作自己的回忆录《我的死去了的回忆》，这本书在他去世之前出版了，轰动一时。书的结尾之处，王尔德还特意注明这本书写于蒙巴纳斯的花神咖啡馆。就这样，沾了王尔德的光，花神成为全巴黎见报率最高的一家咖啡馆。那个一直躲着王尔德的咖啡馆老板这才想起，这个以前每天都来这里写字的作家原来就是王尔德，而他确实已经失踪好久了。一百多年来，奥斯卡·王尔德以他的才情倾倒众生，他影响了中国现代戏剧的创作，于是有了丁西林等人笔下那些巧舌善言的君子和淑女们。作家博尔赫斯(*Jorge Luis Borges*)在提到王尔德时曾经说道：“千年文学产生了远比王尔德复杂或更有想象力的作者，但没有一个人比他更有魅力。无论是随意交谈还是和朋友相处，无论是在幸福的年月还是深处逆境，王尔德同样富有魅力。他留下的一行行文字至今深深吸引着我们。”

的确，王尔德喜爱玩弄概念，善于用悖论揭示真理，他专门挑伦敦上流社会客厅里那些细皮嫩肉的男人女人们下口。王尔德说男人是“越变越老，绝不会越变越好”，说起女人来他也毫不客气，“昨晚她胭脂擦得太多而衣服又穿得太少，这在女人向来是绝望的表示”。恋爱和婚姻也是他的话语题材，“恋爱总是以自欺开始，以欺人告终”，“男人结婚是因为疲倦，女人结婚是因为好奇”，“女人再嫁是因为讨厌原来的丈夫，男人再娶是因为太爱原来的妻子”，“女人的一生是沿着情感的曲线旋转，而男人的一生是沿着理智的直线前进的”。而他最为人熟知的一句话可能就是：“如今是这样的时代，读得太多而没时间欣赏，写得太多而没时间思想。”这就是王尔德话语中的Paradox艺术，不知是翻译成“似是而非”好呢，还是翻译成“似非而是”更妙。不论如何，天才的王尔德这些连珠般的妙语隽言装点了这个世界，也如他自己所言：才，所以装点世界；情，所以粉饰乾坤。

在俄罗斯的诗歌史上，有一段重要的咖啡馆时期，时间大约在十月革命之后。人们对俄罗斯民族厚重沉朴的性格印象也许很多都来自于托尔斯泰(*Lev Tolstoy*)的大部头巨作，沉甸甸地看不到结尾，叫人没有将它们读完的勇气。然而，这片荒凉寒冷的土地上培育出来的作家和诗人，在咖啡馆里竟然也有许多让人意想不到的行为作派。十月革命后的俄罗斯出版界一片凄风苦雨。随着出版社的锐减，纸张像生活用品那样奇货可居。这时，文学咖啡馆便应运而生了。这些咖啡馆成为年高望重的和初出茅庐的作家、著名的和不那么著名的文人、热心写作又难以出版的诗人们朗诵发表自己作品的场所。因此，俄罗斯的文学咖啡馆与其他地方咖啡馆的不同之处就在于，俄罗斯的文学咖啡馆里总是有一个或大或小的舞台，在十月革命之前是给人们消遣休闲之用，而革命后则用来给诗人们发表作品。1915年，星占家咖啡馆对作家、演员、画家和普通观众而言极具吸引力。这家位于莫伊卡河与马尔索沃广场之间拐角处的咖啡馆，又名“演员休憩地”，因为有诸如勃洛克(*Blok*)、马雅可夫斯基、高尔基(*Maksim Gorky*)等名作家的到来，又因为常常举办作品朗诵会而成为人们喜欢光顾的地方。在莫斯科纳斯塔辛基斯小巷1幢52号的地址上，原来是一家洗衣房，后来在马雅可夫斯基、卡缅斯基(*Каменский Василий Васильевич*)的组织下变成一家咖啡馆，成为俄国未来派活动的阵地。尽管这家咖啡馆在营业了短短几个月之后就宣布停业，在当时它还是产生了一定的影响。在《杰出的目击者》中，舍尔舍涅维奇(*Shershenevich*)回忆道：“……

在简陋的小屋里开起充满活力的咖啡馆。聚集在那里的不仅有诗人，还有刚从前线回来的战士、政委、集团军司令员……那里有马雅可夫斯基和卡缅斯基在高声朗诵。那里还有尚未侨居国外的布尔柳克在表演。小巷里不时地传来枪声，但屋内依然生意盎然……在这家咖啡馆里诞生了新一代的诗人，他们往往还不会合格地书写，但却会合格地朗读和生活，声音显得比拼写更为重要。”此后，莫斯科的文学咖啡馆纷纷开张：位于库兹涅兹克桥5号的红公鸡咖啡酒吧、阿尔巴特街7号的文学公馆俱乐部都曾是新派诗人开设讲座和朗诵作品的地方，后来则成为福雷格尔的马斯特福尔剧场；特维尔街13号的天马之厩文学咖啡馆由“自由思想家协会”主办，其成员全是意象派诗人，如叶赛宁(*Serger Yessenin*)、马里延戈夫(*Marienhof*)、舍尔舍涅维奇等，革命前，这儿原本是演员们的天下。

1919年1月至1925年，罗伊兹曼父子在特维尔街18号开办多米诺咖啡馆，这家咖啡馆后来成为全俄诗人协会俱乐部。因为，在这里聚集了俄国各个流派的诗人：意象派、未来派、阿克梅派、离心机派、折衷派、新浪漫派、帕尔纳斯派、什么也不是派……统统在此。多米诺咖啡馆由两个大厅和一个小房间组成；在小房间的门上贴着一张纸，纸上面写着“全俄诗协主席团”；两个大厅里面则摆着许多小桌子，桌子上面统一都盖着一块玻璃板，每块玻璃板下面均压着一大张橙黄色的纸，用来给诗人们把自己的诗稿放在这些纸上面，而画家们则放一些自己的图画，如漫画、幽默肖像画什么的，然后再把玻璃板盖回去，压住他们的得意之作。这样一来，多米诺咖啡馆就好像一年到头不断地在举办着诗歌和图画展览，足以让人一饱眼福。两个大厅的墙壁和天花板上是用油画颜料写着的卡缅斯基的诗句——这些都是画家安年科夫(*Dmitri Annenkov*)的主意。尤其是在第一个大厅如雪一样白的天花板上，几个巨大的俄文字母好像快要从天花板上掉下来似的，让每个刚走进咖啡馆的人一眼就看到；它们也似乎在拉直着嗓门朝客人们吼叫：

让我们记住太阳斯坚卡，
我们是斯坚卡、斯坚卡的骨肉！
趁着链锤发烫，赶快敲打，
让我们的青春放声高歌！！！

这些咖啡馆的来客们经常不是故意把卡缅斯基诗歌中的韵脚搞错了重音，就是把这些诗歌念得震天响，好像广大的诗人和群众都是聋子似的。而当这些诗歌的作者卡缅斯基终于露面时，这种故意念错重音的朗诵显得更加起劲了。显然，这种故意为之的特殊朗诵实在是别有用心，他们是为了挖苦诗人，对他进行人身攻击。可是，被马雅可夫斯基称为“全俄未来主义运动的妈妈”的卡缅斯基对此却一笑置之。没过多久，他就编了一首诗来回应这些人：“我们活到四十岁还是些孩子……”作为多米诺咖啡馆的设计师，画家安年科夫除了在大花板刷上卡缅斯基的诗句之外，还对舞台效果进行了一番特殊的布置：比如，在第一个大厅的墙上挂起一个空鸟笼，再在鸟笼旁边挂起卡缅斯基的一条黑色旧裤子；如逢演出，则还会根据具体的需求，定制一幅色彩极为鲜艳的幕布。幕布的色调由亮绿和鲜红这两种颜色的条纹错落组成，互为映衬；在幕布上面还贴着许许多多几何图形，它们大多稀奇古怪，像噪音一样叫人起一身的鸡皮疙瘩。可就是这块让人不那么愉悦的幕布，对诗人们的演出来说却具有十分重要的意义。这样的装潢让多米诺咖啡馆毫无美感可言，更确切地说，是一种怪诞和粗俗的风格；但它与诗人们的演出风格则完全合拍。与画家安年科夫的设计相帮衬的是卡缅斯基，他不但是“全俄未来主义运动的妈妈”，也是干出这种怪诞不已的事情的行家。

演出开始了，贴满几何图形的彩色幕布徐徐拉开，舞台上耸立着的一座塔呈现在观众们的眼前。这座塔的造型像一个金字塔被截去了尖顶，塔的最上端就有了一个小平台，平台往下通着几级台阶。诗人卡缅斯基就这样慢慢地、慢慢地拾级而上，终于到了平台上。于是，他坐了下来。这个坐下的动作带着某种若有所思的意味，许久，坐在塔顶上的卡缅斯基不吭一声，接着他抽起了想象中的烟斗。全场静默。大家都伸长了脖子想看看清楚接下来究竟会发生什么，可是舞台上的诗人对观众们的急切却是一种麻木不仁的态度，他依然一动不动地坐着。终于，静默被急性子的观众们不耐烦的轻微骚动给打破了。“俄罗斯未来主义的妈妈”、我们的诗人终于开始慢慢地、慢慢地晃动起他的身子，摇晃了一会儿之后，再慢慢地、慢慢地用他最大可能的、低沉的声音庄重地朗诵道：“沙皇政权在俄罗斯已经完蛋/它已滚进第十八层地狱深渊。”

然后他把自己的嗓音从低音区里解放出来之后，又一下子把它送到最高的音区，响声也越来越大：“而今要由未来主义君临天下/卡缅斯基，布尔柳克主宰一切！”

这两句诗被卡缅斯基念得又尖又响，在“未来主义”这个词上，诗人还特地加强重音、拖长音调，使观众们听上去的感觉就像看着幕布上的几何图形那样奇怪。在接下来的两三个月时间里，几乎每一个晚上，卡缅斯基都要在多米诺咖啡馆的这个舞台上为观众们演出；久而久之，观众们就能把这位著名的未来派诗人的句子背得滚瓜烂熟。再后来，台上全身心投入的诗人和台下能把诗句倒背如流的观众一起，拿腔拿调地朗诵起来。卡缅斯基完全沉醉在这种融洽的演出氛围中了，他恨不能在这样自我表现的狂热里燃烧自己，也想用一把熊熊烈火来点燃别的诗人，尤其是一些年轻的诗人。一天晚上，卡缅斯基召集了二三十名年轻的诗人们聚集在多米诺咖啡馆的第二大厅里开会。会上，他滔滔不绝地大发宏论：“同志们，要学习表演。你们根本不会表演，同志们。你们把诗念得懒懒散散，嘟嘟哝哝，有气无力，这只会引起观众的反感。舞台就是舞台。当然，你们具有很大的潜力，但是缺少表演的实践。要学习表演，同志们。实践是必不可少的。我能在舞台上应付自如，那也不是一蹴而就的。我已经演了整整十年啦。要学习，要学习，同志们！又一次，我在第比利斯一家杂技场里朗诵诗歌。真的，在杂技场里。我骑着马。就是说不是骑在马上，而是站在马鞍上，像个真正的马戏演员似的，一面朗诵诗歌。而此时，那匹马正绕着杂技场跑步。你们想想看，当我朗诵到最后时，马儿竟然快步飞奔起来！”讲着讲着，卡缅斯基的那双浅蓝色的眼睛居然开始闪闪发光，他的双腿站立在想象出来的马鞍之上，他的双手做出马戏演员站在马背上飞驰的姿势。然后，他把自己的两手伸向空间，做出一种力图保持身体平衡的动作，让自己看起来像一个真正的骑手；可在旁人眼里，他无疑是一个狂热的表演家。

多米诺咖啡馆最坚定忠实的客人是诗人赫列勃尼科夫·韦利米尔(*Хлебников Велимир*)，在去世之前的两三年时间里，不论冬夏，几乎每一天，他都要到咖啡馆里来。不管什么时候看到赫列勃尼科夫，他都是穿着一件皮大衣，戴着帽子，因为他从来不脱下它们。这件大衣是羊皮的，青灰色的面料，已经磨损得厉害，看上去挺重，但不是他的。咖啡馆的人们经常猜测这件大衣的年纪，虽然没能达成一致的数字，但大部分人都觉得这件大衣属于19世纪末，还有可能是18世纪中叶的老古董。诗人的脸色同这件皮大衣十分相配，都是灰白中透着一阵阵的青。穿着大衣戴着帽子的赫列勃尼科夫的习惯是默默地推开咖啡馆的门，走进第二个大厅，走到靠窗的小桌子旁边坐下。就这么一个人坐着，永远如此，也不跟旁人说话。他的目光穿过窗子，投向非常

NOS SPECIALITE
BRUXELLOISE
TARTINE 190
TARTINE FROM.BLAN

遥远的地方，这让他对周围的一切事物和人都视而不见，漠不关心，好像与他无关。这样的冷漠不是利己主义的冷漠，而是超脱了现实生活中所有的事物和人、全身心地沉浸在思索和幻想世界中的冷漠，是一个诗人和哲学家全神贯注的时候会不由自主地产生出的冷漠。当侍应生走过来给他端来午餐，他也不声不响，只是默默地接过盘子，开始吃东西。他从来不付钱，也没有人找他要过钱。因为，根据全俄诗人协会主席团的决议，他们会向十到十五位贫困的诗人提供免费午餐，这些费用由协会承担。咖啡馆里没有人知道诗人的年龄，因为他从不与人交流，而他这张脸乍一看去很难判断其年龄。他似乎已经有些年纪了，可是再仔细看看他的外表，人们总觉得自己估算得有点少，于是就把他的年龄再往上加一倍。赫列勃尼科夫曾经写过一首诗，诗歌中有这样的句子：

于是在某种相应的画幅上，
有张活生生的脸，超脱了距离。

如果把他的这句诗稍作改动，则可以用来形容诗人自己：他这张白如死灰的活生生的脸，已经超脱了时间。除了年龄神秘之外，赫列勃尼科夫的嗓音也神秘。他总是在黄昏的时候沉默不语地坐在咖啡馆那张固定的小桌子旁边，从来没有人听过他开口说话时的声音是什么样的。他刚到咖啡馆的那会儿，有几个诗人还会在经过小桌子的时候，往他那里投去好奇的眼光；可是，这样的求知火苗被赫列勃尼科夫永远一动不动的冷漠给浇灭了。过了几个星期之后，大家对他的态度便冷了下来。一群群的诗人、画家、音乐家和演员从他身旁走过，谁也没有多留意他一眼，好像这只是一张空椅子。终于有一天，人们有了聆听赫列勃尼科夫嗓音的机会。诗协要在多米诺咖啡馆为赫列勃尼科夫举办一次诗歌朗诵会了！筹备工作紧锣密鼓地进行着：先是咖啡馆的门口挂出了手绘的海报，接着门边设了一个售票点，舞台也布置妥当。演出开始了，不知何时就已经出现在舞台上的赫列勃尼科夫，一如既往地披着他那件沉重的皮大衣，却没有戴帽子——人们终于看见他头发的颜色，观众席上传来一声“哦”的惊叹。他坐在舞台上的一张小桌子旁，和平时一样，只不过是换了一个地方继续思考。小桌子上，摊满了一大堆的手稿，他的手上还拿着几张。他一边浏览这些准备朗诵的诗句，一边宣布诗歌晚会开始。起初，赫列勃尼科夫还念得比较响，从未听过他声音

的人们被一种新鲜感给吸引住了；可是，随着他的嗓音越来越低，有些地方开始听不清楚，很多句子没办法弄懂；到了最后，舞台上只剩下悄声细语和模糊不清的嘟哝。才几分钟的时间，诗人又陷入了自己的思索中，完全把台下的观众给忘得一干二净。他翻弄着桌子上的一堆诗稿，把这些稿纸翻得一团糟糕，到后来连自己都理不清楚头绪了。手忙脚乱的诗人只好随意从这些纸片中抽出一张，对着它喃喃呓语起来。坐在台下欣赏朗诵的观众们几乎都是诗人，尽管这些人平日里总是高喊着要以诗歌为神圣事业，然而此时他们还是毫不犹豫，一个接着一个，悄悄地离开了演出大厅。整个大厅顿时空荡荡的，只剩下三个人还留在原位。这三个人中，有两个是诗人赫列勃尼科夫的狂热崇拜者，还有一个是诗人协会主席团的值班人员，他是为了履行职责而不得不留在大厅里。赫列勃尼科夫的首演就这样宣告失败。大概又过了一两个月，主席团还是决定再为诗人赫列勃尼科夫举办一次朗诵晚会，他们觉得诗人在首演时也许是因为太过紧张而发挥失常了。可事实证明，第二次晚会和第一次晚会同样不受欢迎：还不到十分钟的时间，大厅里就已经空无一人了。从此以后，人们便再也不去打扰诗人了；只有主席团每隔一段时间还会提起他——在每月初登记享受免费午餐的诗人名单和每个季度末出版诗协的诗歌合集时，“赫列勃尼科夫”的大名会在诗协办公室的小房间里响起。

在多米诺咖啡馆里，另一个引人注目的人是作家马雅可夫斯基。虽然他总是一个人来，而且大多在晚上八九点，往往待上两三个小时便离开，但是人们对他总是尊重有加。多米诺咖啡馆的夜晚可以划分为早夜市和晚夜市。早夜市一般在天黑之后到十一点，这段时间里，咖啡馆通常会举行一些比较严肃的学院性质的活动，比如：由评论家阿勃拉莫维奇或者利沃夫-罗加切夫斯基来作文学方面的报告，或是别的教授在舞台上朗诵译成俄语的古希腊悲剧，要么就是由安德烈·别雷(*Андрей Белый*)登台阐述有关艺术的想法。而过了十一点，有时是过了半夜，多米诺咖啡馆一下子就脱掉严肃庄重的黑袍，开始了喧闹的夜生活。不管笑话是如何诙谐风趣，人们都觉得不够，不管玩笑是如何出格离奇，他们也都不觉得过分。要是这一晚的演出非常古怪离奇，荒诞不经，这些夜间的客人们也只是皱一皱眉头，装出一副见怪不怪的样子，好像在他们看来一切都很平淡无奇。而马雅可夫斯基总是待在咖啡馆的第二大厅里，坐在盖着玻璃板的小桌子边上，静静地听诗人们交谈。来此欢聚的诗人们非常多，有时候，一张小桌子旁边会坐上五十个或是上百个诗人。马雅可夫斯基在兴致好的时候会点一杯咖啡来喝，有时候则什么也不喝，光听着。那时候，诗人们总喜欢玩一些游戏，这些游戏大多与文学相关，其中最受他们喜爱的一个文学游戏就是猜测某一段诗歌的作者和出处。在座的诗歌行家们往往从古今诗歌中挑一些最罕见、最难猜的作品片段，然后故意拖长了音调，用奇怪的方式将诗歌念出来，这样就增加了猜测的难度。当一首18世纪的诗歌被一种现代的怪异方式朗诵出来时，它就会变得面目全非，尤其在猜测普希金的诗作时，更是洋相百出！在座的诗人们卯足了劲儿，洗耳恭听拖长声调版的某一段诗作，然后面面相觑，竟然没有一个人认出这是普希金的作品。咖啡馆里爆发出一阵哄堂大笑。但是，这种文学游戏马雅可夫斯基并不参加，光是默默地坐着，局外人一样地看其他诗人们笑得红了脸。有一些时候，看到大家谈兴正浓，他也会突然来了兴趣，跟大家讲讲自己的见闻，大多是有关他在莫斯科的朗诵演出，或者在各苏维埃共和国漫游时同行的旅伴等等。有一次，他向咖啡馆的诗人们提起同伊戈尔·谢韦里亚宁一起到外地游览的情景。在说了一些旅途见闻之后，马雅可夫斯基为他的故事下了一个结语："当我同伊戈尔·谢韦里亚宁一起乘车抵达哈尔科夫时，才发现他原来是那么蠢……"除此之外，马雅可夫斯基有过几次舞台表演，朗诵的诗作篇目是他写于1919年到1920年之间的长诗《一亿五千万》的片断。为了让观众们了解这首长诗的韵律变化，在朗诵的时候，马雅可夫斯基一边用脚尖打着节拍，一边挥动着双手，身体还有规律地往左往右地摆动着。他从容不迫的手势和摇晃的身体让他看上去就像一个音乐指挥家，指挥着眼前数量众多的俄文字母，让它们排列整齐，发出美好动人的音节，构成内涵丰富的意义。这样的热情在马雅可夫斯基的身上并不多见，到了诗歌的高潮部分，他整个人都变得慷慨激昂起来，双眼炯炯有神，好像有两团小火苗在热烈地燃烧，两边的脸颊也因为充血泛出红晕。诗人的热情感染了台下的观众，所有人都变得心潮澎湃起来。

在十月革命后的那一段时间里，由罗伊兹曼父子经营的多米诺咖啡馆确实是诗人们的乐园。在这里，他们畅谈俄国的局势、文学的理想、诗歌的韵律……来到这里的诗人们说："只要到了十八号，准能痛快乐一乐。"而另外一首写给这家咖啡馆的即兴小诗《"多米诺"咖啡馆》，也颇能反映出诗人们对"多米诺"的特殊感情：

不是军事统帅，不是舰队司令，
没有转战疆场，所向披靡，
我在这儿觉得自己
不过是小人国的首领，
是胡子齐胸的亚伯拉罕，
放牧着自己的羊群，
领向树荫和淙淙的清泉，
在死海边的草地……
尽管这一大群小羊
不爱用咩咩的叫声，
却用带刺的诗句来

迎接勤劳的牧人。
但讽刺的格言、警句
再尖刻、俏皮，
又怎会使亚伯拉罕伤神？
他是所有羊群的父亲——
不管穿的是无产者的短上衣，
还是外套和马裤，
一旦被诗神领进罗伊兹曼爸爸的咖啡馆，
就都是自己人。

20世纪30年代，当苏联的文学界正风声鹤唳时，作为殖民城市的中国上海却是十里洋场，一片歌舞升平。这个苦难深重的国家已经遭受了内外战争近百年的蹂躏，乡土中国背负着沉重的历史，在西方现代化的电光声影里挣扎着羸弱的身躯。茅盾在他著名的小说《子夜》的开头如是写道："太阳刚刚下了地平线。软风一阵一阵地吹上人面，怪痒痒的。暮霭挟着薄雾笼罩了外白渡桥的高耸的钢架，电车驶过时，这钢架下横空架挂的电车线时时爆发出几朵碧绿的火花。从桥上向东望，可以看见浦东的洋栈像巨大的怪兽，蹲在暝色中，闪着千百只小眼睛似的灯火向西望。叫人猛一惊的，是高高地撞在一所洋房顶上而且异常庞大的NEON电管广告，射出火一样的赤光和青磷似的绿焰：LIGHT,HEAT,POWER！"——这就是1930年代的上海，它霓虹四射、光怪陆离；它夜夜笙歌、舞姿翩跹；它是国际大都会，人们口中的"东方巴黎"；它是另类传奇，一个与乡土中国格格不入的现代世界。海派文人张若谷曾经留学法国，在法兰西的所见所学皆成为其自由主义思想的来源。在《咖啡》一文中，张若谷推崇咖啡馆为现代都会生活的象征，他不无遗憾地感喟堂堂十里洋场大上海，居然没有一家中国人开的文艺咖啡馆。他自己常去的是霞飞路俄国人开的一家巴尔干咖啡店，在那里，他常和田汉、傅彦长、朱应鹏等人一道喝着咖啡说说笑笑，谈文学艺术、时事要人，乃至民族世界。作家们十分享受这种惬意的中产阶级都市生活，在张若谷的另一篇文章《忒珈钦谷》中，他速写了自己独坐咖啡馆时欣赏到的街边即景："坐在那里真觉得有趣的很，一只小方正行的桌子，上面摊着一方细小平贴的白布，一只小瓷窑瓶，插了两三支鲜艳馥香的花卉，从银制的器皿上的光彩中，隐约映现出旁座男

女的玉容绰影，窗外走过三五成群的青年男女，一队队在水门汀街沿上走过，这是每夜黄昏在霞飞路上常可看见的散步者，在上海就只有这一条马路上，夹道绿树荫里，有各种中上流的伴侣们，朋友们，家族们，他们中间有法国人、俄国人，也有不少的中国人，男的不戴帽子，女的也披着散乱的秀发，在这附近一带徘徊散步……听不见车马的喧嚣，小贩的叫喊，又呼吸不到尘埃臭气，只有细微的风扇旋舞声，金属匙叉偶触磁杯的震声与一二句从楼上送下的钢琴乐音……我一个人沉静地坐在这座要道口的咖啡店窗里，顾盼路上的都会男女，心灵上很觉得有无上的趣味快感……”而剧作家田汉不仅要独享咖啡馆里的馨香氛围，更喜欢以自己的经营之道，为顾客带去清谈小饮的乐趣。在他的发起和创办下，附带精美咖啡店的难过书店开张了。田汉在书店上花去了不少的精力，他要“训练懂文学趣味的女侍，使顾客既得好书，复得清谈小饮之乐”。这样的书店、咖啡店再加上颇有文化修养的传统中国女性，真叫人赏心悦目。1928年8月8日，在《申报》副刊上刊登了一则咖啡馆的广告，广告上写道：“发现了我们所理想的乐园……在那里遇见了我们今日文艺界上的名人龚冰庐、鲁迅、郁达夫等，并且认识了孟超、潘汉年、叶灵凤等，他们有的在那里高谈着他们的主张，有的在那里默默沉思……”这家咖啡馆就是位于四川北路上的“上海咖啡”。鲁迅随后就发文表示自己从未到过这类咖啡店，至多只在咖啡店的后门远处彷徨彷徨，而未曾进去高谈阔论。没去过，也不想去——这便是鲁迅的态度。在《革命咖啡店》里，鲁迅写道：“我是不喝咖啡的……不喜欢，还是绿茶好。……马克思的《资本论》、陀思妥耶夫斯基的《罪与罚》，都不是啜末加咖啡，吸埃及卷烟之后写的。”“无暇享受这样乐园的清福”的鲁迅又抛出一句名言说：“哪里有天才，我是把别人喝咖啡的工夫都用在写作上的。”可不久之后，鲁迅就常常进出公啡咖啡馆，成为那里的座上客了。这家咖啡馆位于多伦路四川北路，离鲁迅山阴路的住所不远，是一个外国人开的。据作家郑伯奇的回忆，这个地方一般中国人不太去，而外国人对喝咖啡的人又不大注意，所以开会比较安全。于是，这家咖啡馆二楼一个可容十二三人的小房间就成为上海左翼文艺界召开秘密会议、约见进步人士的地方。1929年10月中旬，“左联”第一次筹备会议在公啡咖啡馆召开，鲁迅、夏衍、冯雪峰、柔石等人出席。此后，若有重大事情，左联人士就在此开会商议。1930年2月16日，“上海新文学运动者底讨论会”在公啡咖啡馆召开，《鲁迅日记》记载道：“午后同柔石、雪峰出街饮咖啡。”日本的尾崎秀树在《三十年代上海》这一本书里专门对上海的左翼文化进行了讨论，强调了公啡咖啡馆之于“左联”的意义所在。

如果说公啡咖啡馆是左翼文人的根据地，那么俄商复兴馆就是邵洵美、曹聚仁等文人颇爱光顾的地方；而叶灵风、施蛰存等人则更偏爱华盛顿咖啡馆。在这些咖啡馆里，常能见到一些行为做派已经西化的淑女，她们侃侃而谈的是政治和国民党，说到文艺更是信手拈来，末了再聊聊郁达夫、鲁迅、郭沫若、汪精卫、蒋介石等名人的二三事……上海的咖啡馆给新文学作家们和一些喜欢追赶时髦的先生小姐们带来了崭新的生活体验。传统的中国茶馆是市井生活的一个组成部分，那里充斥的是鼎沸的人声和家长里短的琐碎；与之不同，西式的咖啡馆为这些有闲的知识分子们带来布尔乔亚的惊喜，这里安静幽雅，携三五同好，落座窗边，饮茶或咖啡，谈一谈最新的俄文译作，翻翻最近一期的《申报》，从邻桌听见今晚电影院又将上演胡蝶的一部新片，遂趋之观影——在这个意义上，上海的咖啡馆为自古就缺乏公共空间的中国社会支起了一小片可供自由呼吸的空间，虽势单力薄却难能可贵。1921年，田汉以上海的咖啡店为背景在日本创作了独幕话剧《咖啡店之一夜》，这部话剧是最早抒发“咖啡馆情调”的新文学作品；平时独爱在咖啡馆里小饮的张若谷干脆以《咖啡座谈》作为散文集子的书名，真是应景；至丁林徽音的《花厅夫人》、温梓川的《咖啡店的侍女》，还有徐訏的《吉普赛的诱惑》，也纷纷写入上海的咖啡店。当新文学作家们纷纷以咖啡馆为主题进行创作时，那些固守传统的作家们也将咖啡与相思离愁、感时悲秋等中国文学中的传统意象联系在一起。早在清末，诗人毛元征便作《新艳诗》，写咖啡与牛奶伴侣调和后的味觉：“饮欢加非茶，忘却调牛乳。牛乳如欢谈，加非似侬苦。”当时咖啡的通行译法是“加非”，除此之外，居然还有“磕肥”的译法，真令人忍俊不禁。民国初年，鸳鸯蝴蝶派大家之一的周瘦鹃在《生查子》中也有“更啜苦加非，绝似相思味”这样的句子，来到中国的咖啡似乎也入乡随俗地带上了多愁善感的古典气质。诗人林庚白写下的那首词《浣溪纱·霞飞路咖啡座上》堪称绝妙，词云：“雨了残霞分外明，柏油路畔绿盈盈，往来长日汽车声。破睡咖啡无限意，坠香茉莉可怜生，夜归依旧一灯莹。”

艺术宫殿

当白昼渐渐收拢它的光晕，阳光以细小的步伐悄悄退去，暮色便降临到这个世界。此时的我们，就坐在巴黎塞纳河左岸一家露天的咖啡馆里，见证着黄昏时分自然的光景转换。四周有点点光斑移动，伸手想捕捉哪怕一个，却让它淘气地溜走，于是重新来过。在光与影交汇的时刻，天地之间的景物似乎被笼上了一层神秘的灵氛，许多美丽的意韵浮现眼前：晚风中塞纳河的微波轻摇，演奏着舒缓的小夜曲；远山和树林有着安详的暮色，而近处茅檐低小的农舍边上，草垛与黄昏同一个色调，暖人心房……当神秘的黑暗一点点吞噬光亮，自然中可见的部分在我们的眼前变得有限，然后越缩越小，直至成为一点，最后湮没无踪。这样的变化过程在缓慢中略带慵懒，却有一种执著坚定的快意，委实令人着魔。呵，原来这个天地间竟蕴藏着如此丰富的艺术珍品，等待着我们去一一鉴赏！的确，这个世界从不缺少美丽，它缺少的只是一双能发现美丽的眼睛。现实的尘世混沌不已，人们为生计日日奔忙；生活场毕竟是个竞争场，不管是谁，来过一遭都显得不那么容易，要学会保护自己。那么再见吧，孩童时的天真单纯，人总要在跌跌撞撞的成长中学着世故和圆滑；就这样，原本晶亮的双瞳被蒙上了层层黯淡，面对造物赐予的大美之景熟若无睹。可幸好，这世上还有艺术家，他们呼吸着混沌人世里的一片清纯灵气，把握着自然的淳美之境，恪守住一种至高的品位。若说艺术家是呼吸沉降皆萃取着天地灵秀的珍珠，那么咖啡馆则如蚌含珠，在天地间默默孵育着他们。在咖啡馆里，艺术家们尽情地交流思想、汲取灵感，在艺术氛围的滋养下成长；等到趣味大成，艺术的感觉就会以一种奇妙的方式与外界发生感应，从而就让艺术进入了另一种境界。

荷兰后印象派画家文森特·威廉·凡·高(*Vincent Willem van Gogh*)被誉为“伦勃朗之后荷兰最伟大的艺术家”。作为表现主义的先驱人物，凡·高的画作深深地影响了20世纪的艺术。这位天才画家的一生都是在贫困中度过的。他曾有过两次极不靠谱的单恋和一次短暂的同居生活，终生未娶；没有钱、没有爱、没有家，只有对创作的不竭激情：“为了它，我拿自己的生命去冒险；由于它，我的理智有一半崩溃了；不过这都没关系……”事实上，凡·高是一个自学成才的画家，他自小受到艺术的熏陶，喜欢伦勃朗(*Rembrandt Harmenszoon van Rijn*)和米勒(*Francois Millet*)，也爱读左拉(*Émile Zola*)；可以说，这些现实主义大师对凡·高的思想产生了重要的影响，使他早期的绘画作品以深沉厚重的写实风格见长。另一方面，他内心深处真正向往的是乡间的田园生活，故笔下所绘，是《吃土豆的人》《向日葵》《收获景象》等这些乡村之人、自然之景、农忙之事。1886年，33岁的凡·高离开荷兰，来到艺术之都巴黎，这里浓郁的艺术氛围让他如鱼得水，巴黎成为他绘画生涯的转折——正是在巴黎蒙马特高地的咖啡馆里，他认识了高更(*Paul Gauguin*)、修拉(*Georges Seurat*)、毕沙罗(*Camille Pissarro*)等人。在这些印象派画家的影响下，凡·高的画风发生了变化，画面渐渐变得明亮起来。如果非要说出凡·高爱的是什么，那么他唯一深爱的便是色彩，是那种辉煌、未经调和的色彩。虽然吸收了印象派的表现手法，但是在凡·高笔下的色彩和印象派画家笔下的色彩却有着根本的不同：凡·高的色彩是对人和自然进行独特的观察和体验之后所得出的一种个性结论，用他自己的话说，是“为了更有力地表现自我，在色彩的运用上更为随心所欲”。不仅在色彩上，甚至连透视、形体和比例也被凡·高变形了。如此变形，是为了表达与世界之间一种极为痛苦却又非常真实的联系。凡·高用全部的身心拥抱自然和这个世界，用他敏锐的艺术触觉感知周围的一切，包括自己内心深处的情感体验。两年后，凡·高离开巴黎，来到位于法国南部的普罗旺斯的小城阿尔勒。他在小城的马丁广场边租下了一间黄房子，建立了自己心中理想的“画家之家”，也很快进入了创作的高峰期：《向日葵》《夜间咖啡馆》等都

凡·高画作

是在这一时期诞生的作品。他不满足于仅仅模仿事物的外部形象，更要借助绘画“表达艺术家的主观见解和情感，使作品具有个性和独特的风格”，因此，他把全部的精力和情感都投入到绘画创作中。小城充足的阳光和大片的麦田令他着迷不已，甚至激动疯狂；然而烈日长时间的灼烧、刺激视觉的金色麦田和超负荷、高强度的绘画，终于使凡·高的精神失常了，他割下了自己的一只耳朵。在失去耳朵后不久，他把自己画进了《割耳后的自画像》里。此后，凡·高的精神一直处于半疯半醒的状态，他自愿前往精神病院接受治疗，也在神志清楚的时候抓紧时间作画；然而他的内心却深埋着对患病的恐惧和对前途的迷茫。这样的情绪表现在创作上，居然令他的作品更加成熟、大胆，也更令人震撼：粗犷有力的线条在画布上旋转，这是复杂的情感想要被表达出来的强烈欲望，从《星月夜》《柏树》，到《乌鸦群飞的麦田》。在《乌鸦群飞的麦田》里，麦田的颜色仍是凡·高常用的那为人熟悉的金黄，然而天空却是沉沉的蓝，死死压住金黄的麦田；群鸦低飞，地平线起伏波动；一切凌乱、狂暴、不安、压迫、压迫下的反抗，都被画家用激荡的笔触表现出来，甚至还有一种紧张和不祥。就在这幅画搁笔之后的第二天，凡·高来到麦田，对自己的心脏开了一枪。这一年，凡·高三十七岁；从死亡之日到他成名之年，还剩下八年。凡·高的《夜间咖啡馆》创作于1888年，就在他自杀前的两年。他说：“我要表现那间咖啡店，那使人颓丧、发疯和犯罪的场所。我终于找到了用红色和绿色来表现人间的冲突……”当深绿色的天花板和血红的墙壁以及与此极不和谐的家具被呈现于画面，在这个幽闭的咖啡馆空间里可能发生的所有恐怖和压迫的体验，都像是可怕的梦魇，逼人而来。在自杀后的第八年，凡·高终于出名了。然而，生命消逝得太快而掌声却来得太迟。如今，凡·高的绘画作品逐渐成为艺术品位的表征，令富翁们豪掷万金、甚至数百万金地竞相拍下收藏；可当年这位贫穷的画家为了弄到一块画布是如何绞尽脑汁、饱尝辛酸，恐怕那些人是看不到的。

凡·高死的那一年，毕加索还只是个小孩。这位20世纪最负盛名的画家，被誉为“现代艺术的第一位奇才”。毕加索的一生总共创作了三万七千幅作品，其中包括他在八十八岁高龄的时候创作的一百六十五幅油画和四十五幅素描。如此罕见的创作热情与精力，犹如火山喷发，实在叫人叹为观止。当毕加索的全部作品在法国亚威农市的波普斯宫展出时，整座宫殿的墙壁竟然都被摆满了。评论界以极高的赞誉评价了这位天才：“在极其漫长的创作活动的每一刻，似乎想做的都让他准确无误地做到了。

巴塞罗那的咖啡馆

为何有此能耐？他自己都不能解答。结果是十八般武艺，他样样皆能。”

1899年，当时年纪尚轻的毕加索流连在西班牙巴塞罗那的咖啡馆里。他和自己的一群穷艺术家朋友们整天泡在一家名叫四只猫(*Els Quatre Gats*)的咖啡馆，这群怀着艺术理想和创作热情的年轻人虽然生活贫穷，但活得带劲。四只猫咖啡馆的墙上贴满了一幅幅奇特怪诞的漫画肖像，这些都拜毕加索所赐。因为他每次兴致一来就提起画笔，三下两下便为朋友勾勒出一张肖像，然后把它贴到墙上。日子一长，这家咖啡馆里就满是毕加索的画作。此外，他也帮“四只猫”设计过广告和菜单。1904年，二十三岁的毕加索离开巴塞罗那，来到巴黎这个艺术之都，就像无数怀着艺术梦想的

四只猫咖啡馆

四只猫咖啡馆

青年那样，成了一个“巴漂”。他和自己的诗人好友马斯科·雅各布(*Max Jacob*)在巴黎城里合租了一间又小又旧的公寓，在这个城市里总算是有了一个落脚之地。这幢公寓楼的外形和那些停靠在塞纳河畔、靠洗衣度日的破船十分相似，因此，想象力丰富的诗人雅各布就干脆叫它“洗衣舫”，半是自嘲半是无奈。“洗衣舫”的这个小房间总是阴暗又潮湿，唯一的一张小床又不能同时容纳两个人休息。无奈之下，毕加索和雅各布就想出了一个办法：他们轮流睡觉。当雅各布诗兴大发，滔滔不绝地欲倾吐而后快时，毕加索就卧倒睡觉，一来不打扰到诗人的忘我诗意，二来也腾出地方让他写作；当毕加索忽然灵感涌现，想到一个构图，那就该轮到雅各布去睡觉，把空间让出来交给画家了。有时候，碰巧两个人都毫无睡意，那他们就会去附近的灵兔之家咖啡馆(*Le lapin agile*)，到那里找朋友喝咖啡聊天。这个灵兔之家也曾是凡·高的常去之地，如今却物是人非，成为更年轻一代的天下：夏加尔(*Marc Chagall*)、里维拉(*Diego Rivera*)、桑德拉尔(*Blaise Cendrars*)、苏丁(*Chaim Soutine*)、莫迪里阿尼(*Amedeo Modigliani*)，他们从俄罗斯、墨西哥、瑞士和意大利等地集中到巴黎，追求各自的艺术理想；他们大多贫困潦倒、不修边幅。在这群人中，莫迪里阿尼算是最修边幅的一个年轻小伙了，他的衣着总是干净整洁，经过一番精心搭配：浅褐色的灯芯绒外套下是一件蓝色的方格衬衫，脖子上是一条毫不保暖的装饰性围巾，胡茬也总是刮得干干净净。无论生活多么灰暗，他也要打扮光鲜得像个王子。因此，他的朋友们毕加索等人都叫他"阿波罗神"。莫迪里阿尼从意大利来到巴黎的时候是1906年。当时，他仅靠家中寄来的二百法郎度日。为了填饱肚子，他不得不在咖啡馆里帮客人画画换钱。尽管囊中羞涩，莫迪里阿尼却是个十足慷慨之人。在与毕加索第一次会面时，他就将兜里原本不多的钱倾囊给出。1907年，受莫迪里阿尼资助的毕加索凭借《亚威农少女》在巴黎艺术界一鸣惊人，塞尚站在这幅画作前说道："我只想把印象派框入博物馆，而毕加索则让印象派永世不得翻身！"这幅画作宣告了立体主义的诞生，也开启了毕加索坦荡的画途。毕加索成名了，可是莫迪里阿尼穷困依然，有时还不得不忍饥挨饿。空有一腔的才华却不受赏识、生活的现实和艰难让这个富有灵气的画家开始酗酒，他借酒精麻痹神经，在大醉一场之后跟人斗殴，因此常被带进警局；而此时，莫迪里阿尼画出来的作品似乎更有灵气。尽管巴黎美术圈内人士对他的作品持了认可的意见，但这些作品所能出售的价格还是不高，有时仅够换到一杯咖啡的钱资。1919年，只有三十六岁的莫迪里阿尼在贫病中去世；第二天，与他深深相爱的情人雅娜也坠楼随画家而去，扔下只有一岁的婴孩。1911年，毕加索在巴黎的埃尔米塔日咖啡馆(*L'Hermitage*)结识了波兰画家马尔库西斯(*Louis Marcoussis*)和他的女友古埃尔(*Eva Gouel*)。毕加索对新朋友的女友一见倾心，并为她作了一幅画像，叫《我的美人》。毕加索的思恋得到了对方的回应：古埃尔移情别恋，她也爱上了毕加索。1915年，这一对恩爱的恋人决定结婚，不幸的事情却发生了：古埃尔此时被查出患有癌症，不久之后便撒手人寰，留下毕加索悲痛欲绝。然而，毕加索的这一生里，从来不缺女人。在人们的记忆中，他似乎是一个被女人宠坏的暴君。他数量众多的作品里除了妇孺皆知的和平鸽之外，更多的是那种颇为另类的艺术，比如说长着三只眼睛、好几个乳房的怪人。毕加索爱女人，爱女人的身体；他用自己炯炯有光的黑眼睛盯着女人的身体，将它们在画笔下表现出来。百科全书派的狄德罗(*Diderot*)在两个半世纪之前说过一句话："一切生物都是你中有我，我中有你……任何禽兽都多少是人，任何矿物都多少是植物，任何植物都多少是禽兽……人是什么？人是某类倾向的总和。"这很能用以分析毕加索在作画时体验的一种身体与性的感觉。艺术评论家让·莱玛在《正常与偏常》里写道："二十年前，有人要我做一次关于艺术与性的讲座。我去看毕加索，问他该怎么讲。他回答，还不是老一套。……毕加索每次换个女人，也是每次换个标准，换个视觉，因为他要全部占有女人，直至她的视觉；这时他自己也换了个人。"随着年纪的增加，毕加索作品中的色情味道渐浓，他越来越像一个偷窥者："我们上了年纪，不得不把烟戒了，但是抽烟的欲望还是有的。爱情也一样。"而毕加索初到巴黎时结交的女友，蒙马特的年轻模特费尔南德·奥立维尔(*Fernande Olivier*)在回忆录中如此描述毕加索："他矮小微黑，身体结实，活泼好动，有一双忧郁的深陷的眼睛，目光敏锐，不可思议而又固执。他的手势笨拙，长着一双女人式的手，不修边幅粗心大意。浓密的头发又黑又亮，在他那富于智慧的前额上分开着。他的衣着看上去一半像工人，一半狂放不羁，长长的头发扫刷着他那已经破旧的上衣的领子。"但就是这样的一个毕加索，在艺术家中活出了九十二岁的高寿，成为第一个活着看到自己的作品进入卢浮宫的画家。毕加索自己说："我的每一幅画中都装有我的血，这就是我画的含义。"的确，终究还是艺术，才是毕加索的一切。

毕加索出名之后，他常去的咖啡馆——位于蒙马特的灵兔之家咖啡馆就成了立体主义的诞生之地，被毕加索追随者们视为朝圣的圣地。蒙马特位于巴黎城北，是一座小山丘。17世纪时，这里曾经建有一座修道院，还有一片葡萄园。修道院的修士们自己搭建风车，并用它来压榨葡萄汁，然后酿出甘醇的葡萄酒。可以说，17世纪的蒙马特是以磨坊出名的。到了18世纪，许多革命党人为了躲避追捕藏匿在此，那个时候的蒙马特也曾为革命作出贡献。19世纪的蒙马特则俨然一座艺术味浓厚的山丘。1860年，一个叫沙尔兹老爹(*Pere Salz*)的人在蒙马特梭尔街的圣心教堂后面开了一家歌舞咖啡馆。这位沙尔兹老爹极其痛恨资产阶级，为了吓唬资产阶级，他不但把咖啡馆取名为"杀人犯歌舞厅"(*Cabaret des Assassins*)，还在门口插上一把血淋淋的尖刀。可这一招非但没有吓住那些资产阶级，反而吸引了更多人前来。后来，沙尔兹老爹找画家基尔(*Andre Gill*)为杀人犯歌舞厅设计招牌，画家很快交出了自己的作品：一只兔子

灵兔之家咖啡馆著名的兔子照片。

从平底锅里蹦出来，右手还端着一瓶酒。就这样，沙尔兹老爹就把“杀人犯歌舞厅”这个名字改为“基尔的白兔”(*le lapin à Gill*)。过了几年，这家咖啡馆易主，由一个名叫黑德老爹(*Pere Frede*)的人接手，新主人将它更名为灵兔之家咖啡馆，那个兔子招牌也沿用至今了。以灵兔之家咖啡馆为首的许多蒙马特高地上的咖啡馆，吸引了青年毕加索、诗人雅各布、阿波利奈尔(*Guillaume Apollinaire*)等艺术和文学大师在这里消磨巴黎的夜时光，他们身无分文，却饱含才华，富有理想，他们高谈阔论，笑语欢声，在此中获得生活的意义。许多香颂歌手也聚集在这里，演奏风琴，唱着自编的歌曲。

灵兔之家

巴黎公社的失败让革命家和一些具有社会主义思想的艺术家灰心不已，他们也来到这里，将理想和热情写进歌曲里。《国际歌》的作者欧仁·鲍迪埃(*Eugène Edine Pottier*)便是在这里写下这首鼓舞国际共产主义的音乐作品。而阿里斯蒂德·布吕安(*Aristide Bruant*)，《樱桃时节》的作者，经常在蒙马特的各个咖啡馆演唱自己创作的歌曲，他戴着黑色的礼帽和红色的围巾，以这样的装扮表明自己的反叛态度，从此开创了法国流行歌曲的反资产阶级立场，堪称法国现代流行歌曲的鼻祖。20世纪的艺术流派层出不穷，叫人眼花缭乱，欧洲各国的咖啡馆也成为各个艺术流派争夺的场域：在英国的酒吧咖啡馆里坐着的是后期印象派画家；立体主义画家们在巴黎塞纳河畔的咖啡馆里攻击印象派；德国现代表现主义的大师们则聚集在柏林的咖啡馆里探讨青春风格……这个时代，用画笔和油彩来再现生活似乎已成为古典的传统，因为新的照相技术以其准确和便捷的特性让一次性的高雅艺术品有了复制和传播的可能；而即将到来的电影时代则直接将绘画艺术送进了博物馆。

1895年12月28日，在巴黎的大咖啡馆里，电影之父卢密埃尔(*Lumire*)第一次公开表演了他所拍摄记录下的一组照片；这组照片的内容是工人们的活动。这卷长达十七米的胶卷所记录下的影像，真实地再现了工人们的生活，也花了卢密埃尔整整一年的时间。这是世界上第一部公映的电影，而咖啡馆也成了世界上第一部电影公映的地点被永久地记载于电影的发展史中。这项新发明吸引了络绎不绝的人潮涌入咖啡馆，人们对这种可以把一年前发生的事丝毫不差地还原在眼前的新技术充满了好奇。1896年，法国的电影天才埃米琶在著名的和平咖啡馆(*Café de la Prix*)里公映俄国沙皇访问巴黎的纪录片。这也正应了英国作家艾温·施欧(*Irwin Show*)写在《巴黎！巴黎！》中的一句话：“巴黎的一切都从咖啡桌开始……”西班牙超现实主义电影大师路易斯·布努艾诺(*Luis Bunuel*)在自传《我的最后一口气》中也写道：“如果没有了咖啡馆，如果没有了烟草店，没有露天的晒台，巴黎就不再是巴黎。”当二十五岁的布努艾诺来到巴黎时，初来乍到的他对一切都充满了新鲜感和好奇。巴黎的咖啡馆里有如此多的作家、画家和导演，他们在这里一边喝着咖啡，一边交流各自的思想和经验，显得随心所欲。布努艾诺迅速融入巴黎咖啡馆浓厚的艺术氛围中，就像小鱼游入了汪洋大海，从此源源不断地汲取着艺术的营养。他听到了许多闻所未闻的名字：爱森斯坦(*Eisenstein*)、弗里茨·朗(*Fritz Lang*)……他不仅泡咖啡馆，也去泡电影院，尝试写影评；后来他上了法国名导演让·爱泼斯坦(*Jean Epstein*)创办的电影学校；不久之后，布努艾诺就成了爱泼斯坦的得力助手。有一天，布努艾诺与朋友在一家咖啡馆里闲聊。一位朋友说起自己前一天晚上做的梦，这个话题引起了大家的兴趣，众人纷纷回忆自己做过的梦，并且借助弗洛伊德的理论相互剖析。就在此时，灵感不期而至。布努艾诺的脑海中竟然出现了许多怪异的镜头，它们重重叠叠在一起，可是每一幅画面都显得那么清晰，这一组一组连续不断的画面激发了布努艾诺创作的欲望；这种将它们表现出来的欲望是如此强烈，以至于布努艾诺激动不已。1928年，《一条安德鲁狗》终于问世了。这部影片中出现的一系列超现实主义画面，以其支离破碎性给人的视觉造成前所未有的强烈冲击，它们带给人们的是一种惊悚和不快的观影体验：一个女孩用手杖拨弄着街上一只血肉模糊的断手；一架三角钢琴和一头群蝇环绕的死驴一起被绳索拖着向前，拉绳索的是两个神学院的学生；蚁巢变成腋毛又变成海胆，真叫人悚然；虫子啃啮着一对瞎子男女，他们被沙子埋到胸口，垂头又丧气……在影片放映的过程中，导演布努艾诺就躲在电影院的角落里。他饶有兴致地看着观众们的表情是如何从震慑变成呆滞；而他得出的结论则是：“超现实主义者最简单的行动就是手里提着枪走上街头对准人群疯狂扫射！”这部短片使巴黎的艺术界炸开了锅，布努艾诺和他的作品一起成为咖啡桌上的热门话题。两年之后，布努艾诺的《黄金时代》再在巴黎掀起轩然大波。这部用性爱讽刺基督教文明的电影引发了法国右翼人士的示威，也遭到当局的一纸禁令，一禁就是五十年。不久以后，布努艾诺离开巴黎，回到西班牙；在家乡住了一阵子后，他又远渡重洋前往美国和墨西哥。当他再次回到巴黎的咖啡馆时，已经六十岁了。那个时候，正值西方女权主义运动风起云

《一条安德鲁狗》

涌，布努艾诺拍摄的女性三部曲《女仆日记》《白日美人》和《塔丽丝丹娜》成了女权运动的有力推手。

咖啡馆孕育了立体主义风格的绘画，产生了世界上的第一部电影，也繁荣了音乐。当画家和导演们流连在巴黎的蒙马特高地上的咖啡馆时，维也纳蓝色多瑙河畔的咖啡馆里，优美的圆舞曲奏响了序曲。至今都被维也纳人视为宝贝的有三件东西：音乐、咖啡和华尔兹舞。18世纪，一大批天才的音乐家来到维也纳：格鲁克(*Christoph Willibald Gluck*)、海顿(*Franz Joseph Haydn*）、莫扎特(*Wolfgang Amadeus Mozart*)、贝多芬(*Ludwig van Beethoven*)、约翰·施特劳斯(*Johann Strauss*）、舒伯特(*Franz Seraphicus Peter Schubert*)……这些音乐家们造就了历史上乃至今天维也纳“世界音乐之都”的神圣地位。1787年，贝多芬离开故乡来到维也纳；这一年，他才十七岁。定居维也纳之后，贝多芬养成了自己煮咖啡的习惯。而且他还另有一个雷打不动的习惯，就是每次煮咖啡之前，总要从一罐子咖啡豆中仔细地数出六十粒咖啡豆子，把它们放在烤盘上烘焙到焦黑，然后再用古铜的土耳其式磨豆机细细研之。出名之后，贝多芬使用的这种土耳其磨豆机也变成了“贝多芬磨豆机”。1819年，老约翰·斯特劳斯加入“多瑙河畔的年轻人”咖啡馆的乐队，正式开始了自己的音乐生涯，也揭开了维也纳圆舞曲时代的帷幕——属于圆舞曲的时代到来了。当咖啡馆里的客人们陶醉在清新优美的维也纳圆舞曲节拍中，一个热爱音乐的少年正站在咖啡馆花园的栅栏后面听着免费的音乐表演，这个少年就是现代派音乐的先驱勋伯格。在银色咖啡馆里，圆舞曲之王施特劳斯经常在此谱写新的作品，这里有钢琴声清脆悦耳，咖啡香弥散心间，音乐的灵感就在五线谱纸中

闪现，化作一个个音符跳跃；在布哈特音乐咖啡馆，每周三都会举行一场音乐公演，其中以舒伯特的小夜曲最受欢迎。而舒伯特本人却喜欢静静坐在伯格纳(*Bogner*)咖啡馆，迷失到自己的音乐情境里去了。神童莫扎特常常去的那家咖啡馆就位于维也纳的莱弗朗诺巷。这位音乐天才不仅在音乐上颇负异禀，更是方圆十里之内颇有名气的桌球好手。他经常与好友结伴来此摆擂竞技，权当作曲之余的休闲放松。在小小的咖啡馆里，音乐家、演员、乐手们围在球桌前一起享受撞球带来的乐趣，这样的情景经常可见。在奥匈帝国时代，布达佩斯是维也纳的姐妹城市，也是音乐家的流连之地：在喜剧咖啡馆里，李斯特(*Liszt Ferenc*)总是那里的常客。

当时的维也纳，也有几家十分出名的音乐咖啡馆，它们中以荣林咖啡馆(*Johann Jungling's Coffee-house*)和华格纳咖啡馆(*Wagner's Coffee-house*)为杰出的代表。荣林咖啡馆的老板名叫约翰·荣林(*Johann Jungling*)，在他的经营之下，荣林咖啡馆以其豪华和高雅的音乐吸引了许多客人的到来。到过荣林咖啡馆的人无不惊叹于它的奢华：“所有欧洲人都对堂内大厅赞不绝口，尤其是那两个光泽闪亮、黄绿两色大理石贴面的豪华包间和镀金的灯盏，简直让人头晕目眩。”另一个作家则不无夸张地写道：“那里坐着基督徒、犹太佬和马其顿人，他们和睦共处，只有风湿病患者不敢来这里吹风。早春的第一缕暖风刚刚吹过，城里人就忍不住涌上街，纷纷来这里欣赏锦团似的鲜花，拥挤的人潮凝滞不动……”在这里，施特劳斯和小提琴大师约瑟夫(*Josef Franz Karl Lanner*)都是座上宾，而一年四季都流淌的乐声让人们沉醉此间，不舍离去。华格纳咖啡馆是另一座高雅音乐的殿堂：“这家咖啡馆简直就是一座宫殿！你仿佛走进一座古老的神殿，由于四壁饰满水银镜，堂内的石柱经过重重折映，形成一条石柱的长廊，装饰的基调为红绿两色，石柱的顶端描成华丽的金色……”钢琴曲和交响乐为这家咖啡馆营造着浓厚的艺术氛围，咖啡的香气伴着流淌的音乐旋转，而音乐却不经意识直接进入了人们的灵魂。还有一些咖啡馆老板自己本身就是音乐艺术的热爱者，于是，在他们的努力下，现场音乐走入了咖啡馆，此举也揭开了欧洲音乐节的历史。在马汀·维根(*Martin Wiegen*)经营的咖啡馆里，不仅每日都有音乐家为客人作现场的演奏，更是在每年都会定期在5月1日这一天举办系列音乐会——这便是现代艺术节的早期雏形。而约翰·杜卡迪(*Johannies Ducati*)经营着一家名叫红塔(*Café Roter Turn*)的咖啡馆。这家咖啡馆的独特之处在于，老板在咖啡馆门口独具匠心地搭了一顶帐篷，每到夏天，乐队在此为客人演奏；到了冬季，露天的音乐会则变成室内音乐会。帐篷搭了起来，音乐声响了起来，客人也多了起来。可是，老板发现，大部分的客人都是来欣赏音乐而不是来喝咖啡的。没过多久，红塔咖啡馆由于入不敷出，只好关门大吉。1865年，黑山咖啡馆(*Café Schwarzenberg*)在音乐厅的斜对面开张了。由于毗邻金色大厅，这家咖啡馆很快就成了维也纳的音乐中心。当晚间金色大厅的音乐会和歌剧演出散场的时候，观众总是聚集到黑山咖啡馆的前厅，延续着音乐的盛宴。在咖啡桌旁，评论家们喝着维也纳咖啡，对当晚的演出给予点评，咖啡桌上这些听似随意的话对一些艺术家的艺术命途往往会有一锤定音的效果；而早报的记者们也在此间埋头苦记，因为评论家们脸上的表情决定了明天早报音乐版的基调。浪特曼咖啡馆(*Café Landtmann*)的地下室里则藏有一个小剧场。它的舞台虽然简易，地方也不大，但这里的幽默讽刺剧却吸引了不少爱好者，甚至还有隔壁大剧院里的明星演员们，因此在维也纳戏剧圈里颇有口碑。而地下室的楼上大厅则端坐着学者和政治家，在此讨论法案。不远处的斯班咖啡馆(*Café Sperl*)是未来画家们的天堂。每天午后，来自附近美术学院的学生们都会相约聚在这里。他们随身带着画笔，洁白的大理石桌面就成了他们的联系台。在大理石桌上，这些未来的画家们勾画描绘着店里的人物，或者速写着窗外的街景。于是，每张桌子上都画满了图，老板和招待也从不责怪，同样喜爱艺术的他们常常站在一旁观看，与别的常客一起对这些画作评头论足，见解也往往深刻。除了学生之外，一些已经成名的画家也会在桌子上描画自己的草稿和构思，不过，不论出名或否，这样的即兴手笔都不会在咖啡馆里留到天明，所有的桌子都会在打烊时擦拭干净。这样一来，第二天学生和画家们又可以在此挥笔纵横了。久而久之，这种在咖啡桌上作画的名声就传了出去，还引来不少专程拜访的客人，他们来这里只为欣赏桌子上仅仅可以保留数小时的画作。1899年，咖啡博物馆(*Café Museum*)开业了，它位于“分离派”艺术中心街角的对面，它标志着新一代艺术家在建筑和设计领域里的崛起。这家咖啡馆之所以引起如此大的轰动，是因为它所有的设计都出自罗司(*Loos*)之手，因而带着一种强烈的革新精神，一种所谓的“青春风格”。在其名字“博物馆”这个传统的外衣之下，这家咖啡馆的设计却是叛逆和创新的：两翼的大厅对称伸展，大厅中立着浅白色的墙，大厅里陈设的是深褐色的咖啡桌椅。整个咖啡馆无比强调空间的流线型，几笔勾勒，令其现代气息十足。它简洁的风格与昔日的奢华咖啡馆有着迥然的区别；它的“反装饰”态度却被保守派议论成“虚无主义的咖啡馆”。但事实证明，咖啡博物馆的影响是全方位的：不仅许多新开张的咖啡馆选择了这一条简洁明快的现代路线，甚至连钢琴生产商也受到它的启发，将咖啡博物馆里桌球台的直线型腿柱用在了钢琴上；而它桌椅的设计风格也曾一度引领了欧陆新派家具的风尚，更远跨重洋，到了美洲。1930年代的一个艺术评论家认为："维也纳'咖啡博物馆'的设计和创建，不光是青春风格的一大突破，而且也是西方现代室内设计风格的起点。"咖啡博物馆高擎着叛逆的大旗，以其坚定的姿态吸引了分离派艺术的先驱人物，还有讽刺作家卡尔·克劳斯以及众多的艺术青年。在这些咖啡博物馆的常客中，就有未来的文学家茨威格和未来的哲学家卡内提(*Elias Canetti*)。曾经默默无闻的他们在这里聆听思想、吸收知识、接受熏陶；当成名后的大师们回忆起这段咖啡馆经历时，把在此所学的知识称为"一种思维的手艺"。

19世纪，多瑙河畔圆舞曲的乐声飘向了整个欧洲。1844年，德国柏林一家颇有名望的咖啡馆的老板专程从奥地利邀请了一支乐队，请他们在自己的咖啡馆里演奏华尔兹和其他圆舞曲。消息传开，观众如潮。德国的人们喜欢圆舞曲，听着它，好像自己的身子骨就轻飘飘地在多瑙河上荡漾了。就这样，这支奥地利乐队在柏林的咖啡馆一演就是四年。此时，陶醉在维也纳圆舞曲旋律中的柏林人，似乎忘记了自己国家的咖啡馆音乐传统。18世纪中叶的莱比锡是德国著名的音乐城市。在这座古城里，有一些咖啡馆，它们虽然简陋，却也吸引了巴洛克音乐巨匠巴赫(*J.S.Bach*)和他的学生们在此演奏和练习音乐。当时，日耳曼地区的妇女们常常喜欢到咖啡馆里闲聊家常，享受家庭之外的自由和轻松。她们在此组成自己的姐妹淘小团体，倾诉生活的细碎和烦恼，要么讨论一下歌德的作品或是贝多芬的音乐。这样的对话，叫女人们乐此不疲，可却深为男人们所不齿。他们管女人在咖啡馆里的对话叫"咖啡闲话"。然而，正是这样的咖啡馆情景被巴赫写进了音乐里。这一出名为《咖啡康塔塔》的音乐喜剧反映了当时因咖啡而起的家庭冲突。1734年，这出音乐剧在莱比锡的一家咖啡馆里首演，由巴赫亲自指挥演奏；著名诗人克里斯坦(*Christian Friendrich Henrici*)负责填词。这部轻松的音乐剧只有三个角色：叙事人、父亲施伦德兰和女人丽茜。当男高音叙事人介绍了人物和剧情之后，父亲施伦德兰便唱着咏叹调出场了："现在的孩子太不听话，我天天教训她，她从来不听。"接着，弦乐、长笛和羽管键琴共同演奏出了活泼的背景音乐，女孩丽茜快乐地唱着："喝咖啡是最大的快乐。咖啡咖啡，比葡萄酒更甜美！"然而，父亲不准女儿饮用咖啡，他威胁女儿，如果她被发现喝咖啡就要禁足。这个嗜好咖啡的小姐却认为，咖啡可是比一千个吻还要美味呢，她央求父亲给她咖啡，父亲不依。最后，女儿只好答应父亲替她找一位如意郎君。而她提出的要求只有一个：若她需要，丈夫必须马上为她端上一杯可口的咖啡。这部世俗音乐剧的风格看上去并不像巴赫通常意义上的作品，有别于他拿手的神曲，这样轻松、诙谐的喜剧在他的作品里实在是难得一见。由于生活所迫，这位大音乐家只好在正肃的教堂音乐之外，写一些活泼的音乐剧以补贴家用。这个被称为“欧洲音乐之父”“巴洛克灵魂”的作曲家一生穷困潦倒。他的家乡——德国古镇埃森纳赫是一个以音乐当酒的地方，他的家族也是镇上的音乐世家。只不过，九岁丧母、十岁丧父的巴赫有一个暴横的哥哥。在哥哥的百般阻挠下，巴赫只能眼睁睁地望着家里堆积如山的乐谱却无计可施。终于，他想出一个办法，每到半夜，趁哥哥熟睡后，巴赫就起床偷偷地抄乐谱。在昏黄如豆的灯光下，少年巴赫暗地里抄写并背诵下许多乐谱，但同时也损坏了视力，导致他晚年失明。这一秘密在不久之后的一个夜晚被哥哥发现了。暴君一样的兄长为了惩罚巴赫，居然狠心撕掉了弟弟辛辛苦苦抄下来的所有乐谱。忍无可忍的巴赫终于在十五岁时离家出走，凭借自己的琴艺和歌喉，巴赫被吕奈堡米夏埃利斯教堂的唱诗班录取。与此同时，他也进入神学院自修音乐，成为一名杰出的古钢琴、小提琴和管风琴乐手。在巴赫的一生中，创作颇丰。除了遗散的一些，留下来的竟还有八百多部作品，其中有三百多部合唱、四十八首赋格、一百四十多首前奏曲、一百多首练习曲、二十三首协奏曲，还有奏鸣曲、圣乐曲、弥撒曲……这些作品被后人尊称为“旧约圣经”，如今都留存于莱比锡教堂附近的巴赫纪念馆中。而巴赫花去大半生心血培养出的托马斯合唱团至今唱响世界。

曾经历过二战浩劫的莱比锡古城现在似乎显得更为宁静平和。林立的书店让莱比锡自内而外散发出一种浓浓的书卷气，广场露天咖啡馆里的音乐之声则让它显得更加从容。人们三五成群坐在咖啡馆里，聊聊生长于斯的文学家歌德、音乐家巴赫、舒曼(*Robert Alexander Schumann*)、瓦格纳(*Wilhelm Richard Wagner*)、门德尔松(*Mendelssohn*)，再扯一点拿破仑战败莱比锡的旧事。对古城来说，这些艺术和艺术家们是历史的财富和天赐的瑰宝，而对于古城里的人来说，在平安和宁静中享受这一切才是最大的喜乐。

GARDEROBE
KEINE HAFTUNG

思想之维

茫茫众生，自古及今，有谁无死？生命在它坠地的那一刻，死案已立。因此，每一个在时间里的人，都向死而生。然而，有多少人只是在这个生死场里糊里糊涂地走了一遭，不明所以地生，不明所以地死；另一些人，则终其一生追寻着永恒。故儒家著书立说，以言传世，是为不死；道家炼丹养气，只为留形，长生不老；释家悟禅观心，拈花微笑，以寂灭为不死；而西方哲人，则以智慧为朋，与真理为友，我思故我在。此“在”的姿态，便是《思想者》的姿态。这一姿态被伟大的雕塑家罗丹(*Auguste Rodin*)用妙手塑造得形神兼备：这位坐在那里一直思考的巨人裸着粗壮结实的身躯，弯腰屈膝，右手托下颌，拳头碰触嘴唇；前突的额头和眉弓陷双目于暗影中；他小腿的肌腱因紧张而绷紧，脸上的表情因沉思而苦恼；他的外表看上去深沉宁静，然而内里却蕴藏着一股巨大的力量，叫人不忍直视。对于《思想者》这件作品，罗丹如是说道：“一个人的形象和姿态必然显露出他心中的情感，形体表达内在精神。”在上帝的所造之物中，唯人具有此种情感和姿态。《圣经》里写到，上帝把亚当放在宇宙的中间时这样对他说：“亚当呀，我不给你固定的地位、固有的面貌和任何一个特殊的职守，以便你按照你的志愿，按照你的意见，取得和占有完全出于你自愿的那种地位、那种面貌和那些职守。其他受造物，我将它们的天性限制在已经确定了的法则中，而我却给了你自由，不受任何的限制，你可以为你自己决定你的天性。我把你放在世界的中间，为的是使你能够方便地注视和看到那里的一切。我把你造成一个既不是天上的，也不是地上的，既不是与草木同腐的，也不是永远不朽的生物，为的是使你能够自由发展你自己和战胜你自己。你可以堕落成为野兽，也可以再生如神明！”因此，在世间的所有生命中，只有人被赋予了一种自我造就、自我设计和自我完善的能力；人有自由，可以凭自由意志决定自己是什么而不是什么；而在人的全部自由之中，最大的自由便是能不断思考、追求真理的自由；从人的原始生命力中爆发出来的冲动，就成为这一追寻的内在动力。

1789年到1799年，激进主义在法国乃至整个欧洲的政治和社会中风行。在这十年的时间里，法国所经历的革命可谓跌宕起伏，其间所发生的诸多戏剧性转折使之堪称一部史诗篇章：统治这个国家长达几个世纪的封建君主制度居然只消短短三年的时间就土崩瓦解；曾享受至高无上尊荣的国王路易十六居然被推上断头台斩首示众；吉伦特派、雅各宾派、督政府轮番上台执政，当权者打倒前人、夺取权力，没过多久，又成为被打倒的对象；直至1799年拿破仑上台。十年时间，一个封建帝国何以摧枯拉朽般地崩塌殆尽，历史竟演绎出如此的大开与大合？而解开这个疑问的答案或许就藏在一首经典歌曲的词作里。这首名为《巴黎天空下》的老歌如是唱道：

巴黎天空下，坐着一位哲学家
两位乐师
和一群看热闹的乞丐和流浪汉
四方游客云集
他们海阔天空地神聊

这首歌用极为平实的语言向人们揭示着历史的一幕真相：在咖啡馆的同一个屋檐之下，人们不分彼此地闲聊神侃，启蒙的思想渐渐于此传播开来，经由流浪者带向远方。也许，"天赋人权""三权分立"等等这些新颖的词汇在最初的时候可能还真叫人摸不着头脑，不知其所谓何物。但是，这些新名词和它们背后所蕴含着的深刻思想、所寄寓着的美好理想，随着时间的推移，一起深入了人心，至此，革命的种子落进心里。在咖啡馆缓缓送出的启蒙之风的吹拂下，革命种子生根发芽，只待某一个天时地利的契机，一举爆发！

那个时代，法国的街头遍布着大大小小的咖啡馆；在数量如此众多的馆栈中，普罗可布咖啡馆堪称一枝独秀。这家咖啡馆开业于1689年，它的老板名叫普罗可皮欧·戴·科特利，是一个来自佛罗伦萨的侍者。他曾在1660年发明了冰激凌，于是这个世界上从此就有了一种令人开心快乐的东西。老板科特利将原先位于法兰西喜剧院对面的一家澡堂进行了大刀阔斧地改造，不久之后，巴黎人便看到了这家崭新的普罗可布咖啡馆。虽然大厅里锃亮的镜子、大理石的地面和一些家具都是原来澡堂的遗留，但是经由老板科特利的保留和再利用，显得与咖啡馆的环境十分契合；在此基础之上，他摒弃了此前咖啡馆装饰的土耳其化风格，大量地引入属于欧洲的元素，使咖啡馆带上彬彬有礼、舒适典雅的绅士气质，以此开创出咖啡馆装修的法式风格。以普罗可布咖啡馆为起点，法国甚至整个欧洲的咖啡馆都焕然一新了。在巴黎的文艺界，普罗可布咖啡馆以绝对的吸引力成为文人雅集之地：伏尔泰(*Voltaire*)、卢梭(*Roesseau*)、狄德罗等启蒙思想家，波马榭(*Beaumarchais*)、克来毕雍(*Cré billon*)、勒蒂夫·狄拉布雷东(*Rétif de la Bretonne*)等作家常在这里进行思辨和讨论；而革命者丹东(*Danton*)和马拉(*Marat*)后来也变成这里的座上客。1746年，以狄德罗为首的知识分子聚集在这家咖啡馆，他们正着手编纂一部大辞典。这部被称为《百科全书》的著作是启蒙知识分子们宏大计划的一部分，他们从启迪民众之智出发，启蒙开化，培育新

沉睡的老者，谁又知道他会不会是一位大师呢?

民，更新国家风气，最终要建立一个理想的社会。1748年，伏尔泰的新戏《塞米赫密》在普罗可布咖啡馆对面的法兰西喜剧院上演。对于这出戏，作家倾注了许多心血，因此他很想知道观众对此剧的反响和评价。伏尔泰于是想了一个办法：他要微服私访到普罗可布咖啡馆探一探究竟！根据伏尔泰的好友回忆，那个晚上，伏尔泰在进行了一番乔装打扮之后，偷偷潜入了普罗可布咖啡馆："在《塞米赫密》上演后的第二个夜晚，伏尔泰先生向友人借了一套神职人员的衣服；他穿上神父穿的黑色长袍，披上斗篷，脚上穿着黑色长袜、腰上系着腰带并挟着每日祈祷书。他戴上长而死板并且几乎没有梳理的假发，用来遮住大半的脸颊，除了他的长鼻子之外。此外，假发之上他还戴着一顶很大的三角帽。在这样的装扮下，这位《塞米赫密》的作者步行来到了普罗可布咖啡馆，选了一个角落独自坐下等待演出结束。他点了一杯饮料、一个小面包卷以及一份小报。演出结束没多久之后，剧院里的观众以及此家咖啡馆的常客陆陆续续走了进来，立刻此起彼落地讨论起这出新上演的悲剧……这个时候，伏尔泰先生一直戴着眼镜埋首在小报里头，他假装正在阅读，而实际上则是在偷听这些人的争论。他按捺着性子，冷静理性地观察，即使是听到了令他恼怒的荒谬且不合理之观点，他依旧是默不吭声。……到最后，这些个个都是有名作家却徒有其表的批评家们开始各说各话，谁也没有说服谁，并纷纷离开咖啡馆。于是伏尔泰先生也起身走出去，招了一辆公共马车，在晚上十一点左右回到他位于马扎然街的住所。"普罗可布咖啡馆不仅能让伏尔泰听见最真实的批评之声，也是他的藏身庇护之所：路易十五(*le Bien-Aimé 15*)下令禁止伏尔泰涉足巴黎，伏尔泰偷偷潜回城里，普罗可布咖啡馆就为他提供了一个容身之所。在普罗可布咖啡馆，人们除了能见到伏尔泰之外，也能时常看见坐在伏尔泰身边、与他共饮畅谈的那个人——那人便是卢梭。有时候，狄德罗也和他们待在一起。这些启蒙思想家就像是前无古人后无来者的天地独行人，他们有一种广博而深邃的敏锐性，其思维犹如一架大钢琴，琴键黑白错落，组成一个复杂的整体；于其上的每一个触碰，不论高音低音，不管轻弹重击，这架钢琴都会发出声音——他们身上所具有的洞察力，精致得令人惊叹！当时代的铁幕沉沉地笼罩下来，生活在其中的人们早已经习以为常，的确，叫每个人都大彻大悟并非那么容易；幸而还有这些人，他们有着异于常人的极端觉悟，他们用一种敏锐而精致的洞察力看穿了这扇貌似坚不可摧的铁幕上正爬着的斑斑锈迹，他们闻见了由里到外散发出的一阵腐朽之气——这王朝已经显露出老态。如今的强势，不过是临死前的最后挣扎，外强中干而已。他们听见了这个时代旧东西崩坏的声响，新的又在旧的上面滋长。一轮时代的高潮正在蓄势，它即将以排山倒海之势来临。因此，启蒙思想家们最先将思想的火种播撒在咖啡馆里，在这里培育、点燃，燎原至整个法兰西。丹东和马拉也经常出入这里，这两位激进的革命者在咖啡馆里互相倾诉革命的宏伟理想。有时候一杯咖啡下肚，竟然如酒精那样引起身体里的一阵酣热。这些咖啡馆的客人是法国乃至欧洲思想的领路人，在神学笼罩着的黑暗中，探索着一条理性、民主和自由的光明之路。启蒙的思想在咖啡馆里熠熠闪光，点亮了人们的思维；革命的理想在咖啡馆里被畅想，激情四溢，热情燃烧；伺机而动的革命家关注着局势，时刻准备着。

在皇宫广场的边上，摄政咖啡馆(*Café de la Règence*)是棋士们斗弈的地方。有一次，哲学家卢梭竟然公开向棋王费里多(*Philidor*)挑战。为了这次比赛，卢梭进行了长达一个月的精心准备。当他背下书中所有的示范棋局，胸有成竹地前去迎战时，结果则是全盘皆输。其原因在于，卢梭太过照本宣科，而棋王和棋王布的局又太过灵活了。伏尔泰有时也会从普罗可布咖啡馆到这里来坐坐；从路易十三时代的首相之位上退下的黎西留(*Richelieu*)、总是眉头深锁研究棋局的罗伯斯庇尔(*Robespierre*)在此也都

摄政咖啡馆旧址

有自己的固定位置，他们二人还常常摆开棋局，痛快地杀上一盘。在皇宫附近，除了著名的摄政咖啡馆之外，还有一家佛依咖啡馆(*Café de Foy*)，它以其激进的态度拢聚着革命的先锋党人，也在法国大革命的历史上留下了浓墨重彩。当时的巴黎还没有报纸，再加上许多百姓都不认字，所以许多新思想和新讯息无法被最广大的民众所获悉。而咖啡馆则填补了报纸的缺席，成为传播新闻、获取信息的必要场所。佛依咖啡馆的店面非常大，足有七个拱门之长；聚首这里的都是一些带有激进革命思想的知识分子，他们高呼着“自由、平等、博爱”，迫切地希望推翻君主制度，建立共和国，让法国获得新生。言论如此激进，不可能不引起法国政府的密切注意。1749年，法国政府收到一封告密信，信中指名道姓地写着：“简-路易斯·克莱克在咖啡馆里评论说：国王并不是特别糟糕，是法官和部长们使国王做了许多可耻的、引起民众愤怒之事。”当局认为，如今咖啡馆的言论自由已经随意到放肆的地步了，如果再不对这些大放厥词的咖啡馆进行严加控制，它们指不定还会说出什么惑众的妖言，扰乱民心呢！于是，政府派出众多眼线耳目，他们纷纷潜入咖啡馆里，混迹在人群之中，将人们在咖啡馆里一切出格的言论和行为都一一上禀。而咖啡馆里的意见领袖们一开始并不知情，他们沉浸在可以自由发表见解的成就感中，恍然中甚至认为，这个时代纵使有千般不好，起码还有开口说话的自由，也并不是那么糟糕。直到有一天，当那些言辞激烈的异见者被人从咖啡馆中拽出，然后直接扔进巴士底狱，人们先是噤声不语，随之暴怒四起。“我不同意你说的每一个字，但我誓死捍卫你说话的权利！”启蒙大哲伏尔泰的话仍铿锵有力、不绝于耳；而当局如此赤裸裸的行径，摆明了是要剥夺市民基本的说话权利！1789年7月12日，在佛依咖啡馆里，当一个便衣警察掏出手枪对准发表演讲的革命人士，四周的人们皆被惊怒。此时，卡米尔·戴斯莫林(*Camille Desmoulin*)见时机已到，就跳上咖啡桌，对着人群喊道：“市民们！行动的时刻已经来到了！国王要将内克先生开除，就是对我们这些爱国者发出警讯。国王已经将一百座大炮对准议会，准备将这些议会代理人轰到天空中，而另外一百支枪管则是架设在蒙马特及巴士底区，全都瞄准着巴黎。男人、女人及小孩都将会毫不留情地被屠杀。而傍晚，瑞士籍的日耳曼军队也将帮助国王来消灭我们。我们唯一得救的希望，就是起身战斗！市民们，拿起武器！”佛依咖啡馆中的这一振臂高呼迅速得到了巴黎市民们的响应。7月14日，像潮水一样的市民涌向巴士底狱：他们要打碎封建专制的统治机器，他们要自由，要民主！在市民轮番地进攻下，巴士底狱的大门被捅开，人们冲到里面，释放了狱中关押着的政治犯，让他们重新获得自由。巴黎市民攻占巴士底狱这一事件揭开了法国大革命的序幕。咖啡馆中的高呼也唤醒了国民脑海中沉睡着的革命意识，他们身体里开始涌起革命的冲动血液。当一种理想的社会生活被许诺给广大的群众时，那么被这种理想所激发出来的热情就会在瞬间转化为行动，并且一发不可收拾。此时的法国革命更像是一辆策鞭朝前狂奔的马车，没有前车之鉴，也无后顾之忧，只管砸碎旧物，新社会等在前方！

1789年7月攻占巴士底狱之后，于八月爆发的凡尔赛妇女运动迫使法国王室返回巴黎收拾烂摊子，对革命的主力、激进的雅各宾派革命党人进行了疯狂逮捕。革命时局在王室的回归之后显得扑朔迷离，瞬息万变的政治局势让巴黎人如陷重雾，这一刻不知下一刻将发生什么。因此，巴黎各家咖啡馆几乎都通宵营业，民众聚集在这里获得最新最快的消息；革命党人也日夜于此研究对策，酝酿更进一步的行动。此时，皇宫附近的咖啡馆是革命者们发表政治演说、进一步鼓舞士气的地方。目不识丁的老百姓们聚集在这里听讲；革命思想以公众演说的方式传播，更为直接地诉诸人心，而一旦激情在群体中发酵、膨胀，就会产生巨大的革命能量！咖啡馆里已经爆满了，但还是源源不断地有人听从革命的召唤前来此地。人们簇拥在一起，为革命呐喊，声音震天，几乎掀翻屋顶，也好像要推翻不远处的皇宫。面对众议汹汹、要求民主的国民，王室在不得已之下决定妥协。然而，随即启动的君主制度改革名义上是朝着民主的方向进行，实际上仍是徒劳。自王朝内部启动的自我改革，其实是逼迫王室从自己的手中分权予人，自然心不甘情不愿，因此君主制度改革根本就不能彻底。法国的民众被再一次激怒。1792年9月，在革命党人的领导下，法国人民发生了第二次起义。此次起义直接将路易十六和他的皇后送上了绞刑架，把象征了封建王权的皇帝夫妇斩首示众。庶民们胜利了！当激进的革命党人沉浸于狂喜之中，革命的果实却叫旁人给摘取了：温和的吉伦特派联合大资产阶级共同掌握了法国的政权。处决了路易十六之后不久，遭王室逮捕的雅各宾派革命党人统统被释放出狱，他们不甘心革命就此止步，于是将根据地从佛依咖啡馆转移到克罗查咖啡馆(*Café Corazza*)。他们秘密地谋划策反，以图东山再起，将激进的革命进行到底！此时的佛依咖啡馆就成了当权的吉伦特派人士的天下，其中一个叫蒂奥丽娜·梅莉库特(*Theorigne de Mericourt*)的女革命者是最引人注目的。梅莉库特来自比利时北方的一个日耳曼农民家庭，到法国之前，她曾在英国游历过一段时间。梅莉库特生得貌美如花，乍一看去，根本不会将她和革命扯到

如今在巴黎大街上和咖啡馆里，多的是这样独立的女人。

一块儿；可她偏偏生就了一副与传统妇女截然不同的性格：她喜欢冒险刺激，喜欢与众不同；当她决定走出比利时农村的时候，她就想往着过一种轰轰烈烈的生活。法国大革命深深地吸引着她。在巴黎市民攻占了巴士底狱后，梅莉库特参加了八月凡尔赛宫门前的妇女抗议活动。她和妓女、女鱼贩、女乞丐等等社会底层的革命人士一起，前往凡尔赛宫，极尽能事地喧闹；她们在街头巷尾、广场咖啡馆等地，以自己的方式动员着最广泛的民众。梅莉库特是她们中最为出色的一个。每当她声情并茂地站在广场中央对着人群演说，被激动涨红了的面孔、举在半空中的激昂手势让她看起来像一个自由女神。人们总会不自觉地被吸引到她跟前，以她为中心，四周围上一圈。当这个美女故意用高扬、拉长的语调暗示人们演说已经结束的时候，人群中立刻就爆发出一阵轰动的掌声。美女和革命激情的完美叠加产生了意想不到的效果，它淡化了革命要流血牺牲的残酷事实，催生了群体中的革命因子；这样的冲动，带着一点盲目，然而当冲劲转化为行动之后，其结果却也是革命的——那就是，破坏一切。当吉伦特派掌权之后，这位美女革命家是识时务者的女俊杰，她站到了吉伦特派的一边，转而对雅各宾派大加挞伐。在佛依咖啡馆里，常常能听见梅莉库特激情四射地抨击雅各宾党人，甚至攻击罗伯斯庇尔，斥之为暴君、恶魔和叛徒。如此犀利的言辞遭到一些罗伯斯庇尔拥护者的反驳，在咖啡馆里，梅莉库特和几个男人争吵了起来。在争吵中，她竟然挥动起手中握着的马鞭，以迅雷不及掩耳之势朝对方的身上劈头盖脸地抽过去。如此张扬暴力的行为让梅莉库特树敌无数。在一个清晨，她遭到了雅各宾党人侮辱性的报复。要强的女革命者忍受不了众目睽睽之下的羞辱，最终被送进了疯人院。然而，城头变幻大王旗。梅莉库特猛烈抨击罗伯斯庇尔的时候怎么也不会想到，1793年巴黎人民举行了第三次起义，把雅各宾派推上了执政地位。一朝天子一朝臣，咖啡馆的言论风向也随着当权者的变更而变换。此时的法国咖啡馆里，罗伯斯庇尔、丹东和马拉的拥护者们发出了主旋律的声响。革命者丹东每次都像喝壮胆酒一样，猛灌下几杯咖啡，然后一下子跃上咖啡桌，扯开嗓子进行演讲，就好像“马儿上辕，总要吃饱粮草……”雅各宾派当政的两年时间里，法国国内一片风声鹤唳，罗伯斯庇尔在国内实行的高压统治，让整个社会陷入恐怖的肃杀中。有一天，罗伯斯庇尔按照往常那样来到摄政咖啡馆里，坐在老位置上研究棋局。这时，一个年轻人走到他跟前，说自己想与罗伯斯庇尔一决高下。年轻人同时提出，如果罗伯斯庇尔输了，就要答应自己一个请求。年轻人的自信和勇敢引起了罗伯斯庇尔的好奇心，他答应了。最后，这个下战书的年轻人赢得了棋局，让罗伯斯庇尔甘拜下风。当他询问年轻人那个请求是什么的时候，年轻人这才坦露了实情：原来这个年轻人是一个姑娘乔装打扮的。她的爱人此刻正被罗伯斯庇尔拘留在狱中，她多么希望罗伯斯庇尔能将他释放出狱，情急之下，才想出了这样一个办法！罗伯斯庇尔不仅对可疑分子进行绞杀，对共同患难的革命兄弟，他也毫不留情：先是同为革命领导人之一的马拉死于浴缸；不久之后，另一位革命伙伴丹东也被罗伯斯庇尔冠上“阴谋颠覆罪”处死了。企图剪除异己的罗伯斯庇尔并没有因此坐稳宝座，当热月党人在7月27日发动一场政变之后，他自己的脑袋也跟着落地了。此后便是督政府的执政时期，一直持续到1799年拿破仑上台，轰轰烈烈的法国大革命才算告一段落。拿破仑，这个在咖啡馆的启蒙思想熏陶下成长起来的天才将领，以欧洲卫士的身分，在全欧的范围内展开了扫荡封建帝制的行动，把法国大革命的精神传遍欧陆。

诗人裴多菲

“生命诚可贵，爱情价更高。若为自由故，两者皆可抛。”匈牙利诗人裴多菲(*Petőfi Sándor*)吟自肺腑的这首小诗虽已历经一个多世纪，却振聋发聩，铿锵依然。当整个欧洲陷于黑暗的时代中，“自由”二字显得如此弥足珍贵。1848年的匈牙利仍处于奥匈帝国时代，受哈布斯堡封建王朝的统治，人民失去自由，匈牙利的民族矛盾与阶级矛盾已经达到了白热化的程度。当强悍一时的奥地利哈布斯堡王朝被奥地利国内的三月革命推翻，这一消息传到维也纳的姐妹城市布达佩斯，深深地鼓舞了匈牙利人民。在布达佩斯的咖啡馆里，诗人裴多菲目睹匈牙利人民遭受侵略奴役而深感痛心。他疾呼着：“难道我们要世代相传做奴隶了吗？难道我们永远没有自由和平等了吗？”3月14日，裴多菲与其他几个起义领导者在布达佩斯的一家咖啡馆里商定起义事项，并通过了资产阶级改革的政治纲领《十二条》。当晚，裴多菲写下战斗的檄文《民族之歌》，在咖啡馆里朗诵：“起来，马尔加人，你们的祖国在呼喊。现在是最后的机会，永不再来。我们要么自由，要么成为奴隶，两条路，我们必须做出选择！”听了诗人包含深情的朗诵，想到了黑暗的现实，人们无不热血沸腾，革命热情持续高涨。他们纷纷从咖啡馆里走出来，走向街头，动员群众参加起义。3月15日清晨，布达佩斯的春天雨雾濛濛，然而就在春雨的滋润下，在咖啡馆里自由之声的呼唤下，革命的种子破土而出：震撼匈牙利的“1848年革命”拉开了序幕，向往自由的匈牙利人民要推翻奥地利哈布斯堡封建皇朝的统治，争取民族独立！一万多名起义者集中在民族博物馆前面，裴多菲也在起义的民众里，他再一次当众朗诵起《民族之歌》。在诗歌的感召下，起义者呼声雷动，他们以惊人的力量和速度占领了布达佩斯，使这个城市成为欧洲革命的中心。1849年4月，匈牙利国会还通过独立宣言，建立共和国。匈牙利三月革命得到了恩格斯的高度评价，他说：“匈牙利是从三月革命时起在法律上和实际上都完全废除了农民封建义务的唯一国家。”面对起义大军，惊慌失措的奥地利皇帝斐迪南只好向俄国请求救援。俄国沙皇尼古拉一世也有意维护欧洲的封建旧秩序，于是沙皇派出十四万军队，联合奥地利的二十万大军一起前往匈牙利，对起义进行残酷的镇压。在民族的危难时刻，裴多菲给当时最善战的将军写去一封信毛遂自荐：“请让我与您一起去战场，当然我仍将竭力用我的笔为祖国服务……”1849年夏天，匈牙利的革命军在强敌的进攻下坚持到了最后。7月31日，将军把军中剩余的三百人力量组成一支骑兵，想作最后的反攻。在出发战斗前，将军一再叮嘱裴多菲留下。可诗人却没有听从，他悄悄地跟在骑兵队后面出发。匈牙利的骑士们固然骁勇能战，然而，面对数倍于他们的敌人，骑士们很快溃败。瘦弱的诗人被两名俄国骑兵前后夹击，一柄弯刀朝他劈来，诗人闪身躲过；不料，另一把尖利的长矛在他躲闪的时候刺进他的胸膛，诗人裴多菲倒下了。这位年仅二十六岁的诗人用自己短暂却辉煌的生命将他的诗歌演绎到了极致："若为自由故，两者皆可抛"。生命虽消逝，精神永留存。

"哲学"即Philosophy一词，源出希腊语Philosophia，最早使用它的人是古希腊哲学家毕达格拉斯(*Pythagoras*)。在希腊语中，Philein是动词，意思是"爱和追求"，而Sophia是名词，意为"智慧"；因此，Philosophia就是"爱智慧"的意思。同时，毕达格拉斯把自己称作Philosophos，也就是"爱智者"。他还补充说，在生活中，一些奴性的人，生来是名利的猎手；而Philosophos(爱智者)生来是寻求真理的。就这样，毕达格拉斯把爱智者归到了自由人的行列，也把自由和真理联系在了一起。柏拉图(*Plato*)则充满意蕴地说道："Thauma(惊奇)是哲学家的标志，是哲学的开端；Iris(虹之女神)是惊奇之女。"在柏拉图看来，正是虹之女神Iris向人间传达着神的旨意与福音，在她的启迪之下，哲学在一种惊奇之中发生了：世间的万物褪去世俗的遮蔽，将本真展现于人的眼前。柏拉图的学生亚里士多德(*Aristotle*)在《形而上学》中写道：求知是人的本性。一开始，人们是对身边平常的东西感到不解和惊奇，然后对更重大的事情发生疑问，例如太阳为何朝升夕落，月亮何以阴晴圆缺，世间万物如何生成，人怎么会生老病死……可以说，人们都是由于惊奇而开始了哲学的思维。若一个人时常对身边之事感到困惑，觉得好奇，那么他便也能常常自觉到无知，从而更进一步地去探求事实的真相。从西方的学术史看，科学原本是哲学的衍生之物，直到后来才独立成与哲学并行的学科。可以说，科学产生知识，哲学通达思想，二者皆在不同的层面上将人类的思想向着更深、更广的维度拓进：科学的每一次惊人发现，哲学理论每一次突破性的诞生，都宣告着人类思想的外延朝着浩渺的宇宙空间进一步伸展。那些点缀在城市中的咖啡馆，犹如夜空中的星辰闪亮，星辉或明或暗，有启蒙哲学的理性之光，也有科学进步的光芒。

哈雷(*Halley Edmond*)和牛顿(*Isaac Newton*)是咖啡馆里的聊友。他们二人除了经常喝着咖啡，对各自最新思考的问题进行一番讨论之外，也偶尔拿咖啡桌当实验台，

132 The Credibility of Revelation PART II.
liable to Objections. 133

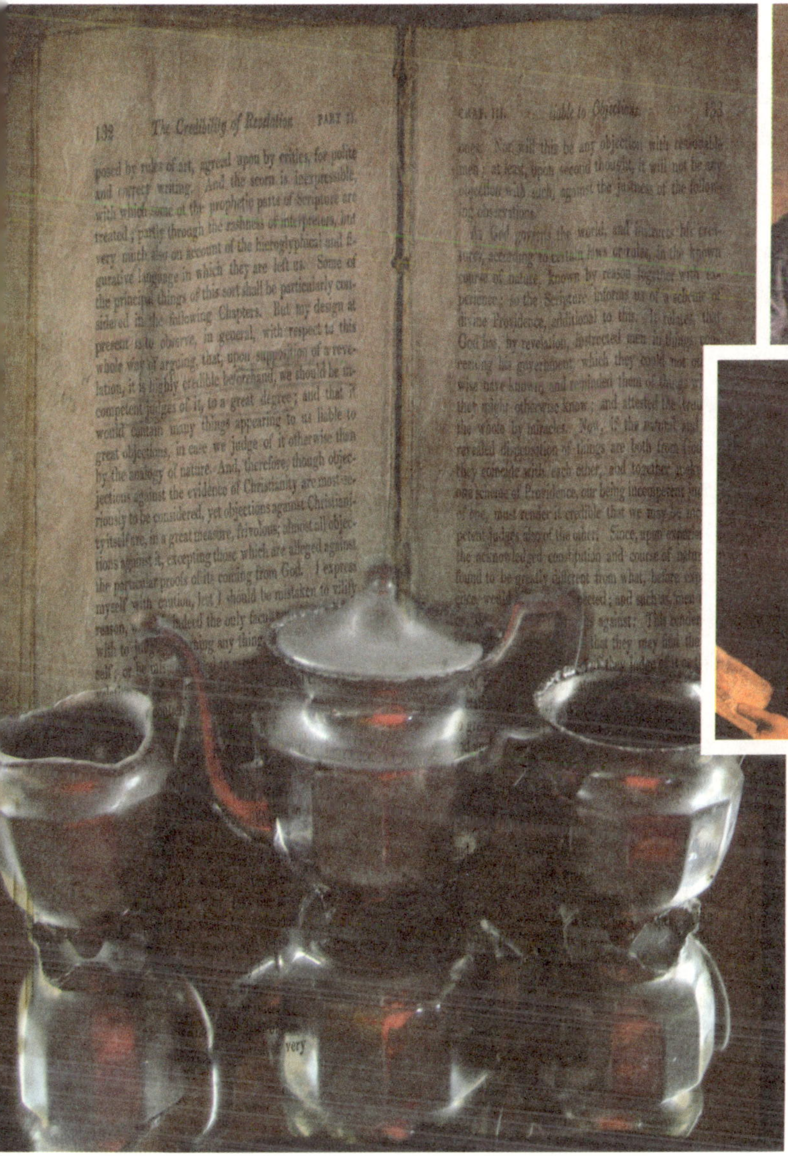

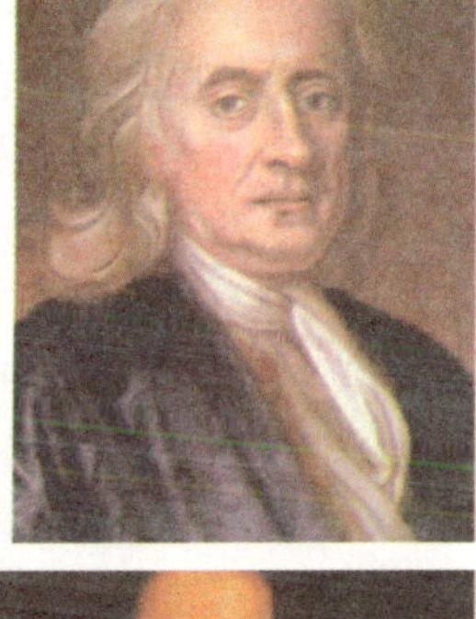

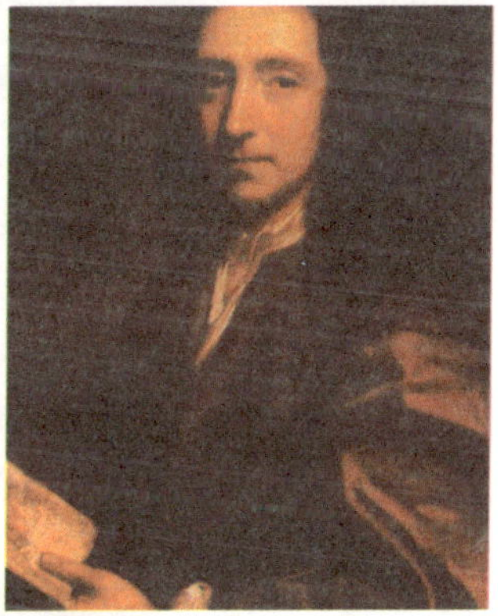

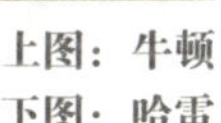

上图：牛顿
下图：哈雷

比如解剖一只海豚什么的。或者，哈雷也会陪牛顿聊聊今日伦敦交易市场哪支股票比较赚钱——要知道，牛顿可是在股市里砸进去不少钱呢。牛顿的灵感也常常受到哈雷的激发。在伦敦的希腊咖啡馆(*Grecian's Coffee-house*)，许多皇家学会的会员经常在此讨论问题，这使得希腊咖啡馆呈现出与别家不同的气氛来。1683年一个夏天的夜晚，哈雷、胡克(*Robert Hooke*)和雷恩(*Christopher Wren*)碰巧都在希腊咖啡馆里喝咖啡，几位科学家见面话题自然离不开太阳星星。这时，雷恩提出了一个问题："为什么天体运动是一条椭圆形的曲线？"这位可爱的天文学家出了四十先令，悬赏正确答案。于是，哈雷和胡克皆默不作声，各自思考起来。不一会儿，胡克开口说自己知道答案，但就是不想公布，他一边说话，一边看看哈雷，然后继续说道："我之所以不想公布答案，是因为说出来之后别人就享受不到发现答案的乐趣了。"说完，胡克便哈哈一笑，这一笑让哈雷在回去之后辗转难眠，一直不停地思考这个问题，但还是没有答案。后来，他索性起身，奔到牛顿在剑桥的家。牛顿并没有觉得这个不速之客有多么冒失，而哈雷也只是一边悠哉地喝着主人准备的咖啡，一边貌似不经意地从脑海里随手拎出一个问题，向牛顿抛去："要是太阳的引力与太阳和行星的距离成反比的话，行星应该是一个什么样的运动轨迹？""椭圆！"手上忙个不停的牛顿不假思索地答道。乍一听，哈雷喜出望外，他又追问道："你是怎么知道的？""我算过。"牛顿显得证据确凿。哈雷继续不依不饶，他一定要看看牛顿的计算资料。可牛顿翻箱倒柜地找了半天也没找着，于是，他干脆抓过手边的一张白纸，当场埋头苦算了起来。哈雷在旁边等啊等啊，而牛顿则不小心把自己绕进了一个由庞杂的数据组成的迷宫里，再也出不来了。两年之后，牛顿终于给了哈雷一个答案，他把答案写进了自己的书里。这部《自然哲学和宇宙体系的数学原理》凿穿了神学坚实沉厚的墙幕，为人类带来了科学之光。哈雷惊叹不已："世界上不可能有谁会比牛顿更接近上帝！"言下之意就是，牛顿你可真是个奇人！既然作为一个奇人，牛顿会经常名副其实地做出一些奇奇怪怪的事情出来，比如误将钟表当鸡蛋放入沸水中煮等等。不过，这些奇事只能算是芝麻小事，更奇特的事情在牛顿这里比比皆是。比如，把一根用来缝牛皮的长针插进眼球和眼骨之间，然后用手反复地捻着长针，形态酷似针灸；或者仰头一动不动地盯着太阳看上老半天，直到眼睛受不了才躲进暗室里，然后花上好多天时间去修复。这些行为，只源于好奇。牛顿读书的时候，对学校的数学教材十分不满，他决定自己动手研究，就这样发明了微积分，可对此他却一声不吭，直到过了二十七年之后，才被人发现；而他的光谱学基础理论也是被捂了三十年才公诸于世。牛顿的人生中有过一次奇特的求婚经历，可唯一的罗曼史也因科学家思想开了小差而以失败收场。那一天，牛顿终于下定决心向一位姑娘求婚，这样的行为在别人看来，简直是破天荒之举：这位平日里总是不修边幅、满脑子二项式定理的大学教授终于开始考虑终身大事了！美女在旁，牛顿的脑子里居然还是一堆数字定理，说着说着，他就忘乎所以，抓住姑娘的手指就往烟斗里塞——他把人家的指头当成通烟斗的通条了！后来，牛顿当然没结成婚，而且一辈子单身。他的世界里，只有定理和运算，再也容不下其他了。1727年3月20日，科学巨人牛顿去世了。诗人蒲伯为他写下墓志铭："自然和自然规律隐藏在黑暗之中。上帝说：让牛顿出世吧！于是一切豁然开朗。"

牛顿的咖啡馆好友哈雷是第一个发现哈雷彗星和恒星自转的人。这个十七岁就进入牛津王后学院的天才小子，大学还没毕业就从那里跑了出来。他搭乘东印度公司的航船，在大海上颠簸了三个多月，只身来到南大西洋的圣赫勒拿岛，在那里创建了人类第一个南天观测站。一年多以后，哈雷通过自己长期的观察绘编了世界上第一份高精度的南天星表，被后人称为"南天第谷"。回到英国之后，二十二岁的哈雷当选为皇家学会会员；1720年，他又成为格林威治天文台的台长。与离群索居、偶尔才去咖啡馆坐坐的牛顿不同，哈雷是一个喜欢扎堆、精力充沛的可爱之人。他有过远洋的经历，还当了船长；他铸造钱币，担任过皇家造币厂的副厂长；他发明了潜水钟、气象图，甚至人寿表；他为地球算年龄，研究过如何对鱼进行保鲜……他说地球是个空心球，有三层同心地壳和一个地核，人住在最外面这一层。他对彗星似乎有着异于常人的敏感：他在一次法国之旅中看见有史以来最亮的一颗大彗星，两年之后，哈雷又看到了另一颗大彗星。这两颗彗星在他的心中留下了深刻的印象。1682年8月，一颗闪亮的彗星拖着尾巴划过天际，它的出现引起天文学界的高度关注。年仅二十六岁的哈雷惊讶地发现，这颗彗星似曾相识！在长期的记录、观测和研究之后，哈雷预言道：1682年出现的这颗彗星将在1758年或者1759年再次回归！此时，哈雷已年届五十，若要验证预言的真实性还需半个世纪之长。果然这颗彗星真的又拖着它的扫帚尾巴飞回来了！可是，预言它回归的哈雷早已经不在了。虽然如此，但"哈雷"这个名字和科学的精神却永远为世人铭记。为了纪念哈雷，这颗彗星被命名为"哈雷彗星"，成为彗星中最著名的一颗。

普罗大众

法国有一首名叫《三只鸽子咖啡馆》的歌曲，由香颂歌手乔·达西(*Joe Dassin*)演唱。前奏过后，充满磁性的低沉嗓音唱起，带我们缓缓滑入一段黑白的电影记忆。

这故事关乎一个忧伤的爱情：男主人公和女主人公生活在同一个城市，为了生活，各自奔忙。每一天，他们在同一个时间起床，匆匆把门一甩，赶赴地铁站。他们总在路边的面包房买点早餐充饥，然后终于气喘吁吁地站上地铁、抓着扶手，看车厢里那些陌生的面孔，今日与昨日的绝无重复……每一天他们都与无数的人擦肩而过，却从不知那些人叫什么名字，也从不关心。因为，这样的相遇每时每刻都会发生，就像大海里的鱼，游到一起又游开，到下一个目的地。大城市的生活，以自己为圆心展开，其他人皆是生活的背景。灯红酒绿的街上，人群是主要的背景，每一个人都在他人构成的街道背景前闲荡，又成为他人的背景。在这个都市里，男主人公和女主人公看上去就是两条永远无法相交的平行线。

但有一天，他们在这家三只鸽子咖啡馆遇见了。起初，两人并不相识，也未曾在意，只是坐在各自的位置，点一杯咖啡，坐着发呆或看书，互为背景。过了一阵子，两人又在同一个下午来到这里打发时间，彼此照面，在心里记住了对方。第三次，他们再一次相遇这里，那感觉像是熟人，于是远远点头友好地招呼。终于，在一个冬日，他们俩坐到了一起，开始谈天。两颗年轻孤独的心原来各自漂泊在都市里，寻找着一丝温暖的慰藉，现在终于让他们在咖啡馆里遇见彼此了。他们聊生活、聊文学，讨论哲学欣赏音乐，无话不谈。天气晴朗惠风和畅的时候，他们移到室外的露台上，看广场上人来人往，晒一下午的温暖阳光。他们从来不曾约定时间，但总是能不约而同地来到这里见面。在他们之间，存在着一份难得的默契，有一种心照不宣的懂得。有时候，他们从咖啡馆走出来，一道漫步在巴黎的街头，将咖啡馆里的话题延续下去，直至道别。这个城市的冬天虽寒，但他们因为认识了彼此而让生活里充满了融融

的暖意；当冬天快要过完的时候，他们居然还有点恋恋不舍。

可冬天还不曾全部离去，春天已经按捺不住自己的脚步，转瞬即到；小伙子没想到，那个女孩离去的脚步也同春天一样匆匆，来不及说一声再见。有一天，女孩没有来，小伙子一个人坐在桌边怅然若失。在春寒料峭里等待的他这才发觉，原来女孩和这家咖啡馆早就已经成为自己生活的一部分了。一连几天，小伙子总是独自一个人坐在他和女孩常坐的咖啡桌边等着她出现，然而等到夜幕降临、华灯绽放，也没有盼到女孩的出现。她病了吗？她离开巴黎了吗？这城市人海茫茫，女孩就像断了线的风筝，隐没在人群里，再也找不见了。小伙子依旧坚守着往日的习惯，早晨时匆匆出门，坐地铁上下班，到咖啡馆里来坐坐，透过落地窗户看街边的风景，同时自己也成为别人眼里的风景……歌曲最后的低吟浅唱，一遍一遍地反复，是他对她无法停歇的思念和热望。

发生在三只鸽子咖啡馆的这个故事讲述的是人与人之间从相识、相知再到相爱的过程；看似无涉的两个人在咖啡馆里写下相遇的开头，这才有了故事的继续。在城市里，咖啡馆是一处别样的所在：咖啡馆的门窗、桌椅、咖啡杯、墙饰，构筑了一个可以承载人想象的舒适空间，流淌的音乐和流动的街景像是一场流动的盛宴，让人陶醉其间。咖啡的香气弥散开来，浓郁得挥之不去，随之浮起的是浪漫的气息，有点慵懒，有点惬意。在这样的时光里，短针一样的人、长针一样的影子在表盘上缓缓移动，一格一格地数落心情。独坐的人，迷失在思绪里，有时候就不经意地带上了一种拒绝的神情；而朋友们约在一起，则往往会在咖啡之外再点一些果汁、威士忌之类的饮料，以调节气氛。久未见面，依然

咖啡

是街边拐角处的这家咖啡馆，在老地方，说旧人旧事，也谈谈近况，一切都还是那样熟悉，感觉从未离开。

不必说那文人荟萃的普罗可布咖啡馆，不必说那艺术家聚集的灵兔之家咖啡馆，也不必说那游人如织的花神和双偶，单说说巴黎街头、维也纳小巷里、水城广场边上的小咖啡馆，也足以写成一本《一千零一夜》。进出这些小咖啡馆的人都是如我们一样的寻常人，店员、学生、教师、工人……他们或是住在附近，或是在下班的途中驻足于此，他们之所以来这里，乃是出于一种习惯，咖啡馆是他们日常生活里的一部分，是他们的休闲之所。

“休闲”这一概念的诞生，其实与资本主义生产方式的发生和发展密切相关。在传统的农业社会里，自然经济占主要地位。在传统的生产方式支配之下，人们遵循的是日出而作、日落而息的作息时间，生活的步调与生命的节奏保持一致。一天到晚，有活就干，无活便歇，不论忙闲；除了在田园里劳作，家里也有许多活要做，喂马、劈柴……可以说，在传统的田园生活里，没有严格意义上的工作场所和工作时间。到了资本主义社会，机器大工业生产不仅让农民失去土地，成为雇佣工人，也将他们限制在一个固定的工作场所中——工厂；与此同时，这样的生产方式也在他们身上规定了严格的劳动时间。“朝九晚五”的时间是历史上几次工人罢工之后才争取而来的宝贵惯例；在资本原始积累的阶段，那些工人往往要在恶劣的条件下持续工作十七八个小时。就这样，人们离开了原始的自然时间，用钟表时刻来衡量日子，一天被割分为二十四个小时，其中一部分是工作时间，剩下的则是闲暇时间。就这样，产生了休闲的概念。在资本家的眼里，适当地给予工人休息和休闲，是为了第二天他们能更有效率地工作，从而为自己创造出最大的剩余价值。在19世纪20年代以后，咖啡逐渐成为工厂里工人们的提神之物。那个年代，科学技术不甚发达，资本家只有通过增加劳动时间、提高劳动强度的方式，才能生产出更多的产品，获取最大的利润。于是，咖啡就成为工人们持续加班之后的最佳饮品。一杯咖啡下肚，劳累和疲倦在咖啡因的作用下被暂时忘却；喝咖啡的间隙也成为单调的工作里唯一的偷闲和乐趣。当一天的工作终于结束，工人们并不立刻回家，而是来到附近的咖啡馆。与那些富丽堂皇的皇宫式咖啡殿堂相比，这些门脸矮小的咖啡馆并不舒适宜人，却也是工人们休息放松的好去处。咖啡馆是除了家之外的第三个空间。这些面向工人阶级的咖啡馆并不仅仅提供咖啡，也兼售酒类。三杯两杯下肚，粗犷的工人们一阵脸红耳热，接着，咖啡馆里便开

始嘈杂起来。他们肆无忌惮地玩笑，让工作的辛劳和郁闷都随着爽朗的笑声一起飘散在空中，如浮云般飘散。明天，太阳依旧升起，生活仍将继续。

如今，当你走进巴黎或者维也纳街头的某一家小咖啡馆，它虽然不大，但桌椅总收拾得妥当干净，桌上的花朵也总是新鲜，端上来的咖啡总是香浓。这儿的顾客总是固定的，他们每天在上下班的时候经过这里，踱进店里小坐一会儿，与人聊聊天，或是与熟人打个照面，然后匆忙离开。到了晚上九点以后还留在咖啡馆里的客人常比较悠闲，他们往点播机里投进几个钢镚儿，点一首自己喜欢的歌曲，一边喝着咖啡，一边聆听歌曲。这些散落于城市各处的小咖啡馆虽无艺术家在此交流，也无哲学家在此沉思，更无文学家在此写作，但却有许许多多的普通人在此谈天说地。这些咖啡馆温馨如家，又亲切如友，它们记录着这个城市的点滴，也见证着生活于城市中人的悲喜；它们静静地立在街角、在广场边，也在你想推进去的那扇门后……

第四章　芳影寻踪

佛洛里安，不见不散

亚得里亚海清新的晨风将“海的新娘”威尼斯从昨夜蜜甜的酣梦中轻轻唤醒。在幽深的水巷里，一条弯月般的小船划过水面。桨声欸乃，威尼斯又开始了美丽的一天。圣马可广场上照旧是人头攒动、鸽子成群。它的四面皆被教堂和宫殿所包围，只余南边一侧面朝大海，海面上一排彩色的贡多拉如花朵般绽放。广场的“圣马可”之名得自坐落此地的圣马可教堂。这座金碧辉煌的教堂建于9世纪，几经灾难和修葺，逐渐变成如今的这一派宏伟景象。这座拜占庭风格的教堂总体上呈现为希腊十字形，五座半球形圆顶和五座棱拱形罗马式大门赋予它恢弘的气势，而顶上兼具东方式与哥特式的尖塔、大理石的塑像、浮雕以及花形图案等，则描绘出它宏大轮廓下的繁华瑰丽。这座教堂本身堪称建筑艺术上的杰作，此外，它更是一座收藏了丰富艺术品的宝库。因为从1075年起，所有从海外返回威尼斯的船只都必须带来一件宝物用以装饰圣马可教堂；久而久之，教堂里便积聚了从世界各地而来的宝物，有些甚至价值连城。圣马可教堂除了收藏各国珍宝，也葬有马可(*St.Marks*)的遗骨。一旦说起这事儿，真可谓奇特。马可出生于法国的蒙伯利埃，跟随圣徒彼得四处云游、传播教义，被彼得视为一名得力的助手和自己属灵的儿子。聪颖勤奋的马可深受福音的感动，将旅行途中的见证一一记载于册，编成《马可福音》，后被收入《新约圣经》。此后，马可被派往埃及传教，成为这个文明国度的第一位主教。也正是在埃及的亚历山大港，马可惨遭异教徒杀害。客死异乡的马可本应该“马革裹尸”回到家乡蒙伯利埃的，可是威尼斯商人却把马可的尸体盗走了。他们在临海的一片地方给马可建造了一座教堂，教堂的正面刻上了两面浮雕，浮雕上描绘的是马可在意大利行医的情景。当年，威尼斯商人经常前往东方贸易，他们不仅从那里带回了东方的珍馐逸品，也带回了病菌顽疾，鼠疫就是其中一种。因此，意大利北部时常鼠疫肆虐，殃及城邦。曾经一度在意大利北部传道解惑的马可也不幸染上此疫疾，只身一人被困林中，奄奄一息。一个夜里，天使出现，神迹彰显：马可竟然痊愈了！康复后的马可蒙受恩典，于是行走乡间，为人治病。他的善心和医名随着足迹，遍布意大利。威尼斯商人偷走马可的尸体，并为之建起一座教堂，是为了让马可在生前身后都能护佑一方，为当地人消灾解难。自从圣马可教堂建立起来之后，每当疾病肆虐、瘟疫流行，威尼斯人总会到教堂里祈祷平安。渐渐地，广场上的人越来越多，随人一起增多的是成群的鸽子，这里遂成为威尼斯嘉年华的主要场景。圣马可教堂的两旁是新旧行政官邸，官邸的一楼开满了咖啡馆，佛洛里安是其中最古老、最著名的一家。

佛洛里安诞生于1720年12月29日，原名“凯旋威尼斯”(*Alla Venezia Trionfante*)。开业最初，新咖啡馆的店面并不扎眼，小小的厅堂里只燃着一盏油灯照明，根本不惹人注意。但由于老板佛洛里安诺·法兰西斯康尼(*Floriano Francesconi*)为人热情活

夜色中的佛洛里安

络，又善于经营，没过多久，这家咖啡馆就成为很多威尼斯人爱光顾的地方。18世纪的威尼斯咖啡馆，赌博泛滥成灾，凯旋威尼斯也深陷泥沼，成为远近闻名的赌馆。在这里，经常有一夜暴赢的神话或是倾家荡产的悲剧轮番上演。当水城里众多的咖啡馆在当局的取缔措施下纷纷倒闭时，凯旋威尼斯却总能在禁令的高压下全身而退。这一切都缘于老板佛洛里安诺在政府里拥有的广泛人脉，以及他自己炮制出来的新闻，什么“昨天本咖啡馆把一个赌徒赶走了”、“今天本咖啡馆又轰出去一个骗子”……诸如此类的自我炒作，让凯旋威尼斯成为民众眼中的“良民”、政府眼中的“守纪分子”；而掩藏在表象下的真相，只有出入这里的上流赌徒才心知肚明。他们总在一天中的傍晚时分呼朋引伴：“走，咱们去佛洛里安！”于是，人们渐渐以“佛洛里安”这个名字来称呼这家咖啡馆。1773年，老板佛洛里安诺去世，接替者是他的侄子瓦兰汀诺·法兰西斯康尼(*Valentino Francesconi*)。比起佛洛里安诺，其侄子的经营才能是有过之而无不及。1797年后，威尼斯曾陷于法国和奥地利的轮番统治下，政治局

Florian

势十分动荡。在拿破仑占领时期，咖啡馆的名字——“凯旋威尼斯”这几个字在威尼斯人的心里唤起了爱国的情绪，许多学者、作家、艺术家等经常聚首于此，共同声讨法国，商议威尼斯的出路。为此，咖啡馆常常受到法国总督的“关照”。无奈之下，瓦兰汀诺干脆摘掉惹怒法国人的咖啡馆招牌“凯旋威尼斯”，换上“佛洛里安”；同时，他通过租下咖啡馆后面的四间房子，延长营业时间的办法，趁着动乱年代竞争者们难以为继的时候，一举扩张自己的咖啡馆。1848年到1849年，意大利国内爆发革命，佛洛里安被迫歇业，改作野战医院。曾经摆放咖啡桌的大堂里横七竖八地躺着伤员。战后，佛洛里安重新开门迎客，但瓦兰汀诺的儿子身心疲累，决定将咖啡馆出售。新老板斥巨资翻修咖啡馆，店门被加高加宽、厅堂里的壁画全部翻新重绘，其内部的格局也得到改变；原先的大厅里再筑五间相互连通的迷你厅房，分别是季节厅、自由厅、议会厅、文明厅、中国厅。于是，佛洛里安就成为现在的模样：“……就像玛丽莲·梦露香肩上羽毛披肩的气息一样无法形容。一间厅堂紧连另一间厅堂，之间的屋门敞开着，一面接一面的墙上是令人叹为观止的壁画——王子、美女和芳香依旧的花环，色调温馨，古朴浪漫，历久弥新。椭圆形、四方形的大理石桌一直延伸到店外的拱廊，店内点缀着堂皇的石柱。这儿有一间敞亮的厅堂，就像人的左心室，不断注入美艳的血液，并不断提醒我们这些凡夫俗子要注意休息。咖啡和饮料格外昂贵，使得人们不得不用肃穆的虔诚细心品尝。只要你坐一会儿，你就会明白这里为什么具有如此的魔力——惬意地坐在世间万事万物之上。”而佛洛里安最有特色的莫过于店里的中国人画像了。法国作家亨利·雷尼耶(*Henri de Regnier*)对这幅画似乎有别样的感情，并不惜浓墨重彩地描述它：

“这个中国人其实是个可爱的人像，在咖啡馆内那面墙上，他的笑容亲切，并带着些许的骄傲站在那儿。他穿着一件有着珊瑚纽扣的短袍，脚上是造型优美的鞋子，有着典型的东方面孔及黄色皮肤。他蓄着长长的中国式胡须，就像当时画在中国花瓶上的人物一样。他袍子的袖子自然是呈宝塔形，他头上戴帽子，并垂着一条保养得很好的辫子；他细长的眼睛透露着友善的笑意，却也有些许的嘲讽。他骄傲地站在那里并不是没有原因的，因为他并不单单是一个中国人，而是‘那个’中国人，或甚至是那个亚洲人，他展现的正是亚洲人精致的形象，而这种形象被世界另一端的佛洛里安咖啡馆拿来当作装饰。我们常常在他站着的那个角落下找位子坐，那里俨然成为一个碰面的地方。‘五点整，中国人下面见’就是说，人们约好在这个时候到佛洛里安，

意大利著名情圣卡萨诺瓦的雕像

圣马可大教堂

在大理石桌旁的红丝绒椅子上碰面，点杯潘趣酒，或来杯马拉趣诺甜酒，毕竟，在威尼斯的咖啡馆里总得喝点酒类的饮料……今年我们又在十月来到威尼斯，并且又到中国人下面碰面，他看起来还是那么迷人，他欢迎我们进入他的殿堂，他对这里的顾客仍然是那么友善。佛洛里安仍旧是日以继夜地开着，你如果不想睡觉，可以在这儿一直打发时间到黎明，如果你遗失了钥匙，也可以在此等候到第二天的早上……"

经过战争磨难和岁月风霜的佛洛里安咖啡馆成为威尼斯城里最负盛名的一处所在：爱国者在此演讲策反、艺术家们在此聚会谈天、作家们在此奋笔疾书；生意人通常都会在早上来佛洛里安，对经济局势感兴趣的他们讨论的是伦敦股票行情，或是签订合同；律师们干脆把办公室搬到咖啡馆里来，面对当事人，咖啡馆的环境似乎更能让他们心平气和地提出明智之见。午后的佛洛里安将晨间的严肃话题抛却一旁，显得懒散倦怠。此时，贵族的男女终于从卧室里起身，缓步踱进咖啡馆，从享受下午的时光开始一天无烦无忧的生活。到了晚上，佛洛里安则是一派随和，不论身分职业，各色人等都挤在这里，有热烘烘的咖啡陪伴，灵思奇想，妙语连珠，话题接连不断，从未有过冷场的时候。

1760年2月6日，意大利第一份报纸《威尼斯日报》在佛洛里安咖啡馆里诞生，办报人是意大利诗人卡洛·戈奇(*Carlo Gozzi*)和他的哥哥伽斯帕罗·戈奇(*Gasparo Gozzi*)。在《威尼斯日报》的创刊号上，赫然写道：本报可在圣马可广场上的佛洛里安咖啡馆里购买，想为报纸提供消息的人也请到佛洛里安。从此，佛洛里安就成为威尼斯城里消息和交易的集散中心，任何事情似乎只要到了佛洛里安就能被轻松搞定。"遗失一个内有五枚威尼斯金币和银币的绿色丝质手提包，拾获者请交给佛洛里安诺先生，他将代我保管，并给拾包者一枚金币以资酬谢"；"贩卖稀有物品。我们这里收藏有著名艺术家的稀世珍品，有意购买者请至佛洛里安与代理商联络，您可以从代理商那里得知有关名画收藏地与出售者的具体信息"；"画家弗朗西斯科·古阿迪(*Francesco Guadi*)又有新作问世，有意购买者可到佛洛里安与画家联系 "——成名之前，画家古阿迪可是在咖啡馆里用画卖钱来喝咖啡的啊！彼时只能换得一杯咖啡的画作，日后却是价值连城。

意大利情圣吉亚科莫·卡萨诺瓦(*Giacomo Casanova*)在此喝着咖啡，如猫那样半眯着慵懒的眼睛，饶有兴致地观赏着咖啡馆里的莺莺燕燕，为下一回合的猎艳做准备。每当从咖啡馆里带出去一个新女友时，卡萨诺瓦总要与她一起乘坐贡多拉，在日

乔治·桑墓

落的钟声响起的时候通过叹息桥；在那个刹那，卡萨诺瓦不失时机地向恋人献上一记长长的热吻，直到她融化在自己怀里。威尼斯水道纵横，桥梁众多，叹息桥是其中最经典的。桥的一端是总督府的法庭，另一端则是牢房，一座桥连起了一个犯人的生死命运。在过去，犯人在总督府的法庭里接受审判之后，都会被押上桥、送进对岸的牢房。这些犯人在过桥时，总能看见威尼斯美丽的风光，想起自己年轻时候曾与恋人在桥下幽会的情景；当时是年少轻狂、幸福时光；如今则锒铛入狱、潦倒不堪，此番情状，怎不叫人深深叹息——“叹息”之名由此而来。其实，在“叹息”之前，这座桥却有一个美丽的名字叫“日落桥”。自古以来，桥下就是情侣们约会的地方。卡萨诺

圣马可广场

瓦这个翩翩佳公子于日落时分在桥下的每一记深长的吻都无愧于自己“情圣”的名号。为了纪念他，威尼斯人在桥不远处立了一组雕塑：风流倜傥的卡萨诺瓦手挽一位纤细的贵妇，他的风度永远如此翩翩，他的眼神永远这般柔情。

相比情场得意的卡萨诺瓦，思想家卢梭在这方面则显得“心有余而力不足”了点。在《忏悔录》中，卢梭坦白了自己曾在佛洛里安咖啡馆找妓女的经历。1743年，卢梭在法国驻威尼斯使馆觅得一份差事。他的顶头上司是法国驻威尼斯大使康特·德蒙泰伯爵(*Comte de Montaigu*)。卢梭除了要跟随伯爵外出公干，也随他一起沉溺于水城的声色欲望里。此时，他邂逅了城中名妓，人称“威尼斯美女”的吉莱塔(*Giulietta*)。那个夜晚对卢梭来说简直刻骨铭心：“我刚刚体会到她温柔的爱抚，就出于对失掉的担心，而迫不及待地想采摘果实。但是内心的烈火，却被涌流在脉管中的致命冷血所取代。我手脚战栗，头晕不适，因此我坐起来，竟像孩子一样呜呜地哭了。”见此情状的冷美人抛出一句诘道：“嘿，可怜的孩子，你最好还是别碰女人，好好去学数学吧！”受到刺激的卢梭从此厌倦城市的浮华生活，转而向往归隐田园，潜心向学。

1818年初，叔本华(*Arthur Schopenhauer*)来到威尼斯。初来乍到的叔本华面对这个拥有灿烂文化的国度，一时之间迷失了方向：这里实在有太多可看的了！因此，他写了一封信给歌德(*Johann Wolfgang von Goethe*)，请求诗人支招。歌德想起，此时英国诗人拜伦(*Byron*)正在意大利，于是，歌德写了一封信给拜伦，将叔本华拜托给这位英国勋爵。只是，年轻的哲学家和英国诗人还未来得及互相带着介绍信、正式登门造访时，就在路上意外碰见了。有一天，叔本华正和自己的情人都绮妮亚(*Dulcinea*)一起散步。忽然，女士两眼放光，接着用兴奋地声音喊道："他是那位英国的大诗人耶！"叔本华循着她目光的方向看去，一个男士骑马经过。此后的一整天，都绮妮亚都沉浸于碰见偶像的花痴状态，口中一直念念有词。叔本华于是在心里决定：要把歌德的信留着，不去找拜伦了！

1833年到1834年，巴黎的流言蜚语将一对情侣逼到了威尼斯，他们是28岁的小说家乔治·桑(*George Sand*)和22岁的浪漫诗人阿尔弗雷德·缪塞。乔治·桑是已婚的大公夫人，平日喜欢穿男装、抽烟斗，行为做派十分前卫。缪塞写信向乔治·桑表达浓情爱意，乔治·桑于是被诗人打动，一段轰轰烈烈的恋情就此拉开帷幕。在威尼斯，这一对情侣就住在丹尼耶利饭店，他们常常会到佛洛里安来。乔治·桑是一个工作狂，每逢写作时，都会进入一种忘我的状态，即使生病，她也会强迫自己每天完成一定的工作量。为此，她常常忽略诗人的感受，诗人便指责乔治·桑，说她没有感情。当小说家不顾一切地进行写作的时候，诗人只能用喝酒和嫖妓来自我安慰。最后，缪塞终于病倒了，高烧不退，胡言乱语，乔治·桑非常担心。在给法国友人的信中，乔治·桑忧心忡忡地写道："他脑部的神经受创很深，所以他不断陷入神志昏迷的状态中。不过，今天他的病情有极大的进展，他又恢复了意识，并且非常沉默。然而，昨夜实在是非常可怕，在长达六个小时的时间中，他失去理智，甚至在两个壮汉的监护下仍光着身子在房子里乱跑、大叫、唱歌、哀嚎、扭打。天啊！这是个怎么样的景象……幸好，我终于找到一位年轻的医生，可以日夜照顾他。"但很快，原本是来照顾诗人的年轻医生帕嘉洛(*Pagello*)将越来越多的心思放在乔治·桑的身上，他爱上了小说家。这样一来，缪塞的情形就越发严重。当他的神志恢复清醒，见到自己的情人与医生在一起了，失望、愤怒的心情几乎要再次将他吞噬。他愤然离开威尼斯，回到了巴黎。乔治·桑旋即搬到医生家里，开始与新情人同居。这时，她完成了小说《贾克》的写作。没过多久，乔治·桑似乎又因为自己离开缪塞而深表后悔，她向前男友写去了许多情书，甚至剪下长发，随信寄去，表达自己的思念："我现在几乎是完全孤独，我不断抽着烟斗，每天还可以喝掉两千五百法郎的咖啡。"缪塞也自始至终没能忘记乔治·桑，于是爱火复燃。但没过多久，两人又再度分开。这样的感情，也许注定了从一开始起就是悲剧；但不管怎样，正是因为这些情侣们，佛洛里安才有了穿越数百年的浪漫盛名，经久不衰。

1848年，正值意大利革命期间。英国艺术评论家约翰·罗斯金(*John Ruskin*)与太太艾菲(*Effie*)来到威尼斯。年轻的艾菲很快喜欢上了这个地方，她给身在英国的母亲写信，兴奋地讲述威尼斯的见闻："在黄昏时，这广场就像是个很大的客厅，这客厅被环状拱廊上的煤气灯照得通明。那里坐着男士女士，喝着咖啡、冰水，抽着雪茄，在一旁有很多的男女老少、军人、土耳其人及一些希腊造型的人物在其中上下游走。人们的头顶则是繁星满布的夜空。我和约翰昨天在那儿一直散步到晚上八点，置身在人群之中，在拱廊下啜饮着咖啡，这真是一件令人喜悦的事。"而美国作家威廉·狄恩·豪威尔斯(*William Dean Howells*)于1861年起就在威尼斯的美国领事馆任职。他常常来圣马可广场消磨时间，佛洛里安是他最愿来的地方。因为这里有许多形形色色的人，在他看来，这些"拥有不同政治色彩的人在这个典雅的交谊厅中碰面，但另一方面，那里也有许多团体，他们之间是不相往来的"。作家以其特有的敏锐观察着咖啡馆里的众生相，他发现，"意大利人喜欢在以绿色丝绒为衬底的厅房碰面，而奥地利人喜欢红丝绒的家具。意大利人通常是沉默懒散的：他们之中的老年人通常坐着，手很小心地握着拐杖，他们不是注视着地面，就是沉浸在法文的书报中，仿佛要把书报中的内容都看遍；年轻人多半站在门口，不时地与那些穿着黑色外套戴着白色领带、举止典雅的侍者开着无伤大雅的玩笑。这些侍者随着客人的呼唤在小桌子间穿梭，柜台出纳也不时以高分贝的声量要侍者到柜台去。有时候，这些闲散的年轻人也会走到那间专为女士准备且禁止吸烟的房间去一饱眼福，然后再回到他们那些沉默的伙伴身边。我偶尔也会看到有年轻人在下西洋棋，不过这种情况非常少见。这些年轻人多半穿着讲究且体面，留着细心修饰过的胡须，穿戴着光鲜的帽子和鞋子，衣着特别干净。我常问自己，他们到底是谁？他们是属于哪个社会阶层？他们是不是除了在佛洛里安游荡外就没有其他事可做？直到今日，这些问题仍然没有答案。很多威尼斯人真的就是用这种方式在过日子，许多威尼斯的父亲在别人问起他儿子的职业时，常常会骄傲且大声地说：'Éin Piazza！'这句话的意思就是：他的儿子正拿着手杖，戴着浅色的手套，透过佛洛里安的窗户注意窗外街道上来来往往的妇女。"

1879年春天，小说家亨利·詹姆斯(*Henry James*)来到佛洛里安。这家咖啡馆激发了他的小说《鸽子的翅膀》的创作灵感。接着，灵思泉涌的詹姆斯又创作了小说《一个女人的素描》。作家深深沉醉在威尼斯曼妙惬意的生活中，甚至觉得美好得有点不真实："我住在河上，钢琴广场4161号；从我的窗户看出去是美丽的景致，波光粼粼

的湖水，圣乔吉欧的红色围墙，河流下沉的曲线，远处的小岛，码头的生活，游船的侧影。在这里，我每天勤奋地写作，完成我的小说，就如人所说的，这是种充满光明的生活，有时候还因为太过快乐而显得有些不太真实。我白天出门，先到佛洛里安吃早餐，然后到斯达比利曼多洗澡，之后就到处闲逛、看画、压马路。到了中午，我到夸德里咖啡馆(*Café Quadri*)吃第二份早餐，然后回家工作到六点，有时候只到五点。晚餐前，我有两个小时的时间坐威尼斯的游船。到了晚上，我则到处走走，到佛洛里安吃披萨、听音乐。”——但这就是在威尼斯佛洛里安的真实生活：五月和十月的白天里，大部分人都会坐在佛洛里安的户外，拱廊上备有皮面座椅，广场上有金属椅子，配着大理石的小桌子；坐在桌边，浅啜着茶或者咖啡，吃一个可颂面包，或是佛洛里安的自制点心葵奇；与邻桌的人聊聊天，要么从入口处顺手拿一份报纸来看看；或者干脆欣赏着圣马可广场的人群和鸽群，耳畔流过的是小咖啡厅乐团演奏的华尔兹或者是阿根廷探戈。不论是当地居民还是外国游客，几乎没有人可以在经过佛洛里安时过门不入。因为，它总是让人带着半怀旧半好奇的心情，去欣赏那些古色古香的壁画和咖啡馆里的其他游客。作家维拉狄米尔·哈利伯(*Wladimir von Hartlieb*)就在自己的日记里写下：“现在我又坐在这家受人喜爱的咖啡馆中，或者我应该正确地说，我认为这里是全世界最美丽也最吸引人的咖啡馆。即使是在冬天，人们无法坐在店外，咖啡馆依旧迷人。这里的人熟悉店内每一间小厅房，厅房就像珐琅制的小盒子，让人想起天方夜谭中的故事。在服务生送来的账单上印着18世纪的图画，这些图画都是画家古阿迪当时卖给佛洛里安的顾客的，这不是件很美好的事吗？对人们而言，这些耸立在大运河上文艺复兴时代的宫殿并不完全属于威尼斯……威尼斯更像是一个东方国家，只是它的血管中流着属于意大利人的那种热情的血液……任何事物都不会打扰到这种美不胜收的景象。”

一个沉醉的夜晚又将过去，黎明即至，到哪里去找一个可以让生活充满喜悦的地方呢？来佛洛里安咖啡馆吧！我们不见不散。

欧笛翁无战事

那是1911年7月1日的夏日黄昏，约六时许，欧笛翁咖啡馆(*Café Odeon*)在众人的翘首企盼下如期开张。这家位于苏黎世美景广场上的咖啡馆“千呼万唤始出来”。此前，一连几天，欧笛翁的老板就已经在《苏黎世日报》上刊登广告，为自己的咖啡馆营造声势，把苏黎世人的胃口吊得老高。这个来自慕尼黑的商人名叫约瑟夫·休登哈马(*Josef Schottenhaml*)，他的欧笛翁咖啡馆堪称大手笔装潢：整座咖啡馆被分为上下两层，在红色大理石铺就的一层大厅里，水晶灯熠熠生辉，照耀着十张巨型的撞球台以及两张比赛专用的撞球台；二百二十个座位分布于大厅里、窗户边、吧台前以及二层的房间里。除了香醇味浓的咖啡和博人一乐的撞球游戏，欧笛翁咖啡馆也向顾客供应著名的慕尼黑狮牌啤酒和凯撒奎尔啤酒，让苏黎世人可以品尝到纯正的德国啤酒；咖啡馆甚至还在地下室设有专属的糕饼店，糕点的烘焙香气从楼梯间、地板的缝隙里寻孔而入，整个大厅顿时洋溢着一种知足又快乐的味道——单是这香味，也足以让欧笛翁咖啡馆拥有众多的铁

ODEON

杆顾客。当时的苏黎世城内，咖啡馆虽说不在少数，但大多位于火车站大街上。火车站大街是条老街，平日里人群熙攘，车子来往行驶，甚是热闹；但对一些喜静的人来说，这样的环境未免有些嘈杂。有别于一般的咖啡馆，欧笛翁则偏偏选址安静的苏黎世湖畔：微风向晚，带来波涛阵阵荡漾的轻柔之声；清澈的利马河一年四季都像在奔赴盛宴的途中，脚步匆匆，湍流不停歇。清风扑面，流水细语，云卷云舒，卧坐此处的欧笛翁咖啡馆颇有种“唯吾独馨”的神情。休登哈马如此另辟蹊径的选择，一来是借了美景广场四周怡人的自然风光，营造出优美的外部环境，二来也不必担心因交通不便可能导致的客流受限，这里刚好就位于电车线路附近。

一百年前老板约瑟夫发的海报

如果没有两次世界大战，欧笛翁咖啡馆也许只是一处可以玩撞球、喝咖啡的休闲之地；或者，人们会在某一个抿嘴的时分，忽然想起它地下室里飘出的糕点甜香，那美好的、全城独一无二的香味——然而，欧笛翁咖啡馆因了瑞士在战争中的“中立”立场而成为一座国际之岛。从此，“欧笛翁”这个词就与一连串闪亮的名字联系在了一起：托洛茨基、毛姆、列宁、雷马克(*Brich Maria Remarque*)、詹姆斯·乔伊斯(*James Joyce*)……

1910年，普鲁士人斐迪南·绍尔布赫(*Ferdinand Sauerbruch*)医生在苏黎世州立医院外科部担任主任，同时兼任医科大学的教授。欧笛翁咖啡馆开张之后，斐迪南便成为座上客。当别的客人端着一小杯咖啡轻啜慢饮的时候，斐迪南的桌上总是放着一个咖啡壶和一个特大号的咖啡杯；他的咖啡壶里装的不是咖啡，居然是香槟！嗜香槟如命的斐迪南在苏黎世州立医院上任之后，遇到了不小的挑战。作为新主任的他本想新官上任三把火，将普鲁士化的命令和严格的从属关系引进瑞士的医院里，此举却遭到医生们的抵抗。为了表明态度，斐迪南的助理医生全部罢工。有一天，斐迪南本来要对六个医学系的学生进行一次考试。但后来，由于一个临时的手术，斐迪南被迫将测试的时间推迟。这个紧急的手术进行得似乎并不顺利，从手术室出来的斐迪南脸上阴云密布；在随后的考试中，六个学生全部被挂。见此情状，学生们只好另择吉日，登门拜访，请求老师高抬贵手。他们特地挑了下午的时间，因为按照斐迪南的习惯，此时他应是坐在沙发上喝着咖啡、抽着雪茄，享受下午时光。当学生们踏进斐迪南家的时候，一只小狗摇着尾巴跑了出来。此时，坐在沙发上的斐迪南向学生发问道："你们知道狗为什么摇尾巴吗？"学生们对这个突如其来的问题深感惊讶，大家面面相觑，不知如何回答。只见这位教授接着说道："狗摇尾巴是因为它很开心看到你们。"学生们听罢，刚想舒一口气，不料，斐迪南却不紧不慢地说着："而我也很高兴，可以不必再看到你们。"就这样，学生们被斐迪南轰出了家门。医院的其他医生们听说了这件事情之后，纷纷表示站在学生们这边。他们抓住此事大作文章，除了支持学生们控告斐迪南之外，也找来记者大肆宣传，弄得人尽皆知，想借此机会将斐迪南排挤出医院。然而，面对医生们的罢工和学生们的投诉，医院的行政机构却一再沉默；斐迪南也如事不关己，仍旧雷打不动地去欧笛翁咖啡馆用咖啡壶盛他的香槟，再倒进大咖啡杯里慢慢享用。

1911年，著名的德国指挥家福特万格勒(*Wilhenlm Furtwagler*)来到苏黎世，成为开业不久的欧笛翁最早的顾客之一。这是指挥家第二次来到此地——几年前，二十岁的他曾受聘于苏黎世剧院，在那里指挥轻歌剧《风流寡妇》。几场演出下来，苏黎世的观众们总觉得这出戏有点不太对劲儿：不仅情侣的对话比一般的演出要多，连演员的台词也翻来覆去地重复。终于，有一天晚上，演出正在进行时，男高音忍无可忍地朝着年轻的指挥咆哮："应该不是这样吧！"就这样，演出被迫中止；福特万格勒也卷起铺盖，离开了苏黎世。事隔几年，指挥家又一次来到此地；只不过，这次是假道苏黎世，在此作短暂停留，然后前往意大利。当年他离去时，乱纷纷的评论声音跟在身后，说他根本不适合指挥轻歌剧；如今回来，则物是人非。尽管再访苏黎世在音乐界内造成不小的轰动，然而福特万格勒似乎无暇理会这些闹哄哄的评论，他只管来欧笛翁小坐半日，耳根也落得清静。

在欧笛翁咖啡馆，还有一个标新立异的客人：她有一个尊贵的伯爵身分，然而她却蔑视一切陈规，讨厌繁文缛节。这位瑞梵特女伯爵(*Reventlow*)曾数次与家人闹翻，最后与贵族的家族断绝了关系，成为一个出走的叛逆者。那个年代，有良好教养的贵族妇女们总会戴着一顶帽子，帽子上还会别上长针。而女伯爵从来都不喜欢用这些麻烦物什，她常常骑着脚踏车来到欧笛翁咖啡馆，潇洒极了。与家族断绝关系之后，女伯爵便开始以写小说和翻译小说为生，但这样的活计对她来说总是入不敷出；不拘一格的她，天生喜爱流浪的生活，在慕尼黑、艾斯康纳等地都有她的身影。因此，人们称她为“慕尼黑波西米亚女皇”。这位“女皇”生而尊贵，但却甘心抛弃贵族的地位，只愿做一个平凡人，满世界地去流浪，自由自在，无拘无束。而另一位伟大的科学家爱因斯坦(*Albert Einstein*)则毫不把钱放在心上，爱因斯坦曾在苏黎世专利局担任过工程师，他也常常到欧笛翁咖啡馆里来。在这里，人们会不时地听见他抱怨钱的事情。只不过，科学家并不是感叹钱少，而是苦恼自己一年四千五百法郎的收入太多了：“我现在拿这么多钱要做什么呢？”世上之人，熙熙攘攘，不是趋钱而往，就是为权而来；如女伯爵和爱因斯坦这般洒脱单纯的人，遍寻世间，古往今来，能有几人？

1913年的墨索里尼(*Benito Mussolini*)还是一个年轻的小伙。那年年初，他怀着美好的社会主义理想来到苏黎世，他即将以意大利社会主义者的身分，向苏黎世意大利籍劳工发表一次演说。在欧笛翁咖啡馆，墨索里尼一遍又一遍地修改着自己的讲稿。他不但在讲稿里对军国主义大加挞伐，也想告诉最广大的工人朋友们，一定要提高无产阶级的影响力。此是一时，彼又一时，谁都未曾想到，当年的热血青年最后居然走上了一条崇尚法西斯战争美学的路线，他犯下的累累罪行，都是被曾经的自己所批判的事情。这个铁匠的儿子原本是一个社会主义者，也坚持无神论；然而，一战的爆发彻底改变了他的思想，让他走上了法西斯的独裁之路。

1914年，奥地利王储和王妃在萨拉热窝遇刺，苏黎世于是成为各国特派记者获取消息的前沿阵地。此时的欧笛翁咖啡馆俨然一个“记者俱乐部”。这些来自巴黎、柏林、伦敦、圣彼得堡等地的精兵干将们在咖啡馆里交换着各自对时局的意见，发表自己的看法，也将最新鲜的消息传回国内：战事真的一触即发了吗？奥匈帝国会出兵塞尔维亚吗？欧洲的政治格局又将如何变化呢？这些话题在咖啡桌上被反复讨论，有时会延续至深夜。在此情况下，欧笛翁咖啡馆不得不一再延长营业时间，从夜半到凌晨，最后通宵达旦。当战争的浓云在欧洲的天空上渐渐拢聚，一场大规模的战争似乎

FINANCIAL TIMES
Digital Equipment to build £82m microchip plant in Scotland

已经无可避免。尽管瑞士政府一再强调要坚守中立，但民众的情绪还是免不了地随局势的紧张而陷入恐慌之中。1914年7月28日，《新苏黎世报》刊出一则说明，这些简短的文字乃是瑞士政府安抚民众的话语："所有关于本国可能将颁布动员令的新闻报道，完全都言之过早。我们应该相信我国联邦议会坚守中立的决心。"然而，面对令人不安的现实，这样的言语显得过于单薄无力，人们照样冲进银行里挤兑，再到商店里把生活必需品抢购一空。7月31日，《新苏黎世报》再发文章称："即使奥国和塞国之间的冲突对我们没有丝毫影响，但瑞士人民，不论在城市或乡村，都产生了我们所不能理解的惊恐反应。在这种情况下，大众媒体应该发挥职责，避免报道未经证实、哗众取宠的新闻，特别是那些令人耸动的标题，像'世界大战吗？''欧洲和平危在旦夕''民族大战''全面动员'等等，诸如此类的标题只是让人们徒生无谓的恐慌而已！"然而，也就是在第二天，战争的火焰被德国点着了：1914年8月1日，德国正式向俄国宣战，同时向比利时下达最后的通牒；8月3日，德国又正式向法国宣战。家乡战火燃烧，留在苏黎世的外国人一个接一个地离去，他们要么返回祖国，要么前往第三国；总而言之，欧笛翁咖啡馆因此受到了不小的影响。作家克尔特•瑞斯(*Curt Riess*)见证了欧笛翁咖啡馆的历史变迁，他在自己的文章中写道："一个新的时代已经来到了！欧笛翁的员工现在才真正了解，他们在此建立了一个国际化的岛屿，任何人都可以停靠的自由港。当然，光临这家咖啡馆的也有瑞士人，或者说得更清楚一点，大部分顾客是瑞士人，特别是苏黎世人。他们有些是常客，有些只是路过看看，一直到现在，只要他们心情好，或在随战争带来的新义务允许的情况下，他们仍常造访咖啡馆。但是那些在这里的外国人……在战争前，谁也不曾在意彼此的国籍是来自德国、法国、奥地利或意大利，但现在，大家才意识到国籍的壁垒分明，因为来自各个参战国的人们都必须彼此道别了。一位在二楼撞球台工作的法国籍员工脱下他的制服，另一位奥地利籍的服务生在昨天辞职，他今天又回来咖啡馆跟大家告别。这两位法国及奥地利的同事彼此握手，毕竟他们曾经是工作伙伴，都同属这个国际性服务生的大家庭。在几周之后，或许他们将在前线相遇——也或者会用枪瞄准对方——谁知道呢？"仿佛一夜之间，原本相处和睦的朋友间产生了国籍的界限，欧笛翁的老板休登哈马也发现自己已经无法将咖啡馆继续经营下去，于是，他打算转让。这时，他的同乡佛瑞兹•塔豪瑟(*Fritz Thalhauser*)将欧笛翁咖啡馆接了下来。

战争还在进行，如火如荼，丝毫没有停歇的征兆；即便中立如瑞士，也难免受其影响。政府下令，自1914年8月11日开始，所有酒吧和咖啡馆都必须在夜间十一点前结束营业；在咖啡馆的包厢内既不能打电话，也不能高声朗读报纸。如此严格的禁令，让人们在咖啡馆的门前望而却步：没有了自由和论争的咖啡馆还是咖啡馆么？但还有一个人却依旧我行我素地遵循自己的习惯——此人便是俄国诗人托洛茨基。这位被沙皇驱逐出俄国的诗人一点也不像一个客居他乡的流浪者：瘦而颀长的身材，总是仪表堂堂。他曾一度流亡于维也纳，但自从战争开始后，他便来到了苏黎世，成为欧笛翁咖啡馆的常客。托洛茨基的言谈中，流露出的是对瑞士所持的中立态度的不信任。在这里，他不但朗读法文报纸、德文报纸，甚至还有波兰文报纸；在这里，他也写出了一篇题为《战争与国际社会》的震撼性论文，一举奠定了俄国反战社会主义的理论基础。

大战期间，欧笛翁咖啡馆还迎来了英国小说家毛姆。这个在一战前就已经蜚声文坛的小说家曾经是一名救死扶伤的医生；后来他弃医从文，成为著作等身的作家。此次来到欧笛翁咖啡馆，毛姆的身分却是一个间谍。毛姆个子小小的，又患口吃，因此，人前他总是感到自卑。而这样的心态反倒塑造了他细腻敏感的内心，使他有了作家的气质。他常常独自不言不语地坐着，也从不与人搭腔，只是用一颗好奇心去发现周围的世界，用眼睛去观察所有细微的征兆，用笔去记录一点一滴。于是，他告别了冰冷的手术台，开始从事创作：剧本、短篇、长篇……在文学领域，毛姆成就斐然，口吃的小男孩成了举世闻名的作家。正是这看似孤僻的性格引起了情报机构的兴趣，在一战期间，毛姆被吸收进英国间谍部门，成为那里的一员，来到苏黎世欧笛翁咖啡馆搜集情报。作家在回忆录中写道："在这个部门的工作唤起了我心中的两种灵感，一种是充满想象力的，另一种则是滑稽的。我学会误导跟踪我的人的方法、和情报员在难以想象的地方用充满机密的方式交谈、以神秘的方式将消息再传递下去、报告必须偷带越过边界。这些无疑都是非常重要而且必要的，但却和小说情节有许多神似之处，常把我带离战争的现实。对我来说，它们都是一些书写的材料，或许将来有一天我会用得到。"在当时的苏黎世，不知潜伏着多少像毛姆这样的间谍，他们从事着掩人耳目的情报工作，尽其所能地将机密发送出去。

毛姆为战争工作，获取情报，也获得写作的灵感；而同为作家的莱昂哈特·法兰克(*Leonhard Frank*)则一直把战争当作靶子，极力地加以批判。这位在1914年出版了小说《强盗集团》的作家一直没有停止自己的思考，他实在是想不通：为什么面对惨无人道的世界大战，有些德国人竟还兴高采烈？在欧笛翁咖啡馆里，作家将思想转化

作家毛姆

为文字，陆陆续续地刊登在苏黎世的《白页杂志》上。1917年夏天，作家终于搁笔完成小说。当这些文章要出版成集时，法兰克却为小说定题而深感苦恼。正在这时，他在咖啡馆里碰见了西班牙社会主义者，后任西班牙外交部长的狄瓦约(*Julio Alvarez del Vayo*)。那一天，他们一直深聊着关于战争的话题，讨论着和平的可能性。这时，狄瓦约说出了自己的见解，他认为：唯有社会主义才有长期和平的可能，因为在这样的世界里，人类心中的善念才会占优势。受到启发的法兰克忽然兴奋地大叫起来："现在我想到我的书名了，就叫做——人性本善！"就这样，新小说以《人性本善》为题出版，在整个欧洲都产生了广泛的影响。这本将矛头直指德国的小说招来了德国政府的禁令。然而，还是有人想出了瞒天过海的办法，比如将小说换一个封皮之类的，然后再将书偷偷寄往德国。在那里，还有许多爱好和平的进步艺术家、作家在法兰克的文字中找到了共鸣。同年，著名演员提拉·杜瑞(*Tilla Durieux*)和自己的丈夫保罗·卡希尔(*Paul Cassirer*)到苏黎世旅游，这对夫妇也常常到欧笛翁咖啡馆来。保罗是一名艺术交易商兼出版商，由于一直资助法国和德国的印象派画家，在德期间，他一直受到德国政府的刁难。这对夫妇来到苏黎世暂避风头，原本以为德国政府鞭长莫及，没想到一纸文书随后跟来，以严厉的措辞要求保罗返回德国，否则就将被视为逃避德国的战争兵役，加以没收财产的处罚。情急之下，提拉向咖啡馆里的另一位客人——著名的斐迪南医生求助。在医生的帮助下，保罗才能以病人的身分继续留在苏黎世，并且持续不断地资助了许多的进步艺术家，出版关于欧洲和平主义的文学作品。法兰克·维尔弗(*Frank Werfel*)是欧笛翁咖啡馆里的另外一位和平主义者。1918年，苏黎世市立歌剧院上演了这位作家的剧作《特洛伊女人》。这部从希腊诗人尤里彼迪斯(*Euripides*)的悲剧改编而来的作品，甫一上演，便收到了广泛的好评和热烈的追逐。在欧笛翁咖啡馆里，维尔弗总是被自己的崇拜者团团围住。为此，他每次不得不悄悄进门，径直走上二楼，偷得一下午的清静。1917年，卡尔·克劳斯从奥地利来到苏黎世。这位作家曾经一度以维也纳的咖啡馆为阵地进行写作；他的成名也得因于一篇声讨维也纳当局拆除格林斯坦咖啡馆的檄文，从此在维也纳文坛声名大噪。卡尔·克劳斯也是一个坚定的反战人士，他的态度与当局格格不入，因此被奥地利政府视为眼中钉，一个不合作分子。他只能离开维也纳，来到苏黎世，并在这里完成自己的反战小说《人类末日》。虽然人在苏黎世，但卡尔·克劳斯仍然保持着自己在维也纳时的生活步调：每天下午才起床，稍微吃点东西之后，他就来到欧笛翁咖啡馆；在咖啡馆里，他与人讨论，也发表自己的感想，在此获得灵感和一些有价值的看法，直到凌晨两点；这时，他才姗姗回家，开始伏案写作，拂晓时分也不休息；最后，当太阳高照，人们又开始一天的生计，作家才在安眠药的帮助下睡去。

在欧笛翁咖啡馆的一个角落里，总是坐着一个低调的客人。他不富裕，一杯四十分钱的茶水有时也叫他有些为难；他不张扬，很少听见他与旁人高谈阔论，至多是与人安静地下棋。这个客人的名字叫乌里亚诺夫(*Wladimir Iljiysch Uljanow*)，他与自己的太太住在镜巷十四号的一个鞋匠家中。鞋匠的家本就不大，那里面只有一个小房间是属于这对夫妇的。糟糕的环境让乌里亚诺夫常常到咖啡馆里来，他坐在咖啡桌边涂涂写写，不时会皱起眉头沉思，等想得差不多的时候，他又埋头苦写；当他终于再次将视线从纸面上移开、望向远方的时候，他脸上的表情变得舒展而坚定。人们总觉得这个客人的身上带有一种与众不同的气质：虽然缄口不言，但他的周遭都散发着一股强大的气场，暗藏着一股力量。但没有人知道这个名叫“乌里亚诺夫”的客人的真实身分，只是觉得，此人不是一般的人物。历史证明：欧笛翁咖啡馆里的这位客人“乌里亚诺夫”和他在此写下的文字将会轰动世界，为整个世界带来无法估量的影响。这个乌里亚诺夫就是列宁！1917年，列宁与他的战友终于坐上了从苏黎世开往俄国的列车，他们途经德国，进入革命风暴的中心彼得格勒，成功地领导了十月革命，从此改变了整个世界的格局。

革命的理想虽然宏大，但生活还要继续；在连天的炮火和望不到尽头的战事中，人始终还是要靠吃饭活着。但是，战争摧毁了一切：原本应该在田园中劳作的农民被迫去服了兵役，举枪放炮，与别国的农民互相残杀；那些为人们生产棉布和其他生活必需品的工人们也难逃此役，从工厂到了战场；农作物减产、生活用品奇货可居，城市和乡镇在枪林弹雨下变得满目疮痍；那些原本就很有限的生活物资有很大一部分还要被充作军需，运往前线。人们的日常生活受到了极大的影响，安全和温饱成为那个年代最主要的问题。然而，有一些人却凭借战争之机，囤积粮食，大发战争的不义之财；这样的人在欧笛翁咖啡馆里是为人所不齿的。在咖啡桌上，一首题为《战争高利贷》的打油诗赫然写道：

我坐在咖啡馆里。
邻座的P先生和X先生说：
现在我可不卖我的米，
两年前我买了这些米，
那时候米还非常便宜，
四十分钱一公升，这样的价格！
才六个月，人们买一公斤的米得花两法郎八十分钱！
我站了起来，
给了他一耳光——
这官司我输了。

我又坐在咖啡馆里。
邻座的G先生用金色的自来水笔乱写着数字，
而且一直说着：皮！
然后他摩擦着他的双手，
嘟哝着：红利一百八十。

我给了他肚子一脚——
这官司我也输了。

我又坐在咖啡馆里。
邻座坐着D先生，
他把马铃薯和葡萄送到城里，
以高价出售。
我怎么那么倒霉！
我一直是拿这些东西喂猪
它们就像城市佬一样喜欢吃这种东西！
我把奶油涂在马车上，
我抓着这个瘪三的领子，
过了五分钟他昏了过去——
这场官司我也没能赢。

列宁

欧笛翁旧照

在那个非常的年代里，人们的生活简单到只剩下“如何生存”这个主题，但它却十分残酷和艰巨。当生存的问题赤裸裸地摆在人的面前，所有的道德、正义、伦理都会被抛却一旁，人也显现出比野兽更加可怕的本性：自相残杀。所幸，还有如欧笛翁咖啡馆这样的战争孤岛，守着世间的一方正义、良善与和平。

“达达主义”是资产阶级的颓废艺术流派，欧笛翁咖啡馆是它诞生的摇篮，也是它成长的乐园。在这里，有雕塑家兼诗人汉斯·阿普(*Hans Arp*)，雕塑家的女朋友、舞者苏菲·托伯(*Sophie Taeuber*)，罗马尼亚作家特瑞斯坦·查拉(*Tristan Tzara*)，德国作家兼演员胡果·波(*Hugo Ball*)，柏林诗人兼画家理查·胡森贝克(*Richard Hülsenbeck*)，罗马尼亚雕塑家马赛·扬可(*Marcel Janco*)等人。这些达达主义者标榜自己是“为自由而战”的战

HOTEL ZUM

士，以出格的方式“斗争所有东西”，也“勇敢地面对全然的荒谬可笑”。他们抗议战争、抗议所谓的资产阶级信念，他们高喊着“我们很摩登，我们很摩登，我们整天都很摩登”，在他们的手中呈现出来的作品以超越常人想象的逻辑和思维，通过那些荒诞不羁的字句、画作，表达革命和反抗的坚定态度。对于“达达”，汉斯·阿普是这样定义的：“达达是无信仰者对无信仰的反抗。达达是对信仰的视觉追寻。达达是一种以幼稚愚蠢来解释对世界的厌恶。”这源自于法语**Dada**，是这些年轻的艺术家们偶然在词典中觅得的，本意为“木马”，也像是婴儿最初学语时常发出的声音——那是对周遭世界近乎本能的反应。这些艺术家用“达达”二字来表明自己的作品理念和艺术态度，可谓贴切：它是既糊涂，又无所谓的，但又在这样的糊涂里包含着看穿一切的空灵；在创作上，要像婴儿学语那样排除干扰，跟随感官，表达出直接的印象。达达主义的《宣言》如是写道：“自由：达达、达达达达，这是忍耐不住的痛苦的嗥叫，这是各种束缚、矛盾、荒诞东西和不合逻辑事物的交织；这就是生活。”在欧笛翁咖啡馆，这些艺术家们尽情地讨论，没有人会来干涉，所讨论问题的结论全部成为伏尔泰小剧场里的表演内容。伏尔泰小剧场就设在镜巷一号，离列宁住的地方不远，在那里上演了达达主义者们的虚无实验戏剧，念着诸如“我甚至不愿知道在我以前还有别的人”之类的台词。在舞台上，他们高调地宣称：艺术伤口应像炮弹一样，将人打死之后，还得焚尸、销魂灭迹才好；人类不应该在地球上留下任何痕迹。可以说，否定一切，破坏一切，打倒一切，这是达达主义者们对待现实的态度，它其实也是第一次世界大战在青年人的心里造成的苦闷和空虚的精神状态。

一战和二战之间隔了一段并不太久的时间，欧洲人刚好松了一口气下来，希特勒又把战火烧起来了。瑞士因其中立的地位，再度成为外国人的避难所；欧笛翁咖啡馆也因为移民聚集，而成为名副其实的“移民者咖啡馆”。《西线无战事》的作者雷马克(*Erich Maria Remarque*)为了躲避德国国内日益高压的政治局势而选择前往瑞士。在欧笛翁咖啡馆里，他不但碰到克尔特·图尔斯基(*Kurt Tucholsky*)、恩斯特·罗渥特(*Ernst Rowohlt*)、克劳斯·曼(*Klaus Mann*)，还能看见提欧德·渥夫(*Theodor Wolff*)、阿尔弗雷德·柯尔(*Alfred Kerr*)等人。这些来自德国的艺术家们在此躲避由于政治异见和种族原因而导致的压迫，也寻找着艺术上的灵感。然而，今非昔比的是，此时的欧笛翁咖啡馆里，竟然有一些人表示支持希特勒。这些人被称为“站在前线的人”；还有几个亲纳粹的苏黎世人，时常高喊“肮脏的犹太人”之类的话——这些，在过去的欧笛翁里是根本不存在的。克尔特·瑞斯(*Curt Riess*)深深地感受到了两次大战给欧笛翁咖啡馆的客人所带来的变化，他不无感触地说道："在第一次大战期间，在这里的法国人、比利时人、英国人、德国人、瑞士人不会忘记他们是多么和平地坐在一起用餐，他们一致反战，希望战争快点结束。而现在，即使没有战争，所有人都因为赞成或反对希特勒而对立，两派人马的情绪都很激昂，咖啡馆里已无气氛可言。人们了解，现在常来咖啡馆的移民并不喜欢越来越多'站在前线的人'拥进咖啡馆。想想看，这里的独裁……或许瑞士和德国会统一，有一天希特勒也可能会走进这家咖啡馆！'站在前线的人'或许会真诚地保证，没有人认真想过这个可能性。但绝非如此，'站在前线的人'说的话和纳粹在德国一模一样。"

在欧笛翁，出版商兼书商艾米尔·欧普瑞希特(*Emil Oprecht*)博士有专属于他的一个靠窗的位置。每当午饭之后，艾米尔便携太太一同到此，喝上一杯黑咖啡。这位勇气可嘉的出版商因为长期赞助客居外国的德语作家出版作品而不时地受到德国政府的警告。然而，在他看来，世间只要有不公义之事，就有自己挺身而出之责；为此，他尽一切可能地资助作家出版作品，以此发出自己的抗议之声。当这位伟大的书商在20世纪50年代初去世时，托马斯·曼(*Thomas Mann*)用歌德的话"不朽"来赞颂他。这两个字概括了艾米尔为艺术事业所做的全部贡献。1940年12月，爱尔兰作家詹姆斯·乔伊斯也来到苏黎世。这位《尤利西斯》的作者常常喜欢在欧笛翁咖啡馆里吃早餐。用餐完毕后，他则一个人散步到火车站附近去，在那里的广场上拍几张照片。他的作品中充满了需要解读的潜意识密语，尤其是《费尼根的苏醒》中，那些街道、广场、酒店以及人名，它们的灵感都来自于这段生活于苏黎世的五年经历。1948年，贝尔托·布瑞希特(*Bert Brecht*)来到欧笛翁咖啡馆。这位德国作家是一个到处受排挤的人；在西柏林，人们认为他是一个具有政治危险性的人物，无奈之下他只能到东柏林；没多久，他又被迫前往美国，在麦卡锡时代，他又被怀疑成一个共产党员；最后来到瑞士。尽管他没有一天不想回到德国，但是只有欧笛翁咖啡馆才能给予他片刻的安宁。

经过了战争的漫漫长夜，尝尽了生存的艰辛；那些为死难而留下的泪滴，那些为了和平发出的抗议之声；在受压迫的日子里，许多心怀理想的人开始流亡；他们穿过城镇、走过街巷、越过森林、翻过山脉，经过崎岖的道路和无比的黑暗，终于被带到了那闪着光亮的门前。这里就是欧笛翁咖啡馆，然而现在，它也仅仅成了一座坟墓、一个躯壳，因为昔日的那座咖啡馆已经死了。是的，一切都过去了。

想当年，在罗曼咖啡馆

第一次世界大战在一片喧闹中消停了，疲于应战的欧洲各国终于偃旗息鼓、累倒在地，曾经雄风万丈的工业国家们如今一边开始重建家园，一边修复受到创伤的肉体和心灵——艺术也许是治愈心灵的一剂良药。相比欧洲的其他城市，一战没有给柏林带来严重的破坏。1920年，柏林城同周围的八个城镇、五十九个村庄合并为“大柏林”；一夜之间，整个柏林的人口增长了一倍，多达四百万。尽管经济萧条，生活艰苦，但柏林却进入了一个艺术上的黄金年代，新思潮、新艺术层出不穷，柏林要创造一个欧洲的现代艺术大都会。

大众传媒经过一战的洗礼变得越发成熟、也更加普及。参战国的元首通过报纸和广播发表讲话，动员家里的男主人、年轻的小伙们扛起钢枪，为国战斗，鼓励妇女们在后方支持丈夫和儿子们的光荣事业；前线的战况都要通过报纸和广播传遍城镇和乡村的每一个角落。那时候，每一个人都因“国家”二字而凝聚在一起，那些年轻的姑

娘们则记挂前线的爱人，守着广播，等待胜利。因为胜利就意味着凯旋。到了1927年，柏林的大众媒体已经十分发达，电影、广播、唱片、报纸、杂志等已经成为主要的艺术传播渠道。据统计，当时的柏林至少有四十五种日报、两种午报及十四家晚报，大约二百家出版社，四十九家剧院、三家大歌剧院、七十五家提供娱乐节目的小剧场和小艺术舞台、三所杂耍剧场，三百六十三家电影院以及三十七家制片厂，这些片场每年都会制作出二百五十部以上的电影，文化事业一片欣欣向荣。这样的柏林，蕴含了无限的创造力，似乎能够实现一切的可能——至少，作家卡尔·楚克麦雅(*Carl Zuckmayer*)站在柏林街头，此时的他像已经看到了希望那样，内心坚定："在柏林，你可以看到未来。"

时代如此美妙，咖啡馆绝对不会落单，因为它永远是能启发艺术灵感、交流思想的地方。1916年，商人卡尔吧·费林(*Karl Fiering*)在位于陶恩威恩街和布达佩斯街之间一栋新的商业大楼里开了一家新的咖啡馆——罗曼咖啡馆(*das Romanische Café*)。这家咖啡馆给人的第一印象并不太好："这家店就像它的名字一样冷淡无味，有着浓厚的威廉二世后期阴影，形形色色的人在此碰面。旋转门斜对面的自助餐台结合了建筑上的丑陋及烹调上的无味，加上充满普鲁士风格的等候室，等候室上方是马卡特风格(*Makartsil*)、风靡一时的车轮形吊灯。而斯列弗特(*Slevogt*)、欧利克(*Emil Orlik*)和默普(*Mopp*)就每天在这种地方喝咖啡。"尽管它的装修遭人诟病，它的餐点并不可口，但罗曼咖啡馆还是成为战后柏林艺术家们的天堂。

进入罗曼咖啡馆的大门，往右看去，有一座摆着六七十张咖啡桌的大厅。桌边三三两两围坐在一起的

罗曼咖啡馆旧貌

是年轻的艺术家和作家。这些追梦人坐在咖啡馆里，怀揣理想，等待成名的时机。他们在艺术领域内还没法做到游刃有余，因此，这片区域被称为“不会游泳的人的水池”。咖啡馆还有一扇旋转门，转门的左后方有一个小小的房间，小房间里有二十来张桌子。能在这里坐着的人，大多是成名了的艺术家。这儿则被顾客们称为“游泳者的水池”。小房间里还有一个弧形的楼梯，引人走入楼上的艺廊。在那里，布置着几张游戏桌，可供客人们玩跳棋或者下象棋。罗曼咖啡馆还有一个阳台，从阳台上看出去就是格戴希特尼斯教堂；罗曼的对面还有另外一家咖啡馆，那里头常年挤满观光客，与此处的艺术家们相互了望。除了艺术家之外，文学青年们也会常常在这里聚首，因为许多业已成名的作家，如阿诺·慈维克(*Arnold Zweig*)、瓦特·哈森克列佛(*Walter Hasenclever*)及贝尔特·布瑞希特(*Bert Brecht*)会时常造访此地。如果能当面聆听文学大师的教诲，得到他们指点一二，也胜过苦读十年书了。有经验的作家可以为迷惘的文学青年指点迷津，而一些资深的出版人则能为想发表小说的作者们提供机遇，有时，他们能站在出版人和读者的角度向这些年轻人提出一些十分宝贵的建议。罗曼咖啡馆的声名不仅吸引了很多柏林的艺术家，更有维也纳的作家安东·库(*Anton Kuh*)、布达佩斯的莫纳(*Franz Molner*)等慕名而来，感受此地的氛围。艺术家和文学家固然是咖啡馆的常客，而拳击界的运动员们也常造访此地，他们与柔弱敏感的艺术家们坐在一起时，显得尤其阳光健壮，是罗曼咖啡馆里的特别一景。而柏林的妇女们也绝不认输，自古以来的咖啡馆传统让她们喜欢在咖啡馆里家长里短地闲聊，因此，姐妹淘、太太团们经常会在罗曼咖啡馆里占据三两张桌子；她们的欢笑和神态偶尔会成为作家和画家们的素材——就像《罗马咖啡馆女郎之歌》里唱道：

我们闲散而愚蠢地坐在这儿，没有钱包，
就坐在这家咖啡馆的空杯前。
中午十二点整，
一直到午夜十二点整；
就像是文学汪洋中的安全岛，
作家环绕成圈，从布瑞希特到柯希——
有些邻桌的人以我们为文学材料，
这对我们的荷包没什么助益，
不过我们的声名将从此登上高峰。
最终，这些妓女们也被塑造得容光焕发！
一双深色的眼睛，
玻璃杯中的两颗蛋，
加上一滴真情，
还有朗姆酒！
一小杯虚无，
一卷维朗的书——
哦！让我们拥抱文学吧，
并和诗人一起离开！

在罗曼咖啡馆里，画家艾密尔·欧利克因为蓄着英格兰“爱德华式”的胡须，又总是戴着一顶深色的小帽子而引人注目。这位在一战时期就以塑造人物形象而出名的漫画家一直坚持坐在底楼大厅的固定位置上。尽管许多成名了的艺术家都转移到象征身分和名气的二楼“水池”，可欧利克不愿改变老习惯。另外，还有鲁道夫·格罗斯曼(*Rudolf Grossmann*)、杜宾(*Benedict Friedrich Dolbin*)等画家，他们随身带着素描簿，将大部分的时间都消磨在咖啡馆里。这里，有丰富的人情世态，透过落地的玻璃窗则能看见路边的街头众生，它们是漫画家们取之不尽的素材库，也是启发他们灵感的不竭源泉。这些漫画家们真是一群惜字如金的吝啬鬼，他们可以把所有要表达的话语都浓缩在一两个笔触的勾勒中，用画中的神态和动作来表达犀利的观点和批判的立场。这种方法有时候显得比文字更有力量，因为图画形象能直接诉诸人的视觉。波加(*Alfred Polgar*)在《文学头像》中谈到欧利克时说：“他的墨水就好像硫酸，他的铅笔锐利，而且目标明确，就好像是阿帕契人的小刀。”这些漫画家的嘲讽能力之强，足以令人畏惧。就像鲁迅的杂文，如匕首，如投枪，招招中的，欲躲不能。随着报章杂志等大众传媒的普及，越来越多的人喜欢读那些短小精悍的杂文和富于意趣的小品文；而漫画也以篇幅短小、幽默风趣、内涵丰富的特点，深受读者的喜爱。除了杂文、小品和漫画，报纸上也经常刊登一些文艺批评，对时下当红的小说或者剧本进行点评。在小说家、剧作家和演员们的眼里，批评家们往往都是“站着说话不腰疼”，他们有时候不明就里、张口痛批，丝毫不留情面。在当时，艾尔弗雷德·柯尔是柏林艺术评论界的教父，他常常一针见血地对许多作家、导演以及演员进行苛刻的指摘，也因此和很多人结下梁子。可以毫不夸张地说，在罗曼咖啡馆里坐着的客人中，至少有一半以上的人都被他批评过。所以，柯尔平时并不经常到这里来。曾经有一段时间，作家柯尔特·格兹(*Curt Goetz*)的作品《去世的姨妈》畅销柏林。小说尽管大获成功，却也难逃柯尔的苛刻评论。柯尔甚至把这番话公然发布在报纸上，气得作家格兹发誓再也不跟柯尔多说一句话。所谓仇人相见分外眼红，有一天，他们俩竟然在罗曼咖啡馆相遇了。当时，“名嘴”柯尔恰好到罗曼咖啡馆里来小坐，不一会儿，门被推开，作家格兹走了进来。柯尔假装若无其事地看报，而格兹则把帽檐拉低，毫无表情地从柯尔身边经过。两人表面平静地坐在同一个咖啡馆里，可事实上，一个人正被另一个人记恨着。偏偏这时，有好事佬非要把作家和评论家这两个仇人拉到一起，连同其他三个人，坐在同一张桌子旁。又不知是谁打开了话匣子，绕着某一个问题议论了大半天。终于，其中两位站起身来，先行告辞；而另一位又到吧台去打电话。偌大的桌子旁边，只剩下作家格兹和评论家柯尔这两个仇人四目相对。柯尔乐呵呵地笑着，没有说话；格兹则用眼睛斜视柯尔，有点冒火。终于，格兹开口说道："我要善用这个机会来请教您，阁下是否已经发觉到，我们已经有好几个礼拜没有跟对方讲话了？"柯尔点点头，冷静地回答道："我已经发现了，而我也想善用这个机会谢谢你，谢谢你不打扰我。"短兵相接，评论家胜出。

另一天，《横切面》杂志的创办人艾尔弗雷德·佛列希德海姆(*Alfred Flechtheim*)在罗曼咖啡馆里坐着喝咖啡。这时，一个急于成名的年轻艺术家前来跟他搭讪："佛列希德海姆先生，我有一个很不错的点子：我想，我们可以一起合作，你出钱，而我提供智慧。"佛列希德海姆听了年轻人的话之后回答道："喔！钱我已经有了，但是你要从哪里找到智慧呢？"

光临罗曼咖啡馆的客人们各自遵循着自己的作息，渐渐地，咖啡馆便有了不成文的规定。正午时分，阳光透过落地玻璃窗照进咖啡馆，此时的罗曼咖啡馆安静、舒适。伴着大提琴的声音，一切都变得沉稳而缓慢，悬浮在光线中的纤尘似乎也凝滞不动了。喜欢安静的作家们通常都会在这时候来罗曼咖啡馆里坐一坐，喝一杯咖啡，看一看报纸，互相道一声问候，彼此埋头无涉。傍晚约六点，附近小剧场的演员们则集中在这里讨论表演或者剧情，咖啡馆里渐渐有了灵动的气息。晚上八点，名人们起身离开赴约，演员们进剧场演出，罗曼咖啡馆里有时候会空无一人。到了夜里，罗曼咖啡馆则是那些尚未出名的小演员们的天下，他们像飞蛾一样，寻找着灯光，用高分贝的说话声音来吸引人群的注意。

渐渐地，时代变了，人心不古。尽管人们照样在咖啡馆里下棋、讨论艺术，但内容更多的是谈论眼前的实际而非艺术的理想。在过去，人们朗诵《伊利亚特》，或者试着用六律诗句为三部曲谱诗；可现在，人人都向往成为摄影家、报人、记者、节目主持人、电影明星……那些纯粹的艺术已经被艺术和商业结合而成的怪诞混合物所取代。人们越来越多地关心"我可以赚多少钱"，而非某一个辞章语法，运笔帷幄。在几易老板之后，罗曼咖啡馆也变得颇为势利。以前的罗曼咖啡馆是艺术家和作家们的"第二个家"，可现在的罗曼咖啡馆则以财源广进为首要目标。在金钱至上的原则下，老板再也没有过去的脉脉温情，他甚至对顾客下了驱逐令。这些驱逐令被写在一张小卡片上："请您在结账后离开我们的店面，以后也请不必再来了！"

现在，我们只能在威利·可洛(*Willi Kollo*)的歌声里重温过去的罗曼咖啡馆。在这张名为《可洛-可洛-可洛沙》的唱片里，有一首歌记录了1920年代坐在罗曼咖啡馆里的心情：

当年，在罗曼咖啡馆里，
我们长达数个钟头坐在那儿，只有一杯茶。
当时的我们都过得不好，
我们只能以庞普、柯尔特•维尔及贝尔特•布瑞希特的作品为精神食粮。
在它的大理石桌旁，
来自布拉格的艾功·尔温·柯希
写着《疯狂的记者》——
柯特纳穿过了咖啡馆，
荷默卡在上面下着棋，
默斯海姆迷惘但清醒着，
佛瑞德坐在安东·库旁，
拉克斯基也在一旁坐下。
这听起来就像一则传奇，
来自古老的往日：
当年，在罗曼咖啡馆里！

HULLÁM

联合咖啡馆兴衰记

在欧洲的地图上，找出柏林和维也纳，将两点连成一线，再找出线段的中点——这一点就是布拉格。伏尔塔瓦河流到这个地方时，会碰到一个暗礁，水流骤然湍急，就像越过一个门槛似的。因此，当地人将他们生活着的城市亲切地唤作“布拉哈”，意思就是“门槛”。布拉格的历史要比你想象得还要悠久。古城虽历经战乱和侵占，却保存得异常完好，因为布拉格人心疼这座城市的每一片砖瓦。每当外敌入侵，心软的人们生怕不长眼睛的炮火把这些古老的城堡毁掉，而甘愿被征服：1620年的三十年战争后，哈布斯堡王朝统治捷克；1867年，奥匈帝国成为捷克的主人；二战期间，希特勒占领此地；1968年的“布拉格之春”，苏联的坦克大炮开进这片土地。有人说，布拉格没心没肺！然而，事实则是，敌强我弱的对比如此明显，抵抗如同以卵击石，仍逃脱不了被征服的结局。既然如此，为什么不放过这些古老的建筑和无辜的生命呢？因此，如今的布拉格，街巷还是中世纪的那副模样，以石块铺就；街灯是老掉牙的煤气灯，依然瓷实；房屋墙上还保留着宗教主题的壁画。而那座举世著名的老城广场，年逾九百，却依旧神采奕奕地笑纳八方来客。在广场上，有一座建于1410年的自鸣钟。岁月的风霜尽管剥去了钟楼外的墙皮，却更改不了它的习惯。它就这么几百年如一日孜孜不倦地为布拉格校准着时间和步伐，精确到每分每秒。整点时分，钟上的窗门会自动打开。窗口上，耶稣的十二门徒圣像如走马灯似的一一出现、向人们鞠躬、又进去不见；此时，嘹亮的钟声响起，传遍古城。谁能想象得到，这个复杂、精美又准确的自鸣钟当年是在一位钳工手上诞生的；他所用的工具无外乎锤子、钳子、锉刀而已。但布拉格就是这样令人叹为观止，除了这座自鸣钟，还有产自布拉格的奥地利作家卡夫卡、一语道出生命中不能承受之轻的米兰・昆德拉(*Milan Kundera*)以及创作了伟大的交响曲《自新大陆》的德沃夏克(*Antonín Leopold Dvořák*)。

在布拉格的老城中心，有一条街叫佩斯提那街；街边的角落里开了一家咖啡馆。推开咖啡馆的门，只见一段磨损得厉害的木头楼梯通往二层；拾级而上，眼前出现的是半明半暗的前厅，带着一股混合了厨房油烟的潮湿霉味；厅里立着的电扇把香烟的

旧时的布拉格风情。

贴有卡夫卡照片的咖啡馆。

云雾吹送到各处；穿过前厅，便是大小不一的几个房间，均摆着大理石台面的小桌子和丝绒料子的沙发；开灯之后，厅里的所有东西都被罩进一层柔和的光晕中，原本不那么怡人的环境也顿时变得可爱起来。当其他的咖啡馆纷纷用木质地板、大片的明镜以及灿亮的灯光来夺人眼目的时候，这家咖啡馆却依旧保持着在当时看来已经稍显古旧的装修，我行我素。但就是凭借这样的腔调，这家联合咖啡馆(*Café Union*)才吸引了布拉格的艺术家们：画家、雕塑家、作家、演员及音乐家在小而安闲的房间里聚会，他们讨论、筹划、辩论，有时甚是激烈。每个小房间里，都坐着一个团体，他们遵循着各自的艺术趣味，标榜各异的艺术理论，也互不信任地相互观察对方。为了一个执念、一个期望，他们常常会不安地狂热着。他们开玩笑、恶作剧、谈概念，在畅所欲言之后，得到一个“无聊”或是“不错”的评价。从严格的意义上说，这群人是社会中层阶级的知识分子，他们中有大学生、高中老师、哲学系教授、小报刊的编辑，还有诸如艺术家协会的年轻会员们。曾获诺贝尔文学奖的作家、联合咖啡馆的常客亚若斯拉夫·塞佛特(*Jaroslav Seifert*)回忆道：“咖啡馆里还传阅《色情杂志》，几天之后，杂志破得像打过仗后的军旗。”在老主顾们的眼里，咖啡馆的老板大卫迪克(*Davídeck*)是一个心地善良的人，他发明了属于联合咖啡馆的例行仪式，被称作“留声机音乐会”。每天晚上九点，咖啡馆里所有的灯都会被点上，客人们提前进入一种仪式的情绪里。大卫迪克从厨房出来，走进自己的小房间。这里摆着一台留声机，留声机的大喇叭对准门口，朝向大厅；喇叭上方的墙上还有一排没打开的小灯，留着给大卫迪克自己点燃。点灯之后，大卫迪克便选择播放某一首进行曲作为开场乐，也以此表达对客人的致敬。联合咖啡馆里的每一位客人都有自己最喜欢的进行曲，当他从音乐的第一小节里听出曲子是自己喜欢的那首，他就会意识到：大卫迪克先生正在向自己致意。此时，这位被致意的客人就要停下手中的事，起身迈步，以极大的热情走向大卫迪克先生的小房间，亲自向他鞠躬道谢。大卫迪克便伸出手与客人相握，这时候，客人才能恢复立正。紧接着，大卫迪克会有一个简短的致辞，客人则又走回他的座位。“留声机音乐会”每天晚上都会在联合咖啡馆里上演，在这个仪式里，流露着些许老爱国时代的气氛，让人倍感亲切。

除了可爱善良的老板，联合咖啡馆里的侍者也深得这些艺术家顾客们的欢心。这里的领班名叫派特拉，是个心肠极好的人；他在咖啡馆待了很长时间，与老顾客们很熟。每当贫穷的艺术家们付不起咖啡和点心钱，派特拉总是允许他们赊账，而且从来

布拉格的街道依旧保持着中世纪的样子，以砖石铺就。

不会催账。派特拉也常常借钱给艺术家们，借出去的钱没有收据，也不用担保。有句话是他经常挂在嘴边的：“如果有人想借钱不还，有借据也没有用。”《好兵帅克》的作者亚若斯拉夫·哈谢克(*Jaroslav Hašek*)当年只是个一文不名的穷文人。他经常在联合咖啡馆里伏案写作，写的大多是一些幽默小品，把它们投给杂志，换来微薄的钱资。但在大部分的时间里，哈谢克还是缺钱的，为此，他没少在联合咖啡馆里赊账。这部让他成名的《好兵帅克》是“出口转内销”：从捷克语版本的无人问津，到翻译成德文并将题目改作《勇敢的士兵》之后，这部书就举世闻名了。后来，哈谢克的朋友们提到这位大作家时，总对一些趣事津津乐道：他写作速度快，而纸上的字母像是书法家写的，但在生活上他却是乱糟糟、邋遢不已。他喜欢工整的手写字迹，所以很少会有涂改或改写。当他开始写作时，他已经想好要写多少页，而且对版面的编辑也算计得很好。写作时，他是不容被打扰的。他会耐心仔细地聆听好朋友的暗示，顶多只是以尖锐的意见回应。当哈谢克在联合咖啡馆的角落写着他的幽默小品时，侍者领班派特拉喜欢激怒他，派特拉打量着哈谢克说：“您在短篇小说里面也要写一点关于黑咖啡或水果蛋糕的内容，这样我才能确定您是一位真正的作家，哈谢克先生。”成名后的哈谢克在很长一段时间里都没有到联合咖啡馆。有一天，他与朋友一起回来，看见派特拉，想起自己过去赊的陈年旧账，于是问道：“您还记得我吗？”派特拉毫不迟疑地答道：“当然，您还欠我一瓶葡萄酒呢！”派特拉去世的时候，那些曾经以联合咖啡馆为家的艺术家们几乎个个伤透了心。同时，一篇悼文刊登在布拉格的报纸上，表示要永远铭记这位“资助艺术信徒、文学家、记者及有

联合咖啡馆所在的大楼。

政治前途者”的先生。的确，在联合咖啡馆和艺术家的心里，派特拉的地位无人可以取代。

1910年，在联合咖啡馆的小房间里，艺术家们开始酝酿一次布拉格的形象艺术革命，这是一次空前的革命，它将带来艺术上的重大突破，而巴黎则被奉为此次革命的榜样。这些艺术家们坐在联合咖啡馆的小房间里，一边喝着咖啡，一边吃着牛角面包，一边想象着巴黎。每一本从巴黎带回来的杂志、每一张记录着新作品的照片都会在联合咖啡馆里得到热烈的追捧。当有人将毕加索的原作买回来带到布拉格时，所有的人都以朝圣般的心情庄严而又仔细地观察大师的作品：啊，这就是巴黎的艺术！

有一些艺术家则选择直接前去巴黎朝圣，亲自去卢浮宫拜见那些不朽的艺术作品，或者至少能去呼吸一下巴黎的空气也好。为了能从巴黎寄一张明信片回联合咖啡馆，这些艺术家们还要在巴黎饿着肚子，比在布拉格时还要节衣缩食。更多的布拉格艺术家们则开始省吃俭用，只为了能攒钱去一次巴黎，亲自体验巴黎的艺术魅力。不仅是布拉格的艺术家，就连那些文学家、建筑师也对巴黎怀着过分狂热的痴迷。作家卡瑞尔・托曼(*Karel Toman*)在巴黎流连忘返，身上的钱所剩无多。最后，他选择在巴黎把钱花得一干二净，徒步回到布拉格。

联合咖啡馆熬过了一战，安然无恙地保存了下来；但是，一个更加艰难的时代到来了。战后的联合咖啡馆似乎失去了之前的活力，变得渐渐萧条。卡瑞尔・卡彼克(*Karel Capek*)为了挽救这家岌岌可危的艺术咖啡馆而极力奔走呼号，他要唤起人们的注意：一个保留着伟大传统的古迹就要消失了。因为，在卡彼克的眼里，“联合咖啡馆就像是一个自然保护区，在这里留有许多文学及艺术上传奇人物所呼出的气息，出于崇敬之心，这里的窗子都不曾打开通风。那些只要和艺术及文学有一点关联的人都希望来造访联合咖啡馆，在红色的丝绒地毯上留下汗水，并以英勇的克制力喝着黑咖啡；咖啡馆的墙壁都被那些有天分的人的头发涂得油亮亮的。所有心灵创作的成果都在这个充满浑浊空气的蒸笼中出现，所有人都在这里阅读、谈论着各种事情，并且想成为伟大的人物，大部分人在这儿几乎可以聊任何事。新的世代一代代如潮水般地涌入咖啡馆的小房间中，却没有冲走过去留下的气氛，而这些历史的沉积、浑浊的气氛，正是联合咖啡馆不可或缺的一部分”。

然而联合咖啡馆还是搬走了——二战之后，它被迁往一家出版社的大楼。尽管搬迁之后的联合咖啡馆还保留着原来的名字，可当年“谈笑有鸿儒”的情景却再也找不回来了。失去了精神内核的联合咖啡馆还是原来的那个它吗?

联合咖啡馆现在的地址。

天鹅咖啡馆
思想火花在此碰撞

"三月十四日下午两点三刻，当代最伟大的思想家停止思想了。让他一个人留在房间里不过两分钟，等我们再进去的时候，便发现他在安乐椅上安静地睡着了——但已经是永远地睡着了。这个人的逝世，对于欧美战斗着的无产阶级，对于历史科学，都是不可估量的损失。这位巨人逝世以后所形成的空白，不久就会使人感觉到。"在恩格斯(*Friedrich Engels*)的这篇演说中，"当代最伟大的思想家"就是马克思(*Karl Marx*)。

1818年，马克思出生于普鲁士的一个犹太律师家庭。中学毕业后，马克思先后进入波恩大学和柏林大学学习。尽管在大学里所学的专业是法律，但马克思的兴趣主要是在哲学上。由于博士论文中“哲学高过神学”的观点不为柏林大学的教授所容，因此，马克思就将论文改寄给耶拿大学委员会进行资格审查。这篇题为《德谟克利特的自然哲学和伊壁鸠鲁的自然哲学之区别》的论文得到了耶拿大学委员会的一致认可。在没有进一步答辩的情况下，马克思顺利获得了耶拿大学的哲学博士学位，然后正式踏入社会。马克思的第一份工作是担任《莱茵报》的主编，在此期间，发生了一起事件，成为马克思思想发展史上的一个是关键节点：在德国的西部有一片茂盛的森林和肥沃的草地，自古以来，这里就是当地居民放牧、砍柴的地方。可后来，一些贵族地主却霸占了此地，他们不许居民在此活动，不许砍走一根柴，也不能拔去一棵草，甚至连靠近一步也要遭到恐吓。有些居民想去山林中捡一些树枝回来，却被贵族指为“盗窃”。当地的居民们怨声载道，集体上诉德国议会。议会审议的结果让居民大失所望：居民的行为确为盗窃，如果继续，诉诸法律！一时之间，民意汹汹，人们纷纷谴责议会不公。作为报纸主编的马克思也深感气愤，于是在《莱茵报》上写了一篇文章，痛斥政府的做法。这篇观点犀利、言辞激烈的文章惹恼了普鲁士政府；当局立刻派人查封报馆，强行阻止报纸的印刷和传播，马克思因此失业，同时也借由此事认清了政府的本质，开始了自己与政府的坚决斗争。1843年，马克思与童年女友燕妮结婚，同年秋天，马克思夫妇踏上了被流放的征途，一起来到巴黎。在巴黎，马克思开始着手研究政治经济学、法国的社会运动和历史，撰写了大量手稿；而燕妮则负责抄写这些手稿，纠正其中的错误，并进行润色。马克思从未停止过

布鲁塞尔大广场

马克思

恩格斯

对普鲁士专制主义的批评，因此他遭到了当局的忌恨。在普鲁士的要求下，法国政府决定驱逐马克思一家。1845年秋天，马克思遭到一群流氓的殴打之后，被法国政府驱逐出境。之后，马克思便携家迁往比利时的布鲁塞尔。

布鲁塞尔之美，堪称欧洲之最：城外，茂盛的栗树林一片连着一片，平静如镜的湖泊在阳光的照耀下水光潋滟，湖边绿草如茵、落英缤纷，宛若世外桃源；城里则是一派阡陌交通的和谐景致，哥特式和巴洛克式的建筑鳞次栉比。在市中心区恒温街和橡树街的转角处，有一个小孩站在那里尿尿，这便是"布鲁塞尔第一公民"于连。青铜铸成的小于连大概有六十厘米高，从1619年至今便一直站在此地接受人们的参观。当年，这位小英雄灵机一动，当着西班牙入侵者的面，往导火索上撒了一泡尿，熄灭了引爆市政厅的炸弹，从而挽救了这座建筑和许多比利时人的生命。你看他，蓬松着一头卷曲的头发，光着屁股，眼睛半闭，可爱灵巧的小鼻尖微微上翘，旁若无人地撒尿，让小小细流在空中划了一道弧形，落进塑像下的喷泉池里，真是淘气十足。每到节日，小于连的"尿"就会变成比利时的啤酒，引来游人们的争相畅饮。因为这个可爱的小孩一年四季都光着屁股，心疼他的路易十五便给他送了一套衣服，此举一开，遂成惯例。每当某一个国家元首来访比利时，总会记得给小于连送上一套本国的传统服装。如今，他的衣服多得穿也穿不完，平时都放在国王大厦的衣柜里展出，那里还有一套中国人民解放军军装与一套中式的对襟衣裤，是前任主席江泽民访问比利时的时候送给小于连的。每到中国的农历新年，小于连就会穿上中国风十足的唐装，扮一回中国小子。

在布鲁塞尔市中心，还有一片冈巴拉斯大广场，这个广场深受大文豪雨果的赞美，被誉为“欧洲最美丽的广场”。冈巴拉斯大广场至今还遗留着中世纪的风貌，地面全部以方形的花岗石镶嵌，举世闻名的布鲁塞尔市政厅雄伟地落座于此，这座建筑的顶端矗立着一座高为九十米的塔楼，守护神圣米歇尔的铜像站在塔顶上，俯瞰着繁花簇放的广场上来往的芸芸众生；时有鸟雀歇落圣像的肩膀，高声欢唱。在广场的右侧，有一家历史悠久的天鹅咖啡馆(*Swan Cafe*)；它的对面就是雨果故居。这座五层楼高的建筑建于1698年，门口有数级台阶；每一级台阶上都摆放着虞美人，这是比利时的国花。一抬头，便能看见门楣上有一只展翅欲飞的白天鹅，咖啡馆之名便由此而得。推门进去，生

天鹅咖啡馆

动的壁雕沿着过道一路引人入厅。在这家天鹅咖啡馆里，马克思与他的朋友恩格斯写下了伟大的《共产主义宣言》。《宣言》引言的第一句话就是：“一个幽灵，共产主义的幽灵，在欧洲徘徊。”

1845年，受到法国政府驱逐的马克思一家搬到布鲁塞尔。由于生活拮据，马克思一家只能不停地寻找租金更便宜的房间，为此，他们一次又一次地搬家。当时，恩格斯已经完成了《英国工人阶级状况》的写作，并付梓出版，获得一些稿费。他把这些钱寄给马克思，接济这贫困的一家子。后来，马克思搬到广场附近的一所房子里暂时安定下来。由于居室过于狭小，需要安静思考写作的马克思经常来天鹅咖啡馆工作，有时，他也和德意志工人协会的领袖们在这里开会讨论工人运动的一些问题。不久之后，恩格斯离开英国，来到布鲁塞尔，在马克思家的旁边租下一套房子。从此之后，两个好朋友开始并肩作战，在天鹅咖啡馆里酝酿、讨论写作《共产主义宣言》。燕妮也在《动荡生活的简记》中提道："我们每晚都要去光顾一个清洁的咖啡屋。"正是在这个清洁舒适的天鹅咖啡屋里，一系列震惊世界的著作相继问世：《关于费尔巴哈的提纲》《共产主义宣言》《德意志意识形态》和《哲学的贫困》等。如果说，俄国十月革命的标志是阿芙乐尔巡洋舰朝冬宫发射的第一枚炮弹，毛泽东写下的"星星之火，可以燎原"为中国革命指明了方向，那么在天鹅咖啡馆里诞生的《共产主义宣言》则是这些伟大革命的基础纲领，其意义毋庸赘言。

1919年，时任《新青年》编辑的陈望道先生回到义乌老家，着手翻译《共产主义宣言》。为此，他夜以继日、废寝忘食。一天，陈先生的母亲给伏案工作的儿子端来一碟粽子和一些红糖，要他趁热吃下。陈先生一边连声应允母亲，一边还在想着几个句子的译法。他头也不抬，顺手就拿起边上的粽子，往盘子里蘸了一蘸，送进嘴里津津有味地吃了起来。过了一会儿，母亲进来居然发现儿子满嘴黑墨，而红糖却一点没动过。原来，陈先生是就着墨汁儿吃粽子。功夫不负有心人，在这间简陋的屋舍中，伟大的思想被一一翻译为中国的文字，于是就有了中文版的《共产主义宣言》，马克思主义从此在中国广泛传播，一段宏大而辉煌的历史就此开创。周恩来总理尊陈先生为师，他多次说过："我们这些人都是你教出来的。"那个时候，谁也没见过远在异乡的伟大思想家、革命者马克思。据老红军们的回忆，开会的时候如果需要马克思的画像，只要画一个外国人，再给他配上一大把络腮胡子，也不管是不是像马克思，反正往墙上一挂就好。在那个信仰坚定的理想主义年代，那些充满着革命热情的知识分子、工人、农民就在这样的画像下宣誓入党，他们坚信马克思的思想可以挽救中国的革命，可以带领中国人民脱离苦海。在这样的信念之下，经过了艰苦的岁月，走过了腥风血雨，经受了重重考验，中国共产党一路走到了今天。

在天鹅咖啡馆里，当年那科学社会主义思想的争鸣、那徘徊着的共产主义幽灵并没有随着时间隐去。在这一张张的咖啡桌上，人们时常会提起这两个伟大的人物。

《共产主义宣言》诞生的那一年，1848年。马克思二十九岁，恩格斯二十七岁。

推开花神咖啡馆的门

《盛年》里写道："Café de Flore有着在别处找不到的特点——它的专有的意识形态。这一小批每天必至的常客既非放荡不羁者，也非完全的资产阶级分子，而主要是电影戏剧界的人。他们靠不确定的收入，现挣现吃，或者靠未来的发迹生活。"

Café de Flore便是享誉世界的花神咖啡馆，因曾经立于店门口的一尊古罗马女神Flore的雕像而得此名。

花神的店面并无过人之处，与其他咖啡馆皆一样的黑色门窗框和白色遮阳棚，但内里却是别有洞天。店内面积虽不大，也分了上下两层。尤其是以古罗马女神Flore为名，自然名下无虚：落坐花海，四季皆花团锦簇、绿意盎然；底层是在镜墙和桃花心木护壁围成的空间里摆放了舒适的长桌长椅，甚是温馨柔和；而楼上的设计则呈现典型的英国作派，简朴幽雅、宁静诗意。这独立隐秘的私人空间，尤适合情侣和密友，比肩而坐，喁喁攀谈。

花神咖啡馆

花神咖啡馆的特制咖啡叫作Flore's coffee。甫听芳名，就知是女神的闺中私藏，仿佛真由大自然的掌花女神秘制，自有一种说不出的神奇芬芳。人们不但能在它浓重的黑咖啡中，用味蕾品尝出杏仁的清爽，更能在热气袅袅升腾、鼻翼微张之时，捕捉到稍纵即逝的鲜花甜香。

在花神里，人来人往，多少思想和论争、多少密语和甜言，都被一一搅碎在杯中，连同咖啡转动不已的漩涡，消失在时间的河流里。花神固然健忘，然而她断不会忘记有一对情侣，曾坐在她靠窗的桌边——那是20世纪三四十年代的萨特(*Jean-Paul Sartre*)和西蒙·波伏娃(*Simone de Beauvoir*)，前者是存在主义哲学大师，后者是女权主义哲学的倡导者与实践者。作为契约情侣，他们承诺给彼此以自由，不论精神还是肉体。"我们在早晨会面，直到很晚才分手。我们穿过巴黎散步，一直在继续我们的话题——我们的事、我们的关系、我们的生活和我们即将写的书……"波伏娃不能忍受自己结婚生子，从此失去自我、成为男人的附庸，故守着独身；萨特则十分追求新鲜，从思想到两性关系。作为思想者，萨特似乎总在追求着一种源源不断的外在新奇事物，它们带来的刺激能释放出这位大师内在的思维灵感，让它天马行空，自成一体。但这两人仍是相慕相爱的，不只相爱，他们还在思想上互补，在精神上相依。故而，经常有这样的情形：两人在花神咖啡馆热烈地讨论完学术问题之后，微笑着分手。波伏娃依然留在原地，摊开信纸，给作家阿尔格伦(*Nelson Algren*)——她的美国情人，写去一封热情洋溢的情书："我从没想到我的生活中会发生新的变化，我感到已太老了，已没有什么值得再去计较的。他又给我第二次青春，多么美好的乡下青春，逐渐变成了国际爱情。"萨特叼着他的烟斗，悠闲漫步到隔壁的咖啡馆，继续与妙龄女郎恣意调笑，收获一堆崇拜者。

1938年，十七岁的波兰女孩比安卡·郎布兰(*Bianca Lamblin*)给哲学老师波伏娃写了一封信，信上讲述了自己对老师的迷恋。纯真如她，在收到波伏娃的回信时激动不已。老师约她在咖啡馆见面，女孩带着激动、惶恐和自豪的心情前往。在那里，波伏娃对她讲述了自己与萨特的奇特爱情。这让女孩感到困惑又好奇，更隐隐地滋生出一种莫名的依恋。从此，比安卡变了。受到波伏娃的直接影响，她不再认为女孩在结婚前应保持童贞，也不再对同性恋抱有偏见。几个月后，波伏娃和比安卡这对师生进行了一次长达二十公里的徒步旅行。当她们到达一个小村庄时，早已累得疲惫不堪。就在小村庄的一家旅馆里，"我们要了个房间，老板娘带我们看了一个没有电灯的简陋

萨特和波伏娃

房间，里面只有一张大床、一个脸盆和一个生了锈的水罐。就在这次旅行中，我们开始有了肉体关系，不过还是很腼腆的……”

而当比安卡在一家名为“火枪手”的咖啡馆内第一次见到萨特时，已是后来之事了。那一年，萨特三十四岁，相貌丑陋，但极富智慧与个人魅力。1940年春天，比安卡和萨特“在肉体上享受爱情”。“到了他的房间里，他几乎脱光了衣服，在盥洗室里把两条腿轮流抬起来洗脚。我忐忑不安，请他把窗帘拉上一点，以便使光线减弱。他冷冷地拒绝了，说我们要做的事情是应该在光天化日之下去做的。我躲到壁橱的帘子后面脱衣服：第一次在一个男人面前赤身裸体，使我激动又害怕。我局促不安，不明白他为什么一反平时的亲切；似乎他是被一种破坏性的冲动所驱使，要在我的身上

波伏娃

CAFE D

E FLORE

花神咖啡馆

(而且也在他自己身上)进行某种虐待。”于是，比安卡、波伏娃和萨特这三个人维持着一段奇怪的“既统一又双重”的关系，时间为一年。

距此十二年后，在一个狂飙躁动的盛夏夜晚，在花神咖啡馆的一次朋友聚会上，波伏娃见到了克劳德·朗兹曼(*Claude Lanzmann*)。他是一个黑发蓝眼的青年，一位年轻的编辑。朗兹曼对波伏娃说的第一句话是：“我是犹太人！”这句话过分简短，却还是打动了波伏娃，因为她深刻理解：眼前的这个年轻人身上所流动着的民族血液乃是他所有生命意义的来源，坚定并自豪。是夜，波伏娃与他长谈，友好而愉快。令波伏娃颇感意外的是次日清晨不期而至的一个电话，朗兹曼在电话那头对她说：“我想带你去看电影，随便哪个片子都行。”四十四岁的波伏娃闻之不禁落泪，“已真心实意打算像老妇人那样过没有爱情生活”的她实在无力拒绝这场突如袭来的爱情——这亦是她人生中的最后一次恋情。波伏娃与朗兹曼幸福地在一起六年，这六年的时光于她而言尤为特别：与她和萨特名为同居、实际各住一处的情形不同，这次是真正意义上的同居；而朗兹曼在成为波伏娃情人的同时，也成了萨特的朋友兼助手，三人时常共同进出花神咖啡馆。多么神奇！

如今，我们只能借由波伏娃的回忆录，想见当年花神咖啡馆里热闹动人的景象：“……系着蓝围裙的鲍巴尔匆忙过来，取走见底了的咖啡杯，重新为他的小世界带来勃勃生气。他就住在楼下隔壁……在他那副刚毅倔强的奥弗涅人面孔上，那双猩红如火的眼睛能使人失明；大约在最初的一个小时内，他会保持那股相当淫猥的脾性。他会打断客人的话，不耐烦地用他厨子的手……他也会跟侍者、萨特和帕斯卡谈论昨夜的事，并端上一杯该死的咖啡。在这里，你可以看到毕加索，他正冲着朵拉微笑，可以看到亚奎斯·普莱威尔被一圈熟人团团围住。每当我跨出黑暗并发现自己置身于这温暖、明亮、稍有褪色、令人愉悦的蓝红色壁纸之间的刹那，会感到一阵激动的战栗。”这饱含脉脉温情的描述，这隔了时空的回忆，借温暖明亮却稍有褪色的蓝红壁纸当作背景，定格为花神咖啡馆最经典的瞬间，任时光剥蚀，而记忆恒在、艺术永存、思想不朽。

如若花神咖啡馆前非要加一个定语，也只好是“左岸”的花神咖啡馆，左岸是她的地理，更是她的气质。有人说，巴黎是法国的脸，左岸是巴黎的脸。此言不假。

一条塞纳河，自东而西，将巴黎这座城市一分为二。站在西岱岛上，朝着河水的流向，南为左，北为右，是以形成“左岸”和“右岸”。最初，左岸和右岸只是地理上的概念。然而，自查理五世起，以卢浮宫、孚日广场和东郊的万森城堡作为象征的政治权力在右岸逐渐形成；王公贵族在右岸划定了自己的居住和社交场地；依附贵族生存的商人和平民在他们的外围聚居。于是，右岸出现了巴黎最大的中央菜市场、最早的百货公司、供娱乐的巴黎歌剧院、法兰西喜剧院……这一带，便是巴尔扎克和小仲马(*Alexandre Dumasfils*)笔下的巴黎，奢华满溢又多市民气息。

与此相较，左岸是学院区，它的范围大概从正对卢浮宫的艺术桥南端开始，到圣米歇尔大街的卢森堡公园路口。这儿有四国学院(现在的法兰西学院)、三语大学(后来的法兰西大学)、索邦大学(现在也叫巴黎第四大学)。索邦大学正是左岸的中心。这所大学尤以神学院出名，因它是整个欧洲大学教育的发源地。按照规定，神学院的学生们必须学习拉丁文，用拉丁语写作和交谈。所以，这一带也叫拉丁区。从索邦大学的正门走出往东，有一条小巷，巷子里有一家门脸很小、极易被人忽略的小电影院，开着一扇窄门，里面一年四季都在放着过季的电影和一些在大影院票房不佳的艺术片。偶尔，会有“向某某致敬”的专场，吸引着这儿的学生和独立知识分子前来观看。离先贤祠不远处，有一间老图书馆，几十年来都对公众免费开放。走进图书馆，里面只一间阶梯教室大小，不过，多了藏书的一层，内有木梯，供读者自行爬上查阅书籍。法国的大学在排课的时候常常将课程之间的间隔拉得很长，所以这个小而老的图书馆就成了附近大学的学生们候课的场地。有时候，一些中小学生也会跑来凑凑热闹。你会看到：在一张大木桌上，一边是埋首在参考书堆成的山里奋笔疾书、撰写博士论文的大学生，另一边则是一群小学生正咬着笔头，做着似乎永远也做不完的语法练习。电影《花神咖啡馆的情人们》的开篇时分，就是在这间图书馆里，萨特给波伏娃起了个可爱的绰号，叫“水獭”。

在左岸的拉丁区里，书店、图书馆、出版社林立，咖啡屋、博物馆、美术馆、电影院、剧院适时点缀其间。花神咖啡馆就在左岸的圣日耳曼大街172号，艺术、知识和思想在此交流碰撞。时至今日，左岸都是先锋的、激进的，是孤傲的、念旧的，也是清冷的、纯粹的。

Café de Flore
STEPHANE CALAIS

两个丑八怪

两个丑八怪是双偶咖啡馆(*Les Deux Magots*)里两个木刻的中国人，雕在柱子上，穿着清朝的衣服，戴着清朝的帽子，拖着清朝的辫子，很像农村家庭里在神龛上坐着的神像。最开始的时候，这里本是家丝绸店，店老板就是两个中国人。店里那些细腻精致的丝绸料子常常挑花了巴黎人的眼；而巴黎人就从细软的丝绸和店老板的举止神态上，去想象那个神秘的东方国度。一段时间之后，丝绸店不开了，此地便改做起了咖啡生意，轰轰烈烈地开出了一家咖啡馆。原来的中国人老板走了，而墙上的中国人雕像还留着，名字干脆就叫“双偶”吧，够特别，也够直接。渐渐地，咖啡馆的常客们便和墙上的两个中国人雕像熟了起来，整日低头不见抬头见的。于是，说到咖啡馆的时候，人们便不再叫“双偶”这么正式的名字，都喊它“两个丑八怪”，真像是绰号，带着点朋友之间的调侃。“两个丑八怪”就这么叫开了。

两个丑八怪在圣日耳曼大街和圣日耳曼德佩广场的交汇处，它的对面是古老质朴的圣日耳曼大教堂，哲学家笛卡尔(*Rene Descartes*)就长眠于此。与它紧挨着的是与自

双偶咖啡馆外的景色

己齐名的花神咖啡馆，萨特和波伏娃这对情侣经常往返双偶和花神间。因此，两个丑八怪从来都不感觉寂寞。某一天，如果这对恋人在花神喝咖啡，两个丑八怪也不会觉得怎么失落，因为他们还要忙着招呼纪德、魏尔伦(*Paul-Marie Verlaine*)、兰波(*Arthur Rimbaud*)、马拉美(*Stephane Mallarme*)、毕加索(*Pablo Picasso*)、海明威……光是这些名字，已经足够让两个丑八怪盛名远播、倾倒众生了。

1871年，十七岁的兰波与年长他十岁的魏尔伦相识，二人坠入情网，开始了一段为世人非议的同性之恋。两个丑八怪见证了这段往事。兰波是一个被“缪斯的手指触碰过的孩子”，他从小就显露出惊人的诗才，也常常喜欢把自己装扮成一个先知，加上家庭不和在他身上造就的矛盾与不安的性格——这些诗人必备的特质，兰波统统

Magots

都有了——更是打心底里渴望流浪。十四岁时，兰波开始写诗；十九岁时，《地狱一季》问世。至此，年轻的兰波完成了一个伟大诗人的全部作品。只不过，别人为此可能要穷尽一辈子，而天才的兰波只花了短短五年。他的才情和灵气、他的幻想和不安、他的个性和气质，密密地交织成一张不能被挣脱的网，紧紧地缠住了魏尔伦的心。尽管他是个有妇之夫，也对自己深爱过的太太写了"这儿还有我的心，它只是为你跳动"、"请用你美丽的眼看我的温柔顺从"这样的情诗，但魏尔伦还是无可救药地爱上了兰波，就算天涯海角也都心甘情愿地随他而去。他们在"两个丑八怪"度过了一段美好的时光之后，开始外出旅行：伦敦和布鲁塞尔都留下了兰波与魏尔伦的身影。然而，好景不长，难舍难分的两人发生了争执，兰波说自己要离开魏尔伦。此时，已经醉酒的魏尔伦再也受不起一点刺激，他开枪打中了兰波的胳膊。魏尔伦因此

兰波

入狱，而兰波则缠着绷带，从比利时的布鲁塞尔徒步回到远在法国的家乡夏尔维勒，像一个打了败仗的伤兵，精神不济。苦闷和失望在胸中郁积，像两条巨蟒紧紧缠住兰波的身心，再不将它们倾吐出来，兰波就要窒息了。于是，他大门不出二门不迈地把自己关在家里写作，几乎废寝忘食，以此排解心中的烦闷。没过多久，《地狱一季》出版，兰波从此告别诗坛，开始满世界地流浪。一开始，他混迹于欧洲的各个地方；在此后长达十二年的时间里，他先后来到亚洲和非洲；他从事过许多种职业，在各种人生里来去变换，他也沉醉于这样多变的人生——就像他的理想“我愿成为任何人”，但不愿在一个地方多做停留。兰波做到了。出狱后的魏尔伦则整日在巴黎的咖啡馆里狂饮烈酒，以此麻醉自己。当年二人出双入对地到“两个丑八怪”这里喝咖啡、谈诗歌的情形是真的一去不复返了。犹记兰波说：“诗歌的语言要综合一切，芬芳、声音、颜色，思想与思想交错，变成灵魂与灵魂的交谈……在无法言喻的痛苦和折磨下，要保持全部信念，全部超越于人的力量，他要成为一切人中伟大的病人，伟大的罪人，伟大的被诅咒的人——同时却也是最精深的博学之士——因为他进入了未知的领域。”年轻狂野的诗人当年在咖啡馆里与现实中的一切决绝地道了再见，他告别了浪漫的抒情和咏叹，转而开创一种全知全能型的诗歌风格，自导自演、自问自答，在分裂中探求心灵深处的秘密，从而获得超越、乃至永恒。兰波去世的时候只有三十七岁，死于脚上的一个肿瘤。他的人生虽然比一般人都要短暂，却比大多数人都要丰富多彩。“两个丑八怪”会记住这位天才的诗人，它们在咖啡馆里为兰波永远保留着一张座椅、一个位置；而后人更不会忘记兰波，他们推崇兰波

当年的双偶咖啡馆

为叛逆的先驱，把“第一位朋克诗人”、“垮掉派先驱”这样的标签贴到他身上；他的追随者也自称“兰波族”。这些荷尔蒙过盛的年轻孩子们在1968年高喊着兰波的诗句：“我愿成为任何人”、“要么一切，要么全无”，纷纷涌上巴黎街头。那些青春的生命从来躁动着不肯安分，向往自由的灵魂从来不甘心平庸，兰波的生命传奇、兰波的诗歌就是支持他们的榜样和力量：“我是被天上的彩虹罚下地狱，幸福是我的灾难，我的忏悔和我的蛆虫：我的生命如此辽阔，不会仅仅献身力与美。”

1933年，毕加索和朵拉(*Dora Maar*)相遇在“两个丑八怪”的厅堂里。这女子有一双明眸，清丽得就像春日的天空，令五十四岁的毕加索如沐春风；她身材高挑，是个模特儿。但她绝不是个花瓶，她是摄影师，也是个超现实主义画家。这般才情，更加令毕加索欲罢不能。朵拉从来不乏追求者，但高傲如她，一般人谁入得了她的眼？可这一次，在“两个丑八怪”里的相遇，让毕加索轻轻松松地俘获了她的心。朵拉爱得不能自拔，“爱情的突然来临锁住了她的整个人，她变成了离奇的怪物，她是用零件

上图：毕加索
下图：朵拉

朵拉的摄影作品

可怕地拼装起来的”。从此，她的世界就以毕加索为中心展开了，成为他的情人、他的灵感。但对毕加索而言，朵拉只是情人中的一个，能启发新的创作灵感，但不会是最后一个，因为这位伟大的画家要不断地寻求更新的刺激。当时，毕加索的身边已经有了玛丽·特瑞莎，她为毕加索生下了一个孩子。朵拉的闯入一开始让特瑞莎不敢相信。每天，毕加索照旧给她写来热情洋溢的情书，那些字句里饱含着的情感，那“爱你爱你爱你”的反复字眼是毕加索爱她的确证。朵拉当然也知道特瑞莎的存在，但心高气傲的她直觉到，毕加索根本不可能爱这个对艺术一窍不通的女人。在这两个女人之间，毕加索则玩起了高空走钢丝，他游走其间，创造出不同的情欲世界，用他自己的话说是“让两个水火不相容的物质愉快地生活在一个共同体中”。毕加索做到了，很长一段时间里，朵拉和特瑞莎都觉得自己是胜利者。1937年夏天，毕加索瞒着特瑞莎与朵拉外出度假，同行的还有诗人艾吕雅(*Paul Eluard*)和他的新妻。自从前妻与一个画家私奔之后，受到伤害的艾吕雅就变得消极，他认为：女人不过是御寒之衣，朋友冷了可以借去，只要所有权仍归自己。因此，当毕加索在旅馆里调戏自己的妻子时，艾吕雅纵容了。而顽强独立的朵拉看在眼里，难受在心里，但她忍了下来。毕加索一边接受着朋友的慷慨“奉献”，一边却在心底里瞧不起艾吕雅；他把艾吕雅的形象在画布上表现成一个被阉割的男人，穿着女人的衣服给小动物喂奶。对此，毕加索后来又解释道，自己之所以这样“是想让艾吕雅高兴起来，不想让他认为我不喜欢他的妻子”。对毕加索的滥情，朵拉自我安慰道：其他女人不过是盛水的杯子，人都有口渴的时候，而她自己则是一泓清泉，是毕加索的灵感之源，水杯可以随手扔掉，但泉眼不能舍弃。从某种意义上说，朵拉的自我安慰不无道理。朵拉也是一个超现实主义画家，她时常被一种莫可名状的痛苦折磨着，这一点毕加索感同身受。正是这样的共同点，让毕加索和朵拉有时也能心心相印；但区别就在于，毕加索能将自己的痛苦释放到画布上，他创作了《哭泣的女人》。画面中，女人由于过度痛苦扭曲了脸庞，而这样的神情，着实令人震惊。画面上的这个女人就是朵拉。但是，朵拉在认识毕加索之后，抛却了她的才情，所绘的作品寥若晨星。1943年，毕加索结识了新欢，同时也结束了与朵拉的关系。朵拉这才明白，她不是毕加索生命中的高潮，却只是铺陈而已。十年后，朵拉与毕加索在法国南部一个朋友的家里不期而遇。饭桌之上，毕加索高谈阔论着身边没有女人的痛苦，他又热情地把朵拉拖到大厅的角落里，随后自己回到桌边，催促朋友与他一块离开。毕加索和朋友扬长而去，只留下朵拉一人孤单地立在厅

朵拉和毕加索笔下的她。

堂的一角，像是一条被遗弃荒岛的可怜虫。倍感羞耻的朵拉从此深居简出，这段爱情已经快要将她燃烧殆尽；可痴心的她却保存着与毕加索有关的每一个小东西·一张纸片、一个字、火柴盒上的涂鸦、餐纸上的草稿。朵拉把自己的家变成了一个小型的毕加索博物馆，她自己就在咀嚼回忆中度过了余生。

朵拉在哀伤中离世，毕加索也不在了；"两个丑八怪"里因为曾经留下超现实主义大师的气息而成为追随者们的朝圣之地。当他们走进玻璃的阳光房里，推开红框的旋转门，迎面而来的是一大捧馨香的白玫瑰，水润欲滴，它们高高地立在桌上的透明玻璃瓶里，以同一个姿势，从前世站到今生。整个厅堂以乳白色为基调，再以大块的鹅黄增加暖度；大厅中央明灯倒悬，如太阳般晒着桌边的人和他们的心情；右手边的四方形廊柱上，两个丑八怪依然高坐在那儿，像两尊神龛里的神像，一个脸朝大门，另一个则看向窗外。

LES DEUX

哈维卡的守望

家以外，连天的炮火还在震响；客厅里，所有的人都屏息凝神，静听广播里传出的声音：“盟军节节胜利，突破德军防线！”然而，这个振奋人心的消息并没有在客厅里引起一阵欢呼，连最小的那个孩子也只是在心底里翻起一阵喜悦的激浪。他看到父亲、母亲和姐姐依然沉默无言，只是互相交换了一个意味深长的眼神，然而眼神中却流露出喜悦的光芒。这样的眼神，离开他们太久太久了。一场战争的浩劫，让孩子在一夜间成长：他学会分清敌我，学会自我保护，学会噤若寒蝉。每一天，飞机都要时不时地在天空中盘旋一阵，随后便传来炸雷般的轰响，比烟花还响；房子一栋接一栋地坍塌，街坊邻居一个接一个地走掉，他们有的搬到安全的地方，有的却被佩枪的人带走，再没回来。这个家也曾经前前后后、里里外外，被掘地三尺似的翻了好几次，说是要排查“可疑分子”。——这是第二次世界大战困于法西斯魔爪下的维也纳，排犹浪潮将一部分犹太人送进了焚尸炉和毒气室，而另一些则背井离乡，流落远方。这其中，有许多犹太籍的作家和艺术家们。德军在法国已经溃败撤离的消息此时已经通过短波传到每个家庭的客厅，也到达维也纳城里幸存下来的咖啡馆的厅堂里。打仗前，这里每天宾客盈门，来者多是作家和艺术家，他们在此地喝着咖啡，或看书读报，或写作讨论；然而现在，一些人还未来得及看到胜利的曙光，就在黑暗中阖了眼；一些人流落异乡，再不忍踏临这个伤心之地。总之，大家是各自作鸟兽散了。

1945年底，战争终于结束。硝烟已尽，城市还在，只不过是断壁残垣、瓦砾废墟；城市里的人还在，却是生灵涂炭、内心受创。战前人口达到二十万的维也纳犹太人社会，此时已经寥寥；到了1960年代，这个数字还没能回到一万。那些犹太人曾是昔日维也纳各个咖啡馆的常客，他们以各自的职业兴趣为依，在不同的咖啡馆里培育出不同的氛围：有文学的浪漫，有艺术的想象，有哲学的思辨，有法律的严谨，更有

哈维卡老先生

不起眼的门脸

哈维卡的老顾客

金融的理性……在战前的咖啡馆里，那些与文学艺术有关的话题往往能持续到深夜，有时直至通宵达旦；作家和艺术家们在这里畅享自由的气息，流连忘返。可如今，战争逼散了咖啡馆的客人们，维也纳的咖啡馆正经历着劫后余生的艰难。在勉强支撑了一段时日以后，曾经热闹一时的咖啡馆相继关门。战后一代的作家和艺术家们像是被风吹散的蒲公英，漫无目的地飘荡；在他们的内心深处是多么渴望有一家能令他们自由自在讨论到深夜的咖啡馆啊！然而，幸福就像青鸟，遍寻不见，却在身边。在一个深夜，诗歌朗诵会结束后，几个文学青年散步在维也纳街头。当他们拐进一条名叫道荷特街的窄巷，沿街的一排店铺暗灭了灯光，唯有一家仍闪亮着微光。此时，已是午夜两点。是谁还在夜半时分，掌灯守候着归家的脚步？年轻的文学家们推门进入，迎接他们的是一对老夫妇慈祥的笑脸，看上去亲切熟悉。这地方不正是他们长久以来苦

苦寻觅的家园吗？狭窄的前厅、曲折的内堂、舒适的角落、门边的报刊、墙上的画作、昏暗的灯光、夜半的等待……此情此景，几乎让这些文学青年们热泪盈眶；他们的心灵一直在这个城市里流浪，时至今日，终于寻得一处港湾。而老夫妇也感慨万千：这一刻，他们已经等待了许久。当初，在道荷特街6号的地址上，哈维卡夫妇开始经营起自己的咖啡馆。从一开始，夫妇俩就打定主意要让这家哈维卡咖啡馆(*Café Hawelka*)成为艺术家的聚会中心。为此，他们几年如一日地在咖啡馆里营造一种氛围：他们订阅了国内外的许多报刊杂志，将它们放置在入口的显眼位置，以此吸引读书人的目光；他们从年轻画家的手中买来画作，挂在墙上，一来作装饰用，二来则可以使咖啡馆兼具画廊的职能，让具有慧眼的收藏家发现未来的莫奈或者凡·高；他们一改战后其他咖啡馆早早打烊的习惯，夜夜坚持点灯守望，等待作

哈维卡咖啡馆

家和艺术家们的到来。哈维卡夫妇深知，要在咖啡馆里培育一种艺术的氛围，三五日的广告宣传是欲速则不达，它需要长期耐心的坚持和维系，需要文化的积淀和艺术的影响。所以，他们不惜成本地为咖啡馆订阅报刊、收购画作、挑灯营业、掸灰除尘；在他们的心中，有艺术的信念，更有坚持的力量。这一夜，对艺术家们和哈维卡来说，都意义非凡：艺术家们终于找到了梦寐以求的世外桃源，哈维卡则迎来了日期夜盼的客人，它的守望终于有了结果。

一位奥地利诗人曾写下自己心目中好咖啡馆的标准，他说："一个好的咖啡馆应该是明亮的，但不是华丽的；空间里应该有一定的气息，但不仅仅是苦涩的烟味；主人应该是知己，但又不是过分殷勤的；每天来的客人应该互相认识，但又不必时时都说话；咖啡是有价格的，但坐这里的时间无须去付钱；招待应该不断送上免费的水，但却不要让常客有所觉察。"哈维卡正是这么一家好咖啡馆：它从来不会光芒四射、鼓乐齐鸣；它的空间并不大，顶多四十来个平方；前厅虽窄小，却温馨舒适；走进里面，还有敞开的几间房，大小不一；墙与墙折成的边缘角落，隐秘安宁；梁柱、墙壁、地板散发出属于旧木头的那种古老沉香；这儿的咖啡煮得又香又烫；这儿的红丝绒沙发干净温暖，坐在上面，也就把自己深深地埋进了思索的宁静中。在哈维卡，能尽情地交流，能呼吸到自由的空气，能碰撞出思想的火花；哈维卡夫妇像招呼朋友一样地问候客人，不管你是常客或是初来乍到，谁也不必拘束；有时，他们会坐下来与老朋友聊一聊艺术或是文学，不像老板，更像沙龙的主人。渐渐地，哈维卡的声名在维也纳的艺术圈里越来越响，作家和艺术家们，比如弗里登斯赖希·洪德特瓦瑟尔(*Friedensreich Hundertwasser*)、恩斯特·富克斯(*Ernst Fuchs*)、赫尔穆特·夸尔廷格(*Helmut Qualtinger*)、奥斯卡·威内尔(*Oskar Werner*)、尼古劳斯·哈农库特(*Nikolaus Harnoncourt*)、格奥尔格·丹茨尔(*Georg Danzer*)和安德烈·海勒(*André Heller*)这些人，每次说"八点见"的时候，大家都知道是在哈维卡咖啡馆——这是一种心照不宣的默契。

这家小小的咖啡馆，经常是只见人进去，却不见出来的。前厅、内堂、角落都挤得满当当的时候，女主人也还是有法子在几无立足之地的房间里找出一个位子，让来者就坐。客人之间有时甚至要胳膊挨着胳膊地挤着；而两个好友各自坐了一个下午竟没有发觉彼此都在这里。哈维卡从早到晚皆是人声鼎沸，狭小的空间里充满了咖啡的香气和跳跃的思想。一杯热咖啡，三两个志同道合的朋友，在哈维卡里一坐就是一天。到了晚上十一点，女主人从厨房里端出新鲜出炉的拿松糕，扑鼻的香味让客人们垂涎。在一整天的思想交锋之后，此时往口中送入喷喷香的糕点，打一打牙祭，幸福之事莫过于此。全世界的人们都在现代化的道路上穷追不舍，连维也纳都几乎被现代化的浪潮所淹，哈维卡真可以称得上是远离时代尘嚣的孤岛。不过，这样的好日子为时不久矣。

1970年代，旅游业拉开序幕，哈维卡咖啡馆以其古老的中世纪气质吸引了诸多好奇的人们。他们近则来自德国、瑞士，远则从东方慕名而来，人们都想亲身感受一下旧时艺术咖啡馆的遗风。不停地有客人蜂拥而进哈维卡，热热闹闹地喧哗一阵，走马观花似的，很快离去。有些人自以为跟女主人很熟，进门就热情地打招呼。事实上，真正的老友都是一声不响地进来，坐到自己的老位子上，从不张扬。而个性的哈维卡夫人一向爱憎分明，对于不喜欢的人，一概冷眼旁观，有时连门都不给进；老朋友们则不同，忙时经过身边，也伸出手拍拍肩膀，各自会意。当哈维卡咖啡馆被印上了导游册子的时候，老顾客的位子也被观光客给抢走了。这些老顾客只好转移到别处清静的地方，只等夜深人静时再过来坐坐，喝一杯咖啡，吃点拿松糕，与哈维卡夫人聊聊天。就这样，一直过了几十年。

哈维卡咖啡馆二十四小时营业，哈维卡先生上日班，哈维卡太太上夜班。早晨六点，老两口交接班，地点就在半道的广场上。他们互相向对方交代家中和店里的需要，然后分开；到了晚上六点，老两口又在广场上碰面。就这样，日升日落，日复一日。

2007年，九十五岁高龄的哈维卡先生依旧气宇轩昂地在咖啡馆内工作，身体硬朗的他腰板也依然笔直，眼神依旧如当年那样，温和中透着坚定。而哈维卡夫人则在2005年过世。七十年来，这一对传奇的夫妇绕着哈维卡咖啡馆这个中心，走出了一道完美的圆弧。当其他咖啡馆以能够列出一串长长的名人谱为傲时，哈维卡咖啡馆则是凭借哈维卡夫妇的名字被人铭记于心。可以说，正是哈维卡先生和哈维卡夫人几十年如一日的坚持以及他们独特的个人魅力，才造就了今日哈维卡咖啡馆的影响力。

愿意一辈子在希腊人咖啡馆

日暮斜阳，古城罗马沐浴在一片金色的光芒中：繁复华丽的宫殿和教堂上矗立着的尖顶和圆顶，那高耸的石柱、斑驳的城墙、开阔的广场以及神姿优美的塑像，霎时间全都笼罩在金色的灵氛里，变得神圣而温暖。眼前的一切景致，足以让初至罗马的人宛若踏临异邦天境，从而心生敬畏，乃至无言。被震慑的心情余波未平，深入古城的细部，漫步广场，眼前的每一座雕像、每一根石柱、每一砖、每一瓦，无不透露出深邃的古意，仿佛只要一伸手，就可以触碰到罗马两千年来的文化脉络。当我们深深沉迷于这座城市深厚的文化积淀时，罗马人则依循着往日的节奏，神情自若地生活着。他们的日常竟是以如此丰厚的历史记忆为背景展开的，真叫人感叹、羡慕！宏伟瑰丽的罗马，如要真正领略其文明的精髓，不能只在朝夕间。正如英谚所说，Rome was not built in a day。罗马，让人哪怕是穷尽一生的光阴去感受，也不为多。

还记得电影《罗马假日》里，奥黛丽·赫本(*Audrey Hepburn*)坐在广场的台阶上大吃冰激凌的那一幕场景吗？那向上无尽延展的便是颇负盛名的西班牙广场台阶。每到春天，明媚的阳光倾泻在西班牙广场上，大红色、粉红色和黄色的杜鹃花沿着大台阶拾级开放；在某一个午后，打电话给心上人，告诉他：“我就坐在第九十九级台阶上，等你……”轻扣电话，就这样数着台阶、点着分秒，等着爱情的来到。早在18世

希腊人咖啡馆

歌德

叔本华

纪中期，西班牙广场就已经因其浓郁的文艺气息吸引了很多德国及斯堪的纳维亚的画家和文人。这些来自北方的艺术家们就居住在与广场紧邻的水管街一带；因此，这个区域里，遍布着众多的酒馆饭店，小小的，一家紧挨着一家。它们中，还有口味纯正的德国餐厅，可以让这些艺术家们吃到酸白菜、白菜头等等家乡的味道。馆栈虽小，但能为艺术家们提供聚首休息的场所，倒也不失人气。在水管街上，耸立着一座高大巍峨的方尖塔教堂；教堂的边上是一家老船旅店(*Trattoria della Barcaccia*)，多年来一直是来自德国、荷兰等地的艺术家们的栖息之所；在旅店的隔壁则是一间简陋无比的小屋，多少年来无人问津。然而，自1750年起，这间小破屋就有了属于自己的名字，叫作希腊人咖啡馆(*Antico Café Greco*)。水管街上，酒家馆栈何其多，唯有希腊人咖啡馆留其芳名，乃是因为在这家咖啡馆的历史上记录下了许多伟大的名字，令人读后唇齿生香：歌德(*Johann Wolfgang von Goethe*)、欧佛贝克(*Overbeck*)、门德尔松(*Felix Mendelssohn*)、巴伐利亚国王路德维希(*Ludwig Karl August*)、叔本华、李斯特(*Franz*

Liszt)、法兰兹·连巴赫(*Franz Lenbach*)、瓦格纳、歌多尼(*Goldoni*)、果戈理(*Gogol*)、罗西尼(*Rossni*)、柏辽兹(*Berlioz*)、拜伦、雪莱(*Percy Bysshe Shelley*)、济慈(*John Keats*)、霍桑(*Nathanie Hawthorne*)、尼采(*Friedrich Nietzsche*)、安徒生(*Hans Christian Andersen*)、托马斯·曼、马可·吐温……这家咖啡馆的创始人便是尼克拉·狄马达连纳(*Nicola di Maddalena*)。当年，尼克拉试着在这间简陋的小房子中为绘画协会的艺术家煮上第一杯咖啡，没想到，艺术家竟对此赞不绝口。在当时，咖啡还是比较新潮的饮料，与艺术家们总是标新立异的态度十分契合；况且，水管街上酒馆饭店林立，却还没有人经营咖啡——于是，这个聪明的希腊人觉得，如果能将这间阴暗如洞穴一样的小房子扩展成一家优雅的咖啡馆，那么肯定能给水管街增添不少乐趣。从此以后，希腊人咖啡馆便以异乎寻常的速度在这座城市中声名鹊起，此后它的名声传遍世界。

和这条街上的其他店铺一样，希腊人咖啡馆最早就只有一个能容下几个客人的小房间；但是，因为小店的咖啡独一无二、异常美味，越来越多的客人被吸引至此。短短几个月，客满为患的咖啡馆不得已要扩充店面；尼克拉也顺便对咖啡馆进行一番装修：亚历山大·法瑞(*Alessandro Faure*)在天花板上作了一幅名为《斯其亚渥尼河畔》的画，高远的天空下，河流寂静、林木葱郁，温暖的阳光弥散在画面上的每一处地方，也似乎落在了咖啡馆里客人们的脸上和肩膀上；在墙上，有多幅威尼斯式的壁画排开，另有几座雕塑点缀在厅堂里；厅堂中间整整齐齐地摆放着大理石面的咖啡桌，一把把红丝绒面的咖啡椅立即活跃了厅堂的色调。扩容之后，希腊人咖啡馆比初开业时大了好几倍；过去阴暗简陋的寒舍在精美的装潢后，摇身变为华贵典雅、色调温暖且颇具艺术气质的咖啡馆。从此，艺术家们便将这儿当作乐土，自在地享受咖啡，畅聊文学和艺术，打发人生的光阴。对于这些流浪者，希腊人咖啡馆不仅能让他们品尝到别样香浓的咖啡，让艺术的灵感在醇香中闪现，同时，这儿也成为居无定所的他们平日收发信件的地址，以及获取罗马日常消息的中心。

1876年的深秋，希腊人咖啡馆迎来了文坛巨匠歌德的造访。在歌德的心里，罗马是一片“精神之乡”；身处北方的他对罗马一直怀着隐隐的思乡病。在一封写给法兰克福那些“肉体和心灵都被困在北方”的朋友的信里，歌德说道：“对罗马，我有无法克制的需求。去年，这需求变成一种病，只有当面看到景物才能治疗。现在我承认，在此之前我不能再看到拉丁文的书，也不能再看到任何一个意大利地方的图画。去看看这个地方的欲念实在是太强烈，一直要到这个愿望完成，对我而

希腊人咖啡馆

言，我的朋友及祖国才会再度变得可爱，我才会回家，这回家的渴望才会变得更强烈，因为我确切地知道，我带回家的东西不是要拿来占为己有或作为私人用途的，这些东西将可以增进我和其他人的生活价值……”而当愿望真的就在转角，他就快要亲自踏上罗马的土地时，歌德的心里却油然而生一种矛盾：“明天晚上我就在罗马，我到现在还不太相信。当这个愿望实现，以后还有什么该期待的呢？”——所谓近乡情怯，就是如此吧。但他终究还是来了，并且还换了一个名字，他管自己叫：画家菲力浦·莫勒(*Philipp Möller*)。就这样，伟大的作家抛却了“歌德”的盛名，安心地顶着一个无名画家的身分，游走在罗马的街巷中，坐在希腊人咖啡馆里，而不受人打扰；没有人会问他关于他的作品和他的生活，也没有人对他毕恭毕敬，甚至像观看怪物一样欣赏他；人们只当他是一个萍水相逢的陌生人——如此新奇的体验，令歌德很是开心："我那个奇怪、而且可能有些古怪的半隐匿身分为我带来一些想不到的好处。因为人们可以不用管'我是谁'，而且没有人会和我聊有关我的事，人们只会聊他们自己或他们有兴趣的事情。所以我听到的事都很繁琐，像某个人在忙些什么，有什么奇怪的事正在形成、发展。"这一次在罗马，歌德足足停留了四个月之久。在此期间，他读书、旅游、去咖啡馆见朋友、听音乐、写作，可谓享受至极。所有的消费账单上，歌德一律用"莫勒"这个假名来签署。在大部分的情况下，这个小小的谎言都能成功地不被识破。于是，他便像一个恶作剧得逞的小孩那样，在心底里偷着乐。偌大的罗马城里，只有诗人卡尔·菲力浦·莫里兹(*Karl Philipp Moritz*)和画家腓德烈·奥古斯特·提许拜(*Friedrich August Tischbein*)知道"莫勒"的真实身分。

诗人莫里兹当时就暂住在西班牙广场附近的一家小旅馆里。旅馆离希腊人咖啡馆不远，因此，他几乎每天都到这里。除了莫里兹之外，这儿还有很多的德国作家。在谈话和争辩中，他们能擦出令人喜悦的思想火花。莫里兹赋予希腊人咖啡馆里的交流以崇高的意义："在所有自然及艺术之美中，没有比和谐的思想交流境界更高。通过交流，模糊的感受才转换成语言，转换成明确的意识。"自从歌德来到罗马之后，莫里兹就常常陪他坐在希腊人咖啡馆里。有时候，他们的朋友，画家提许拜也在。每当画家一坐到歌德的面前，歌德就发觉他常常仔细端详着自己。有一次，在提许拜直勾勾的眼神注视下，歌德汗毛直立，他终于忍不住问画家到底想干什么。提许拜这时才把答案亮出来：原来他一直想为歌德作一幅画像，这个想法已经开始付诸实施了。当提许拜撑开画布，将草稿展示给歌德看时，歌德看见"画中的我是一位旅人，大小和我本人一样，穿着白色的大衣，坐在一个倒在地上的方尖塔上，背景是罗马周围乡间的断垣残壁"。这幅画花去了提许拜整整两年的时间，后来成为德国古典画派中重要的作品，它的名字就叫《在罗马乡间的歌德》。

歌德的"罗马假日"可谓舒适惬意，简直叫这位大作家"乐不思蜀"；而哲学家叔本华则俨然是一个"冒失鬼"，走到哪里都不受待见。这个年轻的哲学家对于身边的世界充满着悲观的情绪："所有东西都是不幸福的。即使有时候我们真正面临幸福，我们也不会察觉，而让这一切就这样轻易、温柔地与我们擦身而过，一直到幸福不再，空虚的感觉凸显消逝的幸福时，我们才会发现，我们把一切都搞砸了，最后只留下深深的追悔。”1818年，叔本华来到罗马。人在此地，当然少不了要造访希腊人咖啡馆，这里聚集了多少他的同乡啊！有一天晚上，叔本华兴致勃勃地冲进希腊人咖啡馆，手中还捏着一张古代艺术展的入场券。还没等大家开口问，他便滔滔不绝地发表了一通演说，极力盛赞这场艺术展是奥林匹亚山上的诸神所赋予的艺术使命，希望能将世界各种特色以人体的形象表达出来。正当叔本华说得意犹未尽时，在场的雕塑家艾伯哈德(*Eberhard*)不以为然地向他说道："我们也有十二门徒呀！"没想到，叔本华却没好气地回答："去你的十二个耶路撒冷的无赖吧！"这句话像是踩到了地雷，整个希腊人咖啡馆震怒了。在场的德国艺术家们大多数都是有基督教信仰的人，而身为德国人的叔本华在他们面前居然如此推崇希腊的多神信仰，这简直让他们无法容忍。另有一次，叔本华在希腊人咖啡馆公然宣称：德国人是世界上最蠢的民族！终于，这句话的打击面扩大到了在场所有的德国客人。有几个长期驻扎于希腊人咖啡馆的艺术家早就对叔本华颇有微词，这次，他们实在是忍无可忍，也不想再忍。当这些冲动的艺术家亮出拳头就要动手殴打这位哲学家时，叔本华一下逃离了希腊人咖啡馆。

哲学家叔本华一走了之，再也不要回来；诗人济慈则是来了之后，从此长眠于斯，再也回不去了。1820年11月，染上肺结核的约翰·济慈在雪莱的建议下来到罗马治疗他的"富贵病"。在写给济慈的信里，雪莱说："这种病特别喜欢打击像你这种写得一手好文章的人，而英国的冬天只会推波助澜，你就赶快搭下一班船来意大利找我吧。"济慈心动了。冬天还未到来，满怀着憧憬的济慈在画家约翰·塞维恩(*John Severn*)的陪伴下，登上了由伦敦开往意大利的商船，到达罗马。罗马充裕的阳光照进了病弱阴郁的诗人的心里，新的环境、新的一切，让济慈感受到了生命的喜悦。济慈与朋友在西班牙广场二十六号租下了一个房间；从房间的窗口，可以欣赏西班牙广场的景色。在最初的几周时间里，济慈除了倚在窗边远眺罗马的景致，也常常散步到附近的希腊人咖啡馆与雪莱等朋友共叙。然而，好景不长。罗马的冬天虽然不甚寒冷，却还是把诗人打倒在床。缠绵病榻的时候，济慈的朋友就整日坐在床边陪伴，也不时为他读点东西；这个可怜的诗人却还是没能挨过冬天：1821年2月23日，年仅二十六岁的诗人济慈就在这个小房间里去世。此处后来成为济慈纪念馆，留待后人凭吊。

1910年6月20日，维也纳《新自由报》发表了一篇关于希腊人咖啡馆的文章。维也纳这座城市素来不缺少文人艺术家的咖啡馆，可这篇文章对希腊人咖啡馆的艳

济慈

美之情却跃然纸上："一百五十年前，在罗马教皇七世克莱蒙时，拉凡提那人尼克拉·狄马达连纳宿命般地来到罗马，他觉得自己可以在那个单纯的时代将这间阴暗的洞穴扩展成一家优雅的咖啡馆。这家以希腊人咖啡馆为名的咖啡馆于是闻名于这座城市及整个世界，它在文化历史上的意义至今不曾稍减过。歌德曾在这里啜饮摩卡，而这家咖啡馆也从那时候开始记下了所有曾造访此处的德国人民的精神骑士：欧佛贝克、门德尔松、巴伐利亚国王路德维希、叔本华、李斯特、法兰兹·连巴赫、瓦格纳都曾在希腊人咖啡馆中和其他国家的学者、艺术家度过他们的闲暇时光；歌多尼、果戈理、罗西尼、柏辽兹、拜伦、雪莱及济慈、霍桑和马可·吐温等人，也曾在这儿热烈交谈、批评及获得灵感……"这一个个让人如数家珍的名字，画家们因为抵账而挂在褪色绒线上的油画，那些或精致或粗犷的石膏像，一把把红色丝绒的椅子，以及那些抽着烟、拥有从容气度及丰富想象力的智者，希腊人咖啡馆里的所有一切，都被注入了往日的艺术气息，如春风扑面，令人惬意；随着时间的流逝，它层层积淀在时代中，成为人们的共同记忆——就像画家雷那多·谷图索(*Renato Cuttuso*)所评论的那样："希腊人咖啡馆就是这样一个地方，我们每一个人都以某种方式和它连结。……我真正想做的是，透过绘画赋予这家咖啡馆人情事物生命……"

的确，当一个人在离开罗马的时候，如果在他的印象中没有沉思过希腊人咖啡馆的黎明曙光，那他必须再活一次；如果他要深入感受希腊人咖啡馆的点点滴滴，那他就算待上一辈子的时间，也是值得的。

纽约咖啡馆的双面气质

1876年，奥地利皇帝约瑟夫一世(*Josef I*)和妻子茜茜公主(*Sissi*)在布达佩斯的马提亚教堂接受加冕。此举宣告匈牙利正式归属奥地利，成为奥匈帝国的一部分。六年之后，城区布达、佩斯以及欧布达合并为布达佩斯，成为维也纳的姐妹城市，也奠定了这座城市的现代之基。此后，布达佩斯便开始大规模的市政建设，巨制之辉煌，一度成为全欧之冠：音乐堂、议会大厦、温泉宾馆、大歌剧院……这些美轮美奂的建筑和城市的环境设施一点儿都不输给巴黎，布达佩斯也因此被称为欧洲的“小巴黎”。

有人说，是那些遍布街巷的咖啡馆支撑起了巴黎城的骨架。事实上，此话用来形容“小巴黎”也同样合适。合并改造之后的布达佩斯，格局俨然、环境优美，越来越多的人选择前去公园和广场享受美景，在那儿找寻生活的意趣，而非整日宅在家中。于是，布达佩斯的咖啡馆们像被春风拂过的花骨朵一样，争先恐后地绽开了：七个选帝侯(*Die Sieben Kurfüsten*)、皇冠(*Die Krone*)、土耳其皇帝(*Der Türkische Kaiser*)、白船(*Das Weiße Schiff*)，等等。它们经常迎来举家出游的家庭，老老少少总是在咖啡馆用罢晚餐之后，才心满意足地打道回府。如果说，这些老式的咖啡馆以其古朴厚重的风格在钢琴上奏响了低音；那么，更多新式的咖啡馆以其富丽堂皇、精致典雅的气质在高音区上跳跃：文人齐集的纽约咖啡馆(*Café New York*)、布满画家身影的艺术厅咖啡馆

布达佩斯风貌

(*Kunsthalle*)、为造型艺术家们所钟爱的日本咖啡馆(*Japan*)、记者们时常光临的艾巴契亚(*Abbazia*)；至于那些新兴的资产阶级布尔乔亚们则偏爱歌剧咖啡馆(*Café Oper*)和德列契勒(*Drechsler*)；固执的老教授们则三十年如一日在博物馆旁边的索利咖啡馆(*Sódli*)里坐而论道；那些活络的股票经纪把罗依德咖啡馆(*Lloyd*)搅得酷似交易大厅……总而言之，老式的咖啡馆和新式的咖啡馆高低相间，错落有致，它们一起为布达佩斯演奏出舒缓和谐的梦幻曲。

可是这样繁荣奢华的新布达佩斯也遭到了一些守旧分子的批评，在他们心里，老城因其古朴亲切才更显迷人，而新城则“和交际花一样”——这个带着嘲讽的比喻出自匈牙利著名的散文家盖拉・库迪(*Gyula Krúdy*)，他不留情面地指责道：“这位曾经

纽约咖啡馆所在的大楼

纯真无邪而又有世界观的女郎显露出另一种面目，仿佛是舞会中不引人注目的女孩，突然找到过度的自信一般……在19世纪60年代经常可以看见把头发梳得高高的女孩，她们想要模仿伊丽莎白皇后在舞会中的模样，而现在，女孩成了长舌的泼妇，贪得无厌又毫无节制。”另一位作家约翰·卢卡斯(*John Lukas*)的评论显得更为中肯、准确：“那种对文化的渴望不仅是在学校中被唤醒而已，这城市本身散发的气息才真正引发人们对文化的灵感。”

在所有新式的咖啡馆中，纽约咖啡馆是最著名的一家。它坐落在伊丽莎白街，以新巴洛克式的风格著称。这座建筑的前身是纽约保险公司在匈牙利的分公司。走进大厅，仿佛置身于教堂的大殿中：高耸的大理石柱支撑着高大的穹顶，壁画和明镜将整个厅堂装点得富丽堂皇；再配上深红的地板、咖啡色的地毯、粉绿色的桌椅和窗帘，庄重之余又多了些许诙谐。球形的大灯从正中悬下，即便是夜晚的室内，也灿若白昼。美丽的女侍者穿着上过浆的笔挺衬衫和深色的短裙，腰间围着可爱的围裙，脚穿白色或是蓝色的绑带高筒靴，给人一种性感的遐想。纽约咖啡馆的大排场让看惯了老式咖啡馆的顾客们受到了视觉上的巨大冲击，好长时间都缓不过神来。在咖啡馆的开幕宴会上，作家费伦·莫纳(*Ference Molnar*)偷偷地把咖啡馆的钥匙藏在身上，带了出去，然后一下子把它抛进多瑙河里——这么宏伟的咖啡馆不应该把它锁上才对！

久而久之，纽约咖啡馆的文人群体有了各自的位置，上下两层楼分别被不同的作家所占据：上层是“艺廊”，只有已经成名的作家才能坐在此处；下层被称为“深水区”，常年坐着需要赊账的艺术家。纽约咖啡馆为这些“下层”的文人艺术家们提供“作家特餐”，只向他们象征性地收点儿小钱，其内容是面包、肉片，还有纸张和墨水。小说家戴索·可斯托朗义(*DszsÔ Kosztolanyi*)在他的中篇小说《柯尼尔·艾斯堤》里写了两个苦哈哈的文学家在纽约咖啡馆里的生活。他们每天都坐在咖啡馆里“守株待兔”似的等待某家报社的编辑买下他们的作品。冲着这一点不确定的希望，纽约咖啡馆的服务生勉强借给他们十克朗。于是，这两人就在老位子上一边讨论入不敷出的财务状况，一边与其他文人朋友们寒暄。咖啡馆里烟雾弥漫，声音嘈杂，但是他们反而从中感到生活的内在节奏：“他们知道，未来就在某一个地方等着，一切都将会越来越好。此时，每一张桌子、每一个角落都挤满了人，烟层越来越厚。这是多么令人舒适的一件事啊！在烟雾弥漫中，在人们温暖的微笑拥抱下，尽情地放松自己，什么都不想，周围的一切就像是一锅煮沸的水，气泡奔腾，人们在此都渐渐昏沉，一切好像可以放在汤锅中煮出一锅作料丰富的汤一样。”纽约咖啡馆里的日常景象是布达佩斯文坛的一个缩影，若再将它放大，则可以看见这座城市的生活意象。人们谈论着各种事物，比如：人是否有自由意志、英国人的工资、天狼星离地球究竟有多远、黑死病的病原、要不要限制同性恋等等。这些人似乎很热衷于对某些问题刨根问底，尽管他们年轻，但不约而同地总觉得来日无多；他们在咖啡馆里盼望奇迹、渴望幸福，可这一整天过去，仍旧一无所获。

然而，在众多新式咖啡馆中，纽约咖啡馆也是命途多舛的一家。二战期间，一颗炸弹落在刚修葺一新的纽约咖啡馆，这栋建筑被损毁得厉害；为了重新修复这家历

纽约咖啡馆

史悠久的咖啡馆，人们不得不花上更多的精力和金钱。二战结束之后，身处社会主义阵营的纽约咖啡馆因其“纽约”二字带上了美帝国主义的色彩，而不得不更名为匈牙利咖啡馆(*Café Hungaria*)。然而，1956年，为了镇压匈牙利的反抗运动，苏俄军队的坦克车轰隆隆地开进布达佩斯，“匈牙利咖啡馆”也受到牵连，遭到严重的袭击。不过，袭击之后，人们发现：如果真要静观体制改变，无需读报听广播，只要看看这座咖啡馆是否还在重建即可；而他们则干脆叫回了它“纽约咖啡馆”的本名。

20世纪50年代，很多匈牙利知识分子为逃避斯大林的极权统治而远走他乡，前去美国的芝加哥、底特律等地。每当他们思念家乡时总会想起布达佩斯的咖啡馆，那泛起的乡愁，叫人倍感煎熬。当年，剧作家依思特凡·楚卡(*Istvan Csurka*)选择留在了布达佩斯。在基斯塔查的集中营里被监禁了六个月的时间之后，1957年，楚卡又

以自由之身站在了布达佩斯的街头。他发现自己竟然一无所有，唯一的家就在纽约咖啡馆。每天清晨，他早早来到咖啡馆，坐在同一张桌子旁，写点短文寄给广播站或者报社，换点生活的费用。不久之后，楚卡结婚了。婚后的生活环境因为妻子的收入稳定而有了改善，他得以安心地待在家里写作；不过这段时间并没有持续太长——他的孩子出生了。于是，楚卡又带着他的稿子和钢笔直奔纽约咖啡馆去了。在一篇文章中，楚卡写道："我感觉自己像是不可自拔地背着年轻妻子和一位性感的老女人幽会一样，这家咖啡馆对我而言像是一位举止轻佻的女子，但又散发着忧伤的母性。"对楚卡而言，正是由于纽约咖啡馆的这种矛盾气质深深地吸引着他：它有闲散舒适的一面，慵懒至极，又有精神乌托邦的倾向，对创作有极高的要求。它玩世不恭，也严肃认真——好比生活。

今天，像纽约咖啡馆这样的新式咖啡馆和众多的老式咖啡馆依旧在布达佩斯的街头和谐共存。在它们所奏响的乐曲里，每一个音符都包含着匈牙利的过去和现在，融进了匈牙利草原的广阔和布达佩斯的永恒，令人回味无穷。

第五章　余香袅袅

指向战地咖啡馆的箭头

坐在火药桶上喝咖啡

耶路撒冷大概是二战后至今世界上最动荡不安的地区了。它就像是个火药桶，几乎每一天晚上，我们都可以从新闻联播中听见一声声惊心动魄的爆炸，生命在刹那间血肉模糊，亲人滴泪的脸庞叫人扼腕。如果没有那笔谁也说不清楚的历史糊涂账，如果没有连年的战火冲突、英勇无畏的人肉炸弹，耶路撒冷就是中东的一颗明珠，是人们心中的圣城。可如今，连天的硝烟、触目的鲜血和几乎流尽的眼泪黯淡了这座城市的光芒。

耶路撒冷这座城市被划割为东耶路撒冷和西耶路撒冷两个部分；东边归巴勒斯坦所有，西边则属于以色列人。不论东西，耶路撒冷的大街小巷里都遍布着咖啡馆。这些咖啡馆都不大，至多四十几平方，门面简朴。在东耶路撒冷的咖啡馆里，几乎看不到以色列人，光临咖啡馆的大部分都是些外国记者。这边的咖啡馆能为他们的工作提供便利，比如雇一辆车、找个翻译什么的。然而在西耶路撒冷的咖啡馆，则又是另外一番景象。犹太人是喜欢去咖啡馆的，维也纳的犹太社会曾经创造了无比繁华的咖啡馆文化。可是，在西耶路撒冷的咖啡馆里，每到整点就充斥着冲突、爆炸和死亡的新闻。以色列人坐在咖啡馆里，听着广播，摇头叹息，默默无语。然而，也许人们这一秒钟还坐在咖啡馆里哀悼同胞的逝去，下一秒却很可能被门口引爆自己的人体炸弹伤着。巴勒斯坦的激进组织正是看中西耶路撒冷咖啡馆里人群聚集，才将袭击的目标选在此地。2001年12月1日晚上，在耶路撒冷市中心的步行街上，一家咖啡馆遭到人体炸弹的突袭，数十名以色列人倒在了血泊中；那一枚人体炸弹也灰飞烟灭。很长一段时间，西耶路撒冷的咖啡馆门可罗雀，尤其是靠近门边的座位几乎空着，只有离门最远的角落里才看见寥寥的三两人。像欧洲人那样静静地坐在咖啡馆里、悠闲地享受一个长长的下午这样的清静情景，对以色列人和巴勒斯坦人来说简直奢侈至极。人们虽坐在窗边，一颗心仍悬到喉咙口，因为不知道什么时候来了一声轰响，自己就看不到明天的太阳了。

即使是在硝烟弥漫的战地，咖啡馆也依旧存在，并且成为最出挑的一抹亮色。

除了耶路撒冷，约旦河西岸和戈兰高地也是巴以两国死磕的地方。如果说以色列的地图像一把匕首那样直刺阿拉伯国家的心脏，那么戈兰高地就是这把匕首的手柄。戈兰高地位于以色列北部，东西向宽约二十六公里，南北向长约六十四公里；这里是约旦河的源头，此处的矿泉水是以色列人生活用水的一大来源，可谓生命之源。站在戈兰高地，居高临下，可以俯瞰以色列北部富饶的平原地区。戈兰高地真的是一块宝地，它是以色列、巴勒斯坦还有叙利亚人眼里的香饽饽，谁都要来抢占。这片美丽富饶的土地从此远离平静，而与战争、血腥、死亡和难民这些原本格格不入的字眼相联系。戈兰高地原先是叙利亚人的管辖之地，在第三次中东战争中，以色列人把它从叙利亚人的手中抢了过来，坚守至今。极富艺术细胞的以色列士兵们用缴获来的叙利亚武器制作出了一件件栩栩如生的艺术品，那些废旧的钢铁在他们的巧手下竟然能变成滑稽的玩意儿。在戈兰高地的山顶上，有一家著名的云中咖啡馆，以色列和叙利亚的许多军中要人都曾在这里喝过咖啡。到了下午的时候，云朵悄悄地从山下浮起，一直飘到山顶上来。不一会儿，云雾缥缈，弥漫于咖啡馆的四周。静坐于此，颇有种仙风道骨的感觉。咖啡馆也因此得名“云中咖啡馆”，贴切至极，也浪漫至极。

有人说，以色列能从叙利亚人手里抢来并守住戈兰高地是有神助。1973年10月6日，阿拉伯国家联合发动了蓄谋已久的第四次中东战争。那一天，正好是伊斯兰教斋月和犹太教的赎罪日。以色列人停止了一切公务活动，可战争却突如其来了。措手不及的以色列败得很惨，不到一天时间，他们就失去了大片的土地。阿拉伯军队乘胜追击。可关键时刻，叙利亚断油了，坦克熄火了。以色列人稍稍喘了一口气。清晨时分，以色列人准备发起反攻，夺回失地。正在这时，阳光突然变得刺眼，叙利亚士兵的眼睛都睁不开了。他们还没来得及反应过来，就被以色列军队轻而易举地抢回了土地。这样的说法固然稍显神秘，然而以色列的确是一个了不起的民族——只要看今日散落世界各地的犹太人所取得的斐然成就便可知晓。在犹太人的历史上，被屠杀的人数有600万之巨！复国对犹太民族而言是一项大业，因此，每当战争打响，远在美国和世界各地的犹太人都会给予不遗余力的支持：飞机、大炮、坦克、导弹……以色列军队的装备得到增强，再加上犹太民族的高度凝聚力，在中东战争中，以色列几乎战无不胜。

如今，戈兰高地有一部分阵地已经撤下了驻军，开始对游客开放。双足踏临旧战场，那些炮火轰鸣如在耳际，腥风和血雨如在眼前。在遥远的过去，这里曾经是房屋和农田，可现在这里除了埋着一些士兵的骨骸之外，还有很多未被清出的地雷。立在山顶的云中咖啡馆则被围进团团的雾霭中，在炮火中遗世而独立。咖啡馆所代表的自由、平和、悠闲的精神传统在这里倒像是个大大的讽刺。谁可以在死亡的隔壁屋子里安心喝着咖啡、侃侃而谈？云中咖啡馆就像是一个巨大的问号，叩问苍穹：这样无休止的冲突究竟何时才是尽头？然而，它又是个巨大的惊叹号，在战火中挣扎的生灵在呼喊：不要战争，要和平，要安宁！但没有人知道，它什么时候会变成一个句号，让绵延不绝的战火停熄，让冲突的民族握手言欢。一切，都还是个省略号……

一片萧瑟之中林立着色彩鲜艳的小房子，其中不乏咖啡馆。

越南咖啡种植地

东方咖啡馆之歌

自打1860年法国传教士把咖啡带到越南，一百五十年来，在这片土地上形成了属于越南的咖啡文化：以天为盖，以地为庐。在越南，不管是在胡志明市还是在其他地方，人们要么在街边支起一个帆布棚，要么撑起一把遮阳伞，在面向马路的地方摆上一张躺椅或是悬上一张吊床，要不就来张小板凳，总之或躺或坐或跷脚。他们一边啜着咖啡，一边看着拥挤糟乱的街上行人与摩托车流。尽管摩托车互相碰擦的口角每隔几分钟就会发生一次，可他们仍是百看不厌。

越南人啜的是冰咖啡，很适合这个四季皆夏的燥热国度。咖啡的价格也便宜，最低的只要人民币两元。这些两元咖啡就是要坐在街头的小板凳上慢慢地啜。只不过，这边板凳还没坐热，那边城管来袭；咖啡小贩胡乱抓起东西、拼命逃跑，顾客只好端着杯子，尴尬地看一场“猫捉老鼠”的游戏。除了街头上刺激的咖啡馆，公园和车站还有流动咖啡馆，小贩们左手拎咖啡、右手拿冰块地兜售咖啡；顾客买好之后，自己找地方喝。那些价格高至几十元的咖啡则在档次较高的咖啡馆里，与全世界其他国家的咖啡馆一样，它们往往环境优雅，提供书报读物，供炒股者、炒房者还有演艺界人士等有钱有闲的人消磨时间。

尽管越南高档咖啡馆的优雅环境和其他地方雷同，但是越南人制作咖啡的方式却有别于其他国家。传统的咖啡制作方法是用咖啡壶煮咖啡，越南则是用一种滴滤咖啡杯。这种漏壶是金属制的，形状大小如小碗。把咖啡粉放在中间的一层，从上压下一

河内街头到处是这种露天小咖啡店，背包客入乡随俗，就这样和当地人坐在一起喝咖啡交谈。

层金属滤网；此时，淋上开水，咖啡就一滴一滴地在玻璃杯里聚积。玻璃杯一般样式古老，上面印着花纹。这情景就像中国古代用漏壶计时，漏声滴响铜壶，时间就这样一分一秒地过去，恐怕只有慵散有耐心的越南人才经得起这样漫长的等待。如此来之缓慢的一杯咖啡，自然要慢慢地“啜”着喝，而不能仰头一饮而尽了，要不然实在可惜。滴漏式的制作方法不仅用在高档的咖啡馆里，就连街头只卖两元的冰咖啡也是如此一套制作流程，毫不含糊。有些讲究的人会把玻璃杯放在一个加满开水的大碗里保温，否则等一个杯子滴满，心情也随着咖啡冷掉了。冰咖啡的制作基本如此，只是需要额外的材料——炼乳和冰块。炼乳预先铺在玻璃杯底，等杯子滴满之后，再将黑咖啡和白炼乳混合，最后加入冰块即可。这样的冰咖啡一般比较甜腻，但越南人则十分喜欢。在越南，咖啡比你想象得还要普遍：不论身分，不论何时，不论何地，不论场合，越南人都会来一杯冰咖啡，消暑解闷，提神醒脑。

越南滴滤咖啡

越南种植咖啡的历史始于法属印度支那时期，然而直到最近二十年，越南的咖啡才在国际咖啡市场崭露头角；越南也一跃成为世界第二大咖啡出口国，仅次于巴西。现在，星巴克和雀巢每年都要向越南定购数量巨大的咖啡豆，以满足全球扩张的需求。越南的野鼬咖啡堪称世界顶级咖啡之一。越南的野鼬喜欢吃已经成熟的咖啡豆，这些成熟的豆子味道佳美，常常就被野鼬一眼相中，然后被摘而食之。但是，咖啡豆美味是一回事，能不能被消化又是另一回事——野鼬自己根本无法消化这些豆子，它们在过了一把嘴瘾之后便会分泌出一种特殊的消化酶，将腹内的咖啡豆排出。第二天，咖啡工们就到山上去寻找野鼬的粪便，然后小心翼翼地从粪便中

西贡的露天帆布棚咖啡馆

找出一粒粒完整的咖啡豆来。这些从粪便里淘出来的咖啡豆要先被清洗干净、放在太阳下晒干；之后把它们与奶油一起放在烤盘上烘焙，最后，它们就会“不问出处”地变成带有巧克力风味的咖啡豆。因为这种咖啡豆的采集过程特殊，并且产量稀少，因此它的价格也十分昂贵。无独有偶，印尼的麝香猫咖啡亦是如此。除了那些来自野鼬粪便的顶级咖啡之外，越南的咖啡还有很多祖传秘制。那些咖啡世家们会把不同品种的咖啡豆按照一定比例进行混合之后再入锅翻炒；在翻炒的过程中，有人加入牛油，有人加入玉米，不一而足；出锅之后，它们便各自成了不同姓氏的家族秘制，百年方子，绝不外传。

在河内，咖啡馆大多集中在还剑湖，因为此地聚集了来自世界各地的背包客。这些远道而来的客人们喜欢坐在咖啡馆里眺望湖区的景色。有些咖啡馆开在老房子里，一眼望去，全是木头：天花板、地板、楼梯、桌子、椅子，既古朴又漂亮；然而它们的装饰通常比较西化，这是对各国游客的口味进行一番调和之后的结果。景区外的咖啡馆则是当地人生活的一部分，这些本土咖啡馆往往门脸狭小，屋子也是一个细长条；门楣上垂下一幅帘子，矮桌矮凳，用不着正襟危坐，怎么舒服怎么来。更有甚者，在门口拉一张吊床，啜着咖啡，悬空晃荡。有了这度假一般的闲适，功名利禄与我何干？西贡的咖啡馆又是另一番景象。这些咖啡馆的屋子，四周窗户洞开，空间宽敞明亮，湿热的风穿堂而过，拂上脸庞；双眼微阖间，看见桌子上插着的一支粉玫瑰，竟有点意外的感动。有些咖啡厅则是小桥流水、老树人家一应俱全。当音乐声响起，一种别样的东方浪漫弥散于当下的空间里，锁住所有关于咖啡馆的想象：在巴黎塞纳河的左岸、在维也纳的多瑙河畔、在威尼斯的水巷、在罗马的广场台阶边、在布拉格的中世纪街道上……也许，对现在的我们来说，重要的并不是坐在哪家咖啡馆里喝咖啡，而是在这一日浮躁过一日的时代中，要保持一种喝咖啡的心情，它悠闲、舒适，生命就在这份从容中缓缓展开；同时，也要在日常里培育一种喝咖啡的气质，它鼓励思考、崇尚独立、向往自由。然而，这一切的实现都依赖于一个最基本的前提，那就是——和平和安宁。

这是一段古老的咖啡馆之歌，它隔着遥远的时空奏响，也请这些奔忙的人哪，停歇脚步，静静听上一听！

后记

9月伊始，为论文，我每晚必在图书馆蹲到打烊。成天淹没于一堆如山的西方社会学理论中，以蚂蚁撼大树般的毅力从中搜寻可为我用的理论蛛丝。然而，总感觉时不我待：盖理论多如牛毛而时间却少得可怜。书桌上，许多我喜读的书被搁置一旁，为论文让道。无奈中，只好自我安慰道：咬咬牙便是美好的明天了。等写完论文就可以看了——到时，爱躺着看就躺着看，爱坐着看就坐着看，换各种姿势看，爱看到几点就看到几点！

论文终于按照计划在10月告一段落。此时，我一头扎进咖啡馆里，再也出不来了。遍寻图书馆中的报刊资料，写下洋洋洒洒的读书笔记。我阅览那些文字、欣赏那些图片，仿佛在欧陆的咖啡馆里自在穿行，饱览胜景：从意大利到英国，从维也纳到法国，再走进布达佩斯、布拉格、苏黎世……每一个城市都自成完美，各有风韵，叫人流连。发生在咖啡馆里的文人轶事如今看来，更是别有生趣。于我而言，写作的过程更像是一次别开生面的文化之旅：思路流畅的时候，小舟是顺风顺水，有“轻舟已过万重山”的迅捷。若是有一天刚好遇到灵感缺席，迟迟不来，则脑子空白，无所适从，犹如逆水行舟，穷尽气力也只略行寸步。这时，我又搬出写论文的哲学，对自己说道：“咬咬牙便是美好的明天了！”此举果然奏效。在数日毫无进展的情形下，某一日忽然被灵感撞了一下腰，思绪如泉涌，十指在键盘上飞动，此时，颇有柳暗花明的豁然与坚持至胜的快慰。于是，我向编辑总结道：写作如同生子，难免阵痛；可当孩子落地，好赖就都是它了！此言确为心声。

这本书的写成首先要谢谢我的朋友黄珏琼。这位志同道合的好友在一次聊天中向我提起此事，便有了后续之事。此外，还要谢谢我的家人和好友，那些源源不断的强有力支持化作了我的坚定。当我完成最后一部分稿子时，天边已经翻出了鱼肚白，鸠唱雀鸣，一片欢欣。可我的脑海里竟浮现出《红楼梦》第五十二回“勇晴雯病补孔雀裘”的场景：自鸣钟已经敲了四下，拖着病体的晴雯才刚刚补完，她又用小牙刷慢慢地剔出绒毛来；然后她咳嗽了几声，说了一句：“补虽补了，到底不象。我也再不能了！”